U0719768

重有色金属冶金工厂技术培训教材

丛书主编　彭容秋

METALLURGY

重金属冶金工厂
环境保护

中国有色金属学会重有色金属冶金学术委员会组织编写

中南大学出版社
www.csupress.com.cn
·长沙·

图书在版编目（CIP）数据

重金属冶金工厂环境保护 / 彭容秋 主编. —长沙：
中南大学出版社，2006.7（2021.7 重印）
ISBN 978-7-81105-333-3

Ⅰ.重… Ⅱ.彭… Ⅲ.重有色金属－冶金工厂－工厂
环境保护 Ⅳ.X758

中国版本图书馆 CIP 数据核字（2006）第 082778 号

重金属冶金工厂环境保护

彭容秋 主编

中国有色金属学会重有色金属冶金学术委员会组织 编写

□责任编辑 邓立荣
□责任印制 唐 曦
□出版发行 中南大学出版社

社址：长沙市麓山南路 邮编：410083
发行科电话：0731-88876770 传真：0731-88710482

□印 装 长沙鸿和印务有限公司

□开 本 787 mm×1092 mm 1/16 □印张 14.75 □字数 360 千字
□版 次 2006 年 7 月第 1 版 □2021 年 7 月第 4 次印刷
□书 号 ISBN 978-7-81105-333-3
□定 价 40.00 元

图书出现印装问题，请与经销商调换

《重有色金属冶金工厂技术培训丛书》参编单位

中国有色工程设计研究总院
南昌有色冶金设计研究院
中南大学
东北大学
昆明理工大学
江铜集团贵溪冶炼厂
大冶有色金属公司
云南铜业股份有限公司
金川集团有限公司
安徽铜都铜业股份有限公司金昌冶炼厂
深圳市中金岭南有色金属股份有限公司韶关冶炼厂
河南豫光金铅集团有限责任公司
云南驰宏锌锗股份有限公司
云南锡业集团有限责任公司
白银有色金属公司
祥云县飞龙实业有限责任公司
吉林吉恩镍业股份有限公司
水口山有色金属集团公司
烟台鹏晖铜业有限公司
柳州华锡集团有限责任公司
山西华铜铜业有限公司
葫芦岛有色金属集团有限公司
奥托昆普技术公司
营口青花集团有限公司
锦州长城耐火材料有限公司
中国·宣达实业集团有限公司
扬州市中兴硫酸设备厂
昆明市嘉和泵业有限公司
宜兴市宙斯泵业有限公司

《重有色金属冶金工厂技术培训丛书》编委会

主　任	张兆祥
副主任	（按姓氏笔画排序）

王一滔	王洪江	安　本	李沛兴	何云辉	吴吉孟
杨安国	张伟健	罗忠民	林升叨	贺家齐	侯宝泉
葛启录					

主　编	彭容秋
副主编	任鸿九　张训鹏
编　委	（按姓氏笔画排序）

马　进	于晓霞	王一滔	文丕忠	王守彬	王洪江
王彦坤	王建铭	王盛琪	孔祥征	龙运炳	叶际宣
刘中华	刘华文	江晓武	安　本	李沛兴	李仲文
李维群	李景峰	朴东鹤	孙中森	任鸿九	许永武
宋兴诚	汪友元	肖　珲	陈　进	陈　莉	陈忠和
何云辉	何蔼平	吴吉孟	沈立俊	余忠珠	周　俊
林升叨	杨安国	杨　龙	杨小琴	张卫国	张伟健
张顺应	张训鹏	张兆祥	罗忠民	宝国锋	苗立强
姚素平	赵文厚	赵　永	贺家齐	洪文灿	胡耀琼
徐　毅	徐　爽	席　斌	高心魁	侯宝泉	贾建华
尉克俭	黄太祥	黄建国	戚永明	蒋龙福	葛启录
舒毓璋	彭容秋	翟保金	谭　宁	谭世雄	潘恒礼

秘书长	尉克俭　陈　莉

参加《重金属冶金工厂环境保护》分册编审人员

彭容秋	任鸿九	张训鹏	王建铭	叶绍成
彭 兵	林世英	李维群	曹龙文	夏志文
左宏宜	刘祖鹏	方照坤	陈志华	邓文彬
杨士跃	朱宏文	赵震宇	郭亚会	袁庆云
张新颖				

内容提要

　　《重金属冶金工厂环境保护》共分6章。第1章介绍环境保护的一般法规、标准和重金属冶金工厂"三废"排放状况。后5章根据重冶工厂"三废"特点分别介绍冶炼烟气冷却与余热利用，冶炼烟气收尘，冶炼烟气制酸，低浓度二氧化硫烟气治理和冶金工厂污水治理等内容。其中重点介绍了烟气制酸和治理废气、废水的基本工艺方法及工厂应用实例。

　　本书可作为重金属冶金工厂职工教育和培训教材，也可供工厂技术人员、管理人员和大专院校师生参考。

序

进入 21 世纪，我国有色金属工业继续持续稳定地发展，十种有色金属年产量超过 1000 万吨，其中铜、镍、铅、锌、锡、锑等重有色金属的产量占一半以上，稳居世界第一，重有色金属冶炼企业在不断对现有工艺进行技术改造、挖潜增效、节能降耗、强化管理的同时，广泛采用闪速熔炼及顶吹、底吹、侧吹类的熔池熔炼，热酸浸出，深度净化，L－SX－EW 湿法炼铜，永久阴极电解等新工艺、新技术、新设备逐渐取代能耗高、污染大、效益差的落后工艺，有色金属工业面貌焕然一新。

我国有色金属工业的发展，竞争与机遇并存。我们应清醒地看到，我国的人均有色金属量占有率仍然很低，除了资源严重短缺外，在核心技术创新方面，在管理模式、管理水平、经营理念、总体装备水平、劳动生产力、自动化程度、资源有效利用、职工素质等多方面与世界有色金属强国相比，还存在很大的差距。我们必须百尺竿头，继续奋斗，不断增强我国有色金属工业的国际竞争能力。

国家综合实力的竞争归根结底是人才的竞争，发展有色金属工业迫切需要提高企业职工的整体素质。近年来，我国有关方面相继启动了"国家高技能人才培训工程"，目的在于培养千百万具有一定专业理论知识、动手能力强、技术娴熟的技能型人才。为满足工厂职工教育和培训的需要，中国有色金属学会重有色金属冶金学术委员会组织一批教授、专家和资深技术人员编写了《重有色金属冶金工厂技术培训丛书》，经过近一年的努力，现在终于可将这套丛书奉献给广大读者了。为了编好这套丛书，全国各重有色金属冶炼工厂都竭尽全力给了极大的支持，在此，我代表中国有色金属学会重有色金属冶金学术委员会向为编写这套丛书作出辛勤劳动的教授、专家及广大企业领导及工程技术人员致以衷心的感谢！我们相信，这套丛书的出版发行，必将为我国重有色金属冶炼企业技术工人综合素质的提高，促进我国重有色金属工业的发展起着重要的作用，并为增强我国国民经济综合实力作出重要贡献。

中国有色金属学会重金属冶金学术委员会主任委员
中国有色工程设计研究总院院长

2004 年 12 月

编者的话

我国国民经济和社会发展"十一五规划"强调指出，要进一步落实节约资源和保护环境基本国策，建设低投入、高产出，低消耗、少排放，能循环、可持续的国民经济体系和资源节约型、环境友好型社会。

有色冶金工业是资源消耗型行业，排放的固体废物、烟尘、粉尘、二氧化硫、含重金属废水等有害物会严重污染环境，但由于冶炼工艺的特殊性，决定了冶金行业"三废"（废气、废水、废渣）的双重性，因为这些排放物中大多含有可回收的有价金属和元素，甚至有的本身就是重要的二次资源，因此"三废"治理和资源化相辅相成，构成了本行业循环经济的共性。为此，本书内容包括高温烟气的冷却和余热利用，含尘烟气的收尘，高浓度二氧化硫冶炼烟气的常规法制造硫酸，低浓度二氧化硫冶炼烟气和制酸尾气的治理和利用，冶炼污水治理和循环应用，上述内容均辟专章叙述。有关从"三废"中回收有价金属的内容已在这套培训教材《重金属冶金工厂原料的综合利用》一书中予以介绍，本书不再赘述。

本书的初衷是想全面总结一下重有色金属冶金工厂近年来在环境保护方面的技术进步和先进经验，以适应工厂建设循环经济的高标准要求和满足职工教育与培训的需要，但由于多方面的原因，目前收集现场生产资料比较困难，加之参编人员水平有限，时间仓促，书中难免出现某些缺点与错误，甚至有一些遗漏，恳请读者批评指正，竭诚表示感激。

编　者
2006.6

目　　录

1　重金属冶金工厂环境保护工程概论

自 2002 年以来,党中央和国家领导人高度重视循环经济的发展,在有关文件和讲话中多次强调发展循环经济,并已经列入了我国最高决策层的议事日程。我国还制定了一系列与循环经济相关的法律和法规,从中央到地方,从政策到法规都充分表明加快循环经济建设已是我国的一项重大国策。

循环经济的理论基础是工业生态学,并运用其规律指导经济活动,是一种建立在物质、能量不断循环使用基础上与环境友好的新型范式;它融资源综合利用、清洁生产、生态设计和可持续消费等为一体,把经济活动重组为"资源利用—产品—资源再生"的封闭流程和"低开采、高利用、低排放"的循环模式,强调经济系统与自然生态系统和谐共生,是集经济、技术和社会于一体的系统工程。

国家发展与改革委员会已明确提出了大力发展循环经济的以下优先领域:在资源开采环节,应统筹规划油气、铁、铜、铝等战略性矿产资源的开采,采取切实可行的措施防止掠夺性开采;推进共生、伴生矿产资源的综合利用,开发低品位油气资源和非常规油气资源,提高矿产资源的开采和洗选回收利用率。在产品生产环节,应着重推进冶金、石化、化工、电力、有色、建材、轻工(包括造纸、纺织印染、酿造)等资源消耗重点行业的资源节约和清洁生产。在废物利用和处理环节,应加强对冶金、电力、石化、轻工、机械制造、建材建筑等行业的废弃物回收利用,为粉煤灰、煤矸石等大宗废弃物的综合利用创造更好的环境。

发展循环经济是从根本上减轻环境污染、提高资源与能源效率的有效途径。据测算,我国固体废弃物综合利用率若提高 1 个百分点,每年可减少约 1000 万吨废弃物的排放;粉煤灰综合利用率若能提高 20 个百分点,就可减少排放近 4000 万吨,这将使环境质量得到巨大改善。大力发展循环经济,推行清洁生产,可将经济社会活动对自然资源的需求和生态环境的影响降低到最小程度,从根本上解决经济发展与环境保护及资源短缺之间的矛盾,促进资源合理开发和节约使用。总之,我国要从节约中求发展,从环境保护中求发展。

2002 年我国有色金属产量达到 1012 万吨,跃居世界有色金属总产量的第一位。20 世纪90 年代以后,我国的有色金属工业进入一个高速发展的阶段,但目前我国有色金属行业的现状限制了自身的发展,主要表现为投入多产出少、经济效益较低、技术进步缓慢、资源浪费严重、生态环境问题较多等。我国有色金属工业必须实施循环经济的发展模式,结合本行业特征优先开展以下几方面工作:

(1)加大污染治理投入,降低"三废"排放量;

(2)改革现有工艺,采用先进清洁生产工艺;

(3)积极发展再生有色金属产业。

1.1　重金属冶金工厂应遵守的环保法规和标准

1.1.1　法规

《中华人民共和国环境保护法》

《中华人民共和国水污染防治法》

《中华人民共和国大气污染防治法》

《中华人民共和国固体废物污染环境防治法》

《中华人民共和国环境噪声污染防治法》

《建设项目环境保护管理条例》

《放射环境管理办法》

1.1.2　标准

《污水综合排放标准》GB8978 – 1996

《大气污染物综合排放标准》GB16297 – 1996

《工业炉窑大气污染物综合排放标准》GB9078 – 1996

《锅炉大气污染物综合排放标准》GWPB3 – 1999

《地表水环境质量标准》GHZB1 – 1999

《环境空气质量标准》GB3095 – 1996

《土壤环境质量标准》GB15618 – 1995

《地下水环境质量标准》GB/T14848 – 1993

《城市区域环境噪声标准》GB3096 – 1993

《危险废物鉴定标准》GB5085.1 ~ 3 – 1996

1.2　冶金原料的化学成分及物理形态

　　重金属冶金工厂使用的原料主要是重有色金属的硫化物、氧化物浮选精矿,个别情况下也使用硫化物、氧化物块矿。辅助原料及燃料有石灰石、石英石(河砂)、硫铁矿烧渣、煤、重油及轻柴油。

　　典型的精矿成分如表 1 – 1。

表 1 – 1　典型的主要重有色金属精矿成分/%

精矿名称	Cu	Pb	Zn	Ni	Co	Cd	Sb
铜精矿	15 ~ 32	0.1 ~ 4.3	0.1 ~ 4.1		个别 1.5 ~ 4.0		
铅精矿	0.1 ~ 2.3	45 ~ 77	1.3 ~ 11.7	Bi ~ 0.1		~ 0.03	0.03 ~ 0.48
锌精矿	0.1 ~ 1.2	0.3 ~ 3.0	47 ~ 55	< 0.01	< 0.01	0.1 ~ 0.33	0.01 ~ 0.02
镍精矿	0.2 ~ 3.0			1.5 ~ 14.5	0.1 ~ 0.5		

续表 1 - 1

精矿名称	Cu	Pb	Zn	Ni	Co	Cd	Sb
钴精矿	0.5 ~ 2.5			0.1 ~ 0.2	0.2 ~ 4		
锡精矿	0.001 ~ 0.38	5 ~ 15	0.8 ~ 2.16	Bi 0.012 ~ 8.0			0.14 ~ 0.55

精矿名称	Sn	As	S	Fe	SiO$_2$	CaO	MgO
铜精矿		0.1 ~ 0.4	15 ~ 41	11 ~ 40	2 ~ 18	< 10	< 12
铅精矿	0.1 ~ 0.3	0.05 ~ 0.3	14 ~ 20	2 ~ 11	1.0 ~ 13.5	0.5 ~ 2.3	0.1 ~ 0.5
锌精矿	0.1 ~ 0.4	0.05 ~ 0.3	30 ~ 33.5	3 ~ 10	1.5 ~ 6.0	0.5 ~ 2.2	0.1 ~ 0.66
镍精矿			10 ~ 31	31 ~ 44	8 ~ 21	0.3 ~ 2.5	2 ~ 21
钴精矿			30 ~ 35	40 ~ 55			
锡精矿	30 ~ 75	0.2 ~ 3.0	3.5 ~ 6.3	7 ~ 25	5.2 ~ 7.6	0.7 ~ 1.35	个别 WO$_3$ ~ 38

精矿名称	Al$_2$O$_3$	Hg	Cl	F	Au(g/t)	Ag(g/t)	$\sum$ Pt(g/t)
铜精矿					2 ~ 10	15 ~ 480	
铅精矿	0.1 ~ 0.5	< 0.1			500 ~ 900	0.8 ~ 10	
锌精矿	0.12 ~ 0.78					50 ~ 270	
镍精矿	3 ~ 3.5						0. x ~ x
钴精矿							
锡精矿							

　　重有色金属精矿中一般均含有一些有毒成分，如 S、As、Pb、Cd、Hg、Cl、F 等。这些元素在冶炼过程中或进入烟气、或进入酸性污水和渣中，直接排放将会造成环境的污染。

　　在冶炼过程中使用的燃料有煤和重油，一般燃料中均含有硫，因此在燃烧烟气中一般都会含有 SO$_2$，故应视燃料中的硫含量高低而决定燃烧烟气的处理方法。

　　使用的辅助原料熔剂中铁质原料一般含有硫，有时还含有砷，对于石灰石、石英或河砂有时会含有氯，这些元素一般会在冶炼过程中进入烟气。

　　冶炼过程所使用的原料一般为粉状矿物，个别金属矿物的原矿品位较高时也可将其块矿直接冶炼。矿物中的元素均为化合物状态、以单质状态存在的可能性较少。

1.3　冶金原料中有毒组分在冶金过程中的行为与分布

　　在重有色金属冶炼过程中造成环境污染的主要元素是 Pb、Cd、As、Hg、S 和其他酸性污水。

1.3.1　冶金原料中有毒组分存在的形态及危害途径

冶金原料中的有毒组分在原料中一般以化合物存在，如：$CuFeS_2$、Cu_5FeS_4、Cu_2S、CuS、FeS_2、Fe_7S_8、FeS、PbS、ZnS、NiS、$Ni_5Fe_4S_8$、$CuAsS$、As_2S_3、Co_3S_4、SnS_2、Sb_2S_3、HgS。在焙烧、熔炼过程中，上述原料中的 As、Hg、S 氧化后或升华气化进入烟气，部分进入烟尘，其中 Hg 在烟气冷却和制酸系统的烟气净化时会冷凝成液态汞珠，导致汞蒸气危害操作人员健康。由于铅、镉的化合物和金属镉在火法冶金过程中高温下极易挥发，极易进入岗位环境空气或排入大气，即便在低温状态，如物料干燥、破碎、倒运过程中粉尘飞扬使岗位环境严重污染，操作人员吸入这些粉尘将会导致铅中毒。

在湿法冶金过程中，Pb、As、Cd 易溶入溶液，随污水排放会污染水源，若进入渣中，冶炼废渣在堆放过程中容易引起二次溶解造成污染，故对废渣应当进行固化和封存堆放处理。

1.3.2　冶金原料中有毒组分在冶金过程中的分布

重有色金属冶炼技术一般采用的方法为火法冶炼技术，铜、镍冶炼的典型方法是造锍熔炼—吹炼—精炼。铅、锑、锡冶炼的典型方法是氧化脱硫焙烧（或熔炼）—还原熔炼。锌冶炼的典型方法是焙烧—浸出—净液—电解。

铜、铅、锌冶炼过程中有毒组分分布率如表1-2。

表1-2　铜、铅、锌冶炼过程中有毒组分分布率

冶炼金属品种	Cu			Pb			Zn		
有毒组分	S	As	Pb	S	As	Pb	S	As	Hg
进入烟气[①]/%	5~100	85		1~85	50~80		90~95	70	90
进入炉渣或浸出渣/%	1			1			5		
进入制酸污水/%	1	90		5					
进入岗位环境/%	0.5								
进入中间产品/%				5	50				

注：①该数据是指烟气脱硫（包括制酸）前的数值。

由于有色金属的冶炼方法很多，即使同一金属根据矿物的种类和性质、当地的自然条件、企业的经济状况等条件，各企业所选取的工艺流程也不尽相同，因此，对于不同冶炼工艺所产生的污染物和有毒组分的分布率均会有较大的差别，表1-2也只能是一个大致的范围，具体情况将在本书的其他章节中会详细叙述。

1.4　火法冶金过程高温含尘烟气产出源

在火法冶金过程中焙烧、烧结、熔炼、吹炼、精炼过程中产生的烟气均含有粉尘和硫、铅、砷、锑、镉、汞等金属或其化合物的蒸气等。因此除了要回收烟气中的有价金属外还必须对其进行处理，以保证环境不受污染。

1.4.1　粉尘的捕集

火法冶金高温烟气中的粉尘捕集一般均要先冷却降温，然后针对不同粉尘的物理化学性质采用不同类型的方法和设备进行捕集除尘，如沉降室、旋涡收尘器、袋式除尘器、静电除尘器、文丘里除尘器、各种水力除尘器等。

一般地，被收集的烟尘均返回冶炼系统进行处理，因此，烟尘在生产系统中循环。

1.4.2　粉尘(机械尘与挥发尘)的成分及特性

粉尘的形成来源分成机械尘和挥发尘，在物料运输和加入备料到熔炼设备时产生的飞扬粉尘与随气流运动而带入烟气的粉尘均称为机械尘；在高温下某些金属如汞在火法冶金过程中金属对硫和氧的亲和力都很小，而生成金属汞，硫和氧的亲和力较大形成稳定的 SO_2。某些金属或化合物因其沸点较低，气化点较低而转变为气态进入烟气形成极细的颗粒随烟气带出，这部分粉尘称为挥发尘。粉尘中有相当一部分为挥发尘，这部分粉尘其粒度可细至几个微米。机械尘一般大于 10 μm，挥发尘一般小于 5 μm，有的甚至小于 0.01 μm。

粉尘成分取决于冶金过程的工艺技术条件，干燥、焙烧、烧结过程的烟(粉)尘成分和原料相近，熔炼、吹炼过程的烟尘中富集了易挥发金属氧化物；烟化炉、挥发窑、杂铜炉等产出的烟尘基本由易挥发性金属氧化物组成。粉尘的成分一般为硫酸盐、氧化物、硫化物，加上粒度又较细，因此粉尘疏水性较强、导电性较差。

表 1-3 为火法冶金工厂的烟尘成分。

表 1-3　火法冶金工厂烟尘成分/%

烟尘名称	Cu	Pb	Zn	Ni	Sn	Sb	Fe	S	CaO	SiO₂	As	Hg
铜熔炼	23~24	5.83	2.95	Bi 2.25		0.28	12	7		3.2	6.28	
铜吹炼	25~30	0.97	4.2	Bi 6.6			35~39	22~23		4.6	9.8	
铜顶吹熔炼	11.6						14.7	3	1.60	9.4		
铅烧结		58.86	1.67	Tl 0.14				16				Cd 0.24
Kivcet 法		55	5					10				
QSL 法		55~65	5			0.3		9			2.0	
锌焙烧	<0.2	3~5	50~75	Cd 0.003			0.8					
铅锌烧结		60	3	Tl 0.1								
铅渣烟化炉		10~14	40~60				4.2	2.8	0.1	1.55	Ge 0.04	F 0.15
浸出渣挥发窑		8.1	70	In 0.02		0.01						Cd 0.008
镍焙砂电炉熔炼	2.53		Co 0.37	3.85			27	6.72	2.26	17.6	MgO 14.39	

续表 1-3

烟尘名称	Cu	Pb	Zn	Ni	Sn	Sb	Fe	S	CaO	SiO₂	As	Hg
镍闪速炉	3.0		Co 0.15	6.0			41	10	1.0	25	MgO 6.0	
镍吹炼	6.5	0.05	0.05	10.7			19.3	8.5		43	Co 0.30	
锡顶吹熔炼		8	14	Bi 0.15	45	0.10	0.7	0.6	0.24	3.3	3.7	
锡反射炉熔炼		0.5~0.8	2~4		40~48		2~5		2~5	8~12	2~4	
铅鼓风炉		68.11	10.40	Cd 0.055	0.037	0.32		8.04			1.17	

1.4.3　烟气的成分及特性

重有色金属冶金工厂的烟气一般均含有 SO_2 和粉尘,烟气中的粉尘含量视冶金方法不同差别较大,其含水量也相差较大,其中以精矿干燥的烟气含水量最高。

焙烧、烧结、熔炼、吹炼、挥发窑炉的烟气中还含有少量的 SO_3,其他成分为 N_2、CO_2 等。

几种典型冶金炉窑的烟气成分见表 1-4。

表 1-4　几种典型冶金炉窑的烟气成分/%

名　称	SO₂	N₂	CO₂	H₂O	SO₃	O₂
锌精矿焙烧	6-10	78	0.23	7	0.50	
铅烧结机烧结	1.5~6	69	2.00	14.51		10.38
铅锌结机烧结	4.5~6.5					
铜闪速熔炼	15~25	71	3.42	5.73		
铜顶吹熔炼	8~10					
铜转炉吹炼	8~16	80		3	1.0~1.8	
镍闪速熔炼	15~25	66.6	9.8	5.0		
镍转炉吹炼	8~12	85.4		0.8	0.20	
SKS 炼铅	7~12			20	0.5	5
QSL 炼铅	8~12	60~65	3~4	15~20		5
Kivcet 炼铅	10~25	40	30			
锌渣挥发窑	0.5~1.0	65	18~20	6.0		
铅渣烟化炉	0.5~1.0	78~79	12~16		CO 1~3	1~2

一般烟气中均含有 SO_2、SO_3 和 H_2O,当烟气温度降到烟气露点以下时会凝结出稀硫酸和稀亚硫酸,这些稀酸会腐蚀钢制设备和管道。

　　除干燥窑产出的烟气温度为低于150℃、烧结机烧结烟气温度低于380℃外，一般烟气温度均较高，约为800℃以上。因此，为了回收余热，这些设备一般均设有余热回收设备——余热锅炉或汽化冷却器、空气热交换器等。为防止烟气结露，烟气温度一般应降到250~400℃进入收尘器。

　　干燥烟气一般采用袋式除尘器或湿式除尘器处理，因此进入除尘器前应当保持在120℃以上，以免引起袋式除尘器或管道结露造成腐蚀和堵塞。

　　现代化冶金工厂中大量使用了静电除尘器，但一般含铅、锌粉尘的烟气由于粉尘的导电性差，即比电阻较大，因此为降低粉尘的比电阻可适当增加烟气的含水量使粉尘润湿，提高粉尘导电性，可提高电除尘器的除尘效率，也可采用宽极距、高电压静电除尘器以获得高除尘效率。

1.4.4　高温含尘烟气的处理与烟气排放标准

1.4.4.1　高温含尘烟气的处理

　　高温含尘烟气一般先进行降温处理，具体选用的设备视烟气量大小和温度高低而定，对于烟气量较小又不能制酸的烟气可吸入冷空气降温，对于大中型工厂的冶炼高温烟气一般采用余热锅炉回收余热降至350℃左右送电收尘处理，为了保证余热锅炉的使用寿命现在锅炉的压力均提高到2.5~4.0 MPa。提高锅炉蒸汽压力从而使锅炉管壁表面温度达至220℃以上，大大超出了烟气露点温度，从而有效地防止锅炉管腐蚀，使锅炉使用寿命可以达到7~10年。而采用汽化冷却器时其使用寿命仅一年，这时冷却器铁管束或水套壁表面温度一般都低于烟气露点温度。

　　350℃的烟气一般是直接进入电收尘器（对流态化焙烧炉的烟气由于烟气含尘高时可经旋风除尘器后再进电除尘器），若采用袋式除尘器除尘则可采用表面冷却器或吸入冷风使烟气温度降到150℃以下才能送入袋式除尘器，否则温度过高会烧坏除尘滤袋。

　　除尘器收集的烟尘可采用气力输送或其他输送机把烟尘返回冶炼配料系统进行处理，或包装好堆存。除尘后的烟气如其 SO_2 浓度≥50%可送硫酸厂制酸，对于低浓度 SO_2（含量2.0%~4.5%）烟气的处理目前还没有一种完美的办法，如非稳态制酸、托普索制酸法在国内有些工厂得到了应用，对 SO_2 浓度低于1.5%的烟气应采用石灰乳吸收、Na_2CO_3 吸收、柠檬酸吸收法等处理后才能排放，否则将会污染大气环境。

1.4.4.2　烟气的排放标准

　　有色冶金工厂的烟气排放执行国家环境保护标准，相关的标准有《大气污染物综合排放标准》（GB16297 – 1996）和《工业炉窑大气污染物排放标准》（GB9078 – 1996）。对于操作环境要执行国家《工业企业设计卫生标准》（TJ36 – 79，GBZ1 – 2002）。

　　表1 – 5为现有污染源大气污染物排放标准。

表1-5　现有污染源大气污染物排放标准

序号	污染物	最高允许排放浓度/(mg·m⁻³)	最高允许排放速度/(kg·h⁻¹)				无组织排放监控极限浓度	
			排气筒/m	一级	二级	三级	监控点	浓度/(mg·m⁻³)
1	二氧化硫	1200（硫、二氧化硫、硫酸和其他含硫化合物生产） 700（硫、二氧化硫、硫酸和其他含硫化合物生产）	15	1.6	3.0	4.1	无组织排放源上风向设参照点,下风向设监控点①	0.5（监控点与参照点浓度差值）
			20	2.6	5.1	7.7		
			30	8.8	17	26		
			40	15	30	45		
			50	23	45	69		
			60	33	64	98		
			70	47	91	140		
			80	63	120	190		
			90	82	160	240		
			100	100	200	310		
2	铅及其化合物	0.9	15	禁排	0.005	0.007	周界外浓度最高点	0.0075
			20		0.007	0.011		
			30		0.031	0.048		
			40		0.055	0.083		
			50		0.085	0.13		
			60		0.12	0.18		
			70		0.17	0.26		
			80		0.23	0.35		
			90		0.31	0.47		
			100		0.39	0.60		
3	汞及其化合物	0.015	15	禁排	1.8×10^{-3}	1.8×10^{-3}	周界外浓度最高点	
			20		3.1×10^{-3}	4.6×10^{-3}		
			30		10×10^{-3}	16×10^{-3}		
			40		18×10^{-3}	27×10^{-3}		
			50		27×10^{-3}	41×10^{-3}		
			60		39×10^{-3}	59×10^{-3}		
4	镉及其化合物	1.0	15	禁排	0.06	0.09	周界外浓度最高点	0.050
			20		0.10	0.15		
			30		0.34	0.52		
			40		0.59	0.90		
			50		0.91	1.4		
			60		1.3	2.0		
			70		1.8	2.8		
			80		2.5	3.7		

续表1-5

序号	污染物	最高允许排放浓度/(mg·m⁻³)	最高允许排放速度/(kg·h⁻¹)				无组织排放监控极限浓度	
			排气筒/m	一级	二级	三级	监控点	浓度/(mg·m⁻³)
5	铍及其化合物	0.015	15	禁 排	1.3×10^{-3}	2.0×10^{-3}	周界外 浓度最 高点	0.0010
			20		2.2×10^{-3}	3.3×10^{-3}		
			30		7.3×10^{-3}	11×10^{-3}		
			40		13×10^{-3}	19×10^{-3}		
			50		19×10^{-3}	29×10^{-3}		
			60		27×10^{-3}	41×10^{-3}		
			70		39×10^{-3}	58×10^{-3}		
			80		52×10^{-3}	79×10^{-3}		
6	镍及其化合物	5.0	15	禁 排	0.18	0.28	周界外 浓度最 高点	0.050
			20		0.31	0.46		
			30		1.0	1.6		
			40		1.8	2.7		
			50		2.7	4.1		
			60		3.9	5.9		
			70		5.5	8.2		
			80		7.4	11		
7	锡及其化合物	10	15	禁 排	0.36	0.55	周界外 浓度最 高点	0.30
			20		0.61	0.93		
			30		2.1	3.1		
			40		3.5	5.4		
			50		5.4	8.2		
			60		7.7	12		
			70		11	17		
			80		12	22		

注：① 一般无组织排放源上风向2~50 m范围内设参考点，排放源下风向2~50 m范围设监控点。

表1-6为新污染源大气污染物排放标准。

表1-6　新污染源大气污染物排放标准

序号	污染物	最高允许排放浓度 /(mg·m⁻³)	最高允许排放速度/(kg·h⁻¹)				无组织排放监控极限浓度	
			排气筒 /m	一级	二级	三级	监控点	浓度 /(mg·m⁻³)
1	二氧化硫	960 （硫、三氧化硫、硫酸和其化含硫化合物生产）	15		2.6	3.5	周界外浓度最高点①	0.40
			20		4.3	6.6		
			30		15	22		
			40		25	38		
			50		39	58		
	二氧化硫	550 （硫、三氧化硫、硫酸和其化含硫化合物生产）	60		55	83	周界外浓度最高点①	0.40
			70		77	120		
			80		110	160		
			90		130	200		
			100		170	270		
2	颗粒物	18 （炭黑尘、染料尘）	15		0.51	0.74	周界外浓度最高点	肉眼不可见
			20		0.85	1.3		
			30		3.4	5.0		
			40		5.8	8.5		
		60② （玻璃棉尘、石英粉尘、矿渣棉尘）	15		1.9	2.6	周界外浓度最高点	1.0
			20		3.1	4.5		
			30		12	18		
			40		21	31		
		120 （其他）	15		3.5	5.0	周界外浓度最高点	1.0
			20		5.9	8.5		
			30		23	34		
			40		39	59		
			50		60	94		
			60		85	130		

续表 1–6

序号	污染物	最高允许排放浓度/(mg·m^{-3})	最高允许排放速度/(kg·h^{-1})				无组织排放监控极限浓度	
			排气筒/m	一级	二级	三级	监控点	浓度/(mg·m^{-3})
3	铅及其化合物	0.70	15		0.004	0.006	周界外浓度最高点	0.006
			20		0.006	0.009		
			30		0.027	0.041		
			40		0.047	0.071		
			50		0.072	0.11		
			60		0.10	0.15		
			70		0.15	0.22		
			80		0.20	0.30		
			90		0.26	0.40		
			100		0.33	0.51		
4	汞及其化合物	0.012	15		1.5×10^{-3}	2.4×10^{-3}	周界外浓度最高点	0.0012
			20		2.6×10^{-3}	3.9×10^{-3}		
			30		7.8×10^{-3}	13×10^{-3}		
			40		15×10^{-3}	23×10^{-3}		
			50		23×10^{-3}	35×10^{-3}		
			60		33×10^{-3}	20×10^{-3}		
5	镉及其化合物	0.85	15		0.050	0.080	周界外浓度最高点	0.040
			20		0.090	0.13		
			30		0.29	0.44		
			40		0.50	0.77		
			50		0.77	1.2		
			60		1.1	1.7		
			70		1.5	2.3		
			80		2.1	3.2		

续表 1-6

序号	污染物	最高允许排放浓度 /(mg·m⁻³)	最高允许排放速度/(kg·h⁻¹)				无组织排放监控极限浓度	
			排气筒/m	一级	二级	三级	监控点	浓度/(mg·m⁻³)
6	铍及其化合物	0.012	15		1.1×10^{-3}	1.7×10^{-3}	周界外浓度最高点	0.0008
			20		1.8×10^{-3}	2.8×10^{-3}		
			30		6.2×10^{-3}	9.4×10^{-3}		
			40		11×10^{-3}	16×10^{-3}		
			50		16×10^{-3}	25×10^{-3}		
			60		23×10^{-3}	35×10^{-3}		
			70		33×10^{-3}	50×10^{-3}		
			80		44×10^{-3}	67×10^{-3}		
7	镍及其化合物	4.3	15		0.15	0.24	周界外浓度最高点	0.040
			20		0.26	0.34		
			30		0.88	1.3		
			40		1.5	2.3		
			50		2.3	3.5		
			60		3.3	5.0		
			70		4.6	7.0		
			80		6.3	10		
8	锡及其化合物	8.5	15		0.31	0.47	周界外浓度最高点	0.24
			20		0.52	0.79		
			30		1.8	2.7		
			40		3.0	4.6		
			50		4.6	7.0		
			60		6.6	10		
			70		9.3	14		
			80		13	19		

注：① 周界外浓度最高点一般应设置于无组织排放源下风向的厂界外 10 m 范围内，若预计无组织排放的最大落地浓度超出厂界外 10 m 范围，可将监控点移至该预计浓度最高点。

② 均指含游离二氧化硅(SiO_2)超过 10% 的粉尘。

表 1-7，表 1-8 为锅炉大气污染排放标准(GWPB3-1999)。

表 1-7 **1992 年 8 月 1 日前安装的锅炉烟尘最高允许排放浓度和烟气黑度限值**

燃煤锅炉	烟尘排放浓度/(mg·m⁻³)(标况)			烟气黑度(林格曼黑度)
一类区		二类区	三类区	
100		250	350	1 级

表 1-8 **1992 年 8 月 1 日起安装的锅炉排放二氧化硫和氮氧化物最高允许排放浓度**

锅炉类别		适用区域	SO₂ 排放浓度/(mg·m⁻³)		NO₂ 排放浓度/(mg·m⁻³)	
			I 时段	II 时段	I 时段	II 时段
燃煤锅炉		全部区域	1200	900	—	—
燃油锅炉	轻杂油、煤油、	全部区域	700	500	—	400
	其他燃料油	全部区域	1200	900	—	400
燃气锅炉		全部区域	100	100	—	400

注：* 一类区禁止新建以重油、渣油为燃料的锅炉。

1.5 车间空气的含尘标准

重有色冶金工厂冶炼过程中在物料运输、破碎、干燥及熔炼过程中均会产生粉尘，因此车间通风除尘成为必不可少的设备，车间环境卫生也成为工厂生产中极重要的问题。

表 1-9 为车间空气中有害物质的最高允许浓度。

表 1-9 **车间空气中有害物质的最高允许浓度**

序号	有害物质名称	最高允许浓度/(mg·m⁻³)	标 准 号
1	丙烯酸甲酯	20	GB8773-1998
2	锑及其他化合物(以锑计算)	1.0	GB8774-1998
3	氯丙烯	2	GB8775-1998
4	四基丙烯酸甲脂	30	GB8776-1998
5	六氟化硫	6000	GB8777-1998
6	磷胺	0.02	GB8778-1998
7	氢化锂	0.05	GB8779-1998
8	二甲基乙酰胺	10	GB8780-1998
9	含有 10% 以下游离二氧化硅的石墨粉	8	GB10328-1989
10	含有 10% 以下游离二氧化硅的皮毛粉	4	GB10330-1989
11	炭黑粉尘	4	GB10332-1989
12	含有 10% 以下游离二氧化硅的珍珠岩粉	2	GB10332-1989
13	含有 10% 以下游离二氧化硅的云母粉	0.5	GB10439-1989

续表 1-9

序号	有害物质名称	最高允许浓度/(mg·m⁻³)	标　准　号
14	含有 20% 以上游离二氧化硅的萤石混合性粉	4	GB11516－1989
15	三氯化磷		GB11517－1989
16	乙二胺		GB11518－1989
17	液化石油气		GB11519－1989
18	间苯二酚		GB11520－1989
19	甲基丙烯酸环氧丙酯		GB11520－1989
20	含有 10% 以下游离二氧化硅的蛭石粉		GB11522－1989
21	二氧化钛粉尘		GB11524－1989
22	氯乙醇		GB11525－1989
23	丙烯酰胺		GB11527－1989
24	含有 10% 以下游离二氧化硅的碳化硅粉	10	GB11529－1989
25	含有 10% 以下游离二氧化硅的砂轮磨尘	10	
26	钴及其氧化物(以钴计算)	0.1	GB11530－1989
27	三苯甲磷酸酯	0.3(皮)	GB11530－1989
28	铜尘(以铜计算)	1	GB11531－1989
	铜烟	0.2	GB11531－1989
29	抽余油	300	GB11532－1989
30	汽油	300	GB11719－1989
31	环氧烷	2	GB11721－1989
32	金属钒、钒铁合金、碳化钒	1	
	钒化合物尘	0.1	GB11722－1989
	钒化合物烟	0.02	
33	一、二氧乙烷	15	GB11723－1989
34	含有 50%~80% 游离二氧化硅粉尘	1.5	GB11724－1989
	含有 80% 以上游离二氧化硅粉尘	1	
35	铝和铝合金粉尘	4	GB11726－1989
	氧化铝粉尘	6	
36	乙苯	50	GB16182－1989
37	铊	0.01(皮)	GB16183－1989
38	硫酸、氟	20	GB16184－1989
39	萘	50	GB16185－1989

续表 1-9

序号	有害物质名称	最高允许浓度/(mg·m⁻³)	标 准 号
40	溴氰氧酯	0.03	GB16186－1989
41	叠氮酸	0.03	GB16187－1989
	叠氮化钠	0.2	
42	氧化乐果	0.3(皮)	GB16188－1989
43	异稻瘟净	1.0(皮)	GB16189－1989
44	乙二醇	20	GB16190－1989
45	三氟甲基次氟酸酯	0.2	GB16191－1989
46	氯甲烷	40	GB16192－1989
47	TDI	0.2	GB16193－1989
48	电焊烟尘	6	GB16194－1989
49	氧化镁(烟)	10	GB16195－1989
50	凝集二氧化硅粉	3	GB16196－1989
51	含有10%以上游离二氧化硅的木粉	8	GB16197－1989
52	含有10%以下游离二氧化硅的木粉	3	GB16198－1989
53	二月桂酸二丁基锡	0.2(皮)	GB16199－1989
54	氢戊葡酯	最高日平均浓度0.05(皮)	GB16200－1989
55	二氧化碳	18000(10000 μL/L 或1%)	GB16201－1989
56	氯丁二烯	4(皮)	GB16202－1989
57	杀螟松	1(皮)	GB16205－1989
58	含有10%以上游离二氧化硅油硅藻土粉尘	2	GB16206－1989
	含有10%以下游离二氧化硅油硅藻土粉尘	10	
59	大理石粉尘	10	GB16207－1989
60	聚乙烯	10	GB16208－1989
61	聚丙烯	10	GB16209－1989
62	金属镍与难溶镍化合物(按 Ni 计)	1	GB16210－1989
	可溶镍化合物(按 Ni 计)	0.5	
63	久效磷	0.01(皮)	GB16211－1989
64	硝化甘油	1(皮)	GB16212－1989
65	丙烯酸	6(皮)	GB16213－1989
66	乙胺	18	GB16214－1989
67	邻苯二甲酸酐	1	GB16215－1989

续表 1-9

序号	有害物质名称	最高允许浓度/(mg·m⁻³)	标　准　号
68	二氧化锡	2	GB16216-1989
69	硒	0.1	GB16217-1989
70	二氯甲烷	200	GB16218-1989
71	三氯甲烷	20	GB16219-1989
72	肼	0.13(皮)	GB16221-1989
73	一甲基肼	0.08(皮)	GB16222-1989
74	偏二甲基肼	0.5(皮)	GB16223-1989
75	白云石粉尘	10	GB16224-1989
76	含有 10%~50% 游离二氧化硅的呼吸性矽尘	1	GB16225-1989
	含有 50%~80% 游离二氧化硅的呼吸性矽尘	0.5	
	含有 80%以上游离二氧化硅的呼吸性矽尘	0.3	
77	石灰石粉尘	10	GB16226-1989
78	汞	0.02	GB16227-1989
79	氟化物(不含氟化氢,以氟计)	1	GB16228-1989
80	钨	6	GB16229-1989
81	异丙醇	750	GB16230-1989
82	四氢呋喃	300	GB16231-1989
83	石膏粉尘	10	GB16232-1989
84	乙酸	20	GB16233-1989
85	异佛尔酮二异氰酸酯	0.1(皮)	GB16234-1989
86	呋喃	0.5	GB16235-1989
87	三次甲基三硝基胺	3	GB16236-1989
88	含有 10%以下游离二氧化硅的谷物粉尘	8	GB16237-1989
89	含有 10%以下游离二氧化硅的水泥粉尘	2	GB16238-1989
90	桑蚕丝尘	10	GB16239-1989
91	含有 10%以下游离二氧化硅的稀土粉尘	5	GB16240-1989
92	石棉纤维	最高允许浓度 1.5f/mL 时间加权平均值允许浓度 0.8 f/mL	GB16241-1989
93	硝基苯胺	3(皮)	GB16242-1989
94	邻苯二甲酸二丁酯	最高允许浓度 2.5 时间加权平均值允许浓度 1.0	GB16243-1989

续表 1 - 9

序号	有害物质名称	最高允许浓度/(mg·m⁻³)	标　准　号
95	含有10%以下游离二氧化硅的亚麻粉尘	3	GB16244 - 1989
	含有10%以下游离二氧化硅的黄麻粉尘	4	
	含有10%以下游离二氧化硅的蒙麻粉尘	6	
96	草酸	最高允许浓度2.0,时间加权平均值允许浓度1.0	GB16245 - 1989
97	硫酸二甲酯	0.5(皮)	GB16246 - 1989
98	氯化锌(烟)	最高允许浓度2.0,时间加权平均值允许浓度1.0	GB16247 - 1989
99	含有10%~50%游离二氧化硅的呼吸性煤尘	13.5	GB16248 - 1989
100	甲酚	最高允许浓度10,时间加权平均值允许浓度5	GB16249 - 1989
101	中考的松	最高允许浓度3.0,时间加权平均值允许浓度1.0	GB16250 - 1989
102	岩棉粉尘	最高允许浓度10,时间加权平均值允许浓度5	GB16252 - 1989
103	碳酸钠	最高允许浓度6,时间加权平均值允许浓度3	GB16253 - 1989
104	焦炉逸散物(苯溶物)	最高允许浓度0.2,时间加权平均值允许浓度0.1	GB16254 - 1989
105	砷及其无机化合物(以As计)	0.015	GB16255 - 1989
106	活性炭粉	10	GB10333 - 1989

1.6　冶金过程产生的废渣

1.6.1　火法冶金过程产生的炉渣

有色冶金炉渣为一种产物,熔化后称为熔渣,其组成主要来自矿石、熔剂和燃料灰分中的造渣成分。由于火法冶金的原料和冶炼方法种类繁多,因而炉渣的类型很多,成分非常复杂。但总的说来炉渣是各种氧化物的共熔体。除了氧化物以外,炉渣还可能含有其他盐类,如氟化钙、氯化钠、硫酸盐等。这些盐有的来自原料,有的是作为助熔剂加入的。

1.6.1.1　炉渣的组成及特性

火法冶金过程实质上是将精矿中的主金属元素逐步提纯的过程。高温下将硫等可气化的元素转到烟气中,而将脉石、非金属矿物转入炉渣,主金属富集在金属或锍相内而达到分离。炉渣一般由 CaO、SiO_2、FeO、Al_2O_3、MgO 组成。

重有色金属火法冶金的炉渣主要为 CaO、SiO_2、FeO 三元系组成的共熔体,其含量占炉渣总量的85%~90%。

炉渣中还有其他组分,如 Cu、Pb、Zn、Ni、Co、Sb、Sn、Sn、As、S。这些组分除 As、S 外

冶炼过程中少量以金属状态存在于炉渣中，其余组分均以稳定的化合物存在，不会在堆存时造成对水资源的二次污染，一般水淬的炉渣可作为水泥厂的添加剂和造船厂喷砂除锈的介质。现将一些有色冶金炉渣的成分列于表 1 – 10 中。

表 1 – 10　有色冶金炉渣的成分/%

炉渣成分	铜造锍熔炼	锍吹炼	硫化镍矿电炉造锍熔炼	铅鼓风炉还原熔炼	ISP 还原熔炼	锡精矿电炉熔炼
SiO_2	25 ~ 40	22 ~ 28	35 ~ 40	20 ~ 28	14 ~ 22	26 ~ 32
CaO	5 ~ 11	2 ~ 5		9 ~ 20	16 ~ 25	32 ~ 36
FeO	29 ~ 45		30 ~ 50	24 ~ 35	30 ~ 42	3 ~ 5
$FeO - Fe_3O_4$	5 ~ 15(Fe_3O_4)	60 ~ 70				
Al_2O_3	2.9 ~ 7.5	1 ~ 1.5	5 ~ 10	1 ~ 4	5 ~ 9	
MgO	0.7 ~ 1.6	0.3 ~ 0.5	5 ~ 20			10 ~ 20
ZnO				5 ~ 20	4 ~ 10	
Cu	0.2 ~ 0.8	1.5 ~ 2.5				
Ni			0.1 ~ 0.25			
Pb				0.5 ~ 1.3	0.4 ~ 0.6	
Sn						0.25 ~ 0.9
S	0.7 ~ 1.2	1 ~ 2				

1.6.1.2　炉渣的堆存和综合利用

有色冶金工厂和炉渣一般为水淬渣，少量的为熔渣块，水淬渣可以设渣场堆放，只需防止被雨水冲走，危害植被。水淬渣在渣场堆放不会造成二次污染。

熔渣块要进行分类处理，采取不同方式堆存。不含有色金属(无回收价值)和 As 的熔渣可以和水淬渣一起在水淬渣场堆放，对于含有 As 和金属的熔渣必须在库存内堆放，并不能有水浸泡，以防产生 AsH_3 造成人身危害。

一般有色冶金工厂的水淬渣可以送水泥厂作为矿渣水泥的掺合料，也可售给造船厂作喷砂除锈的载体。

对于含有有价金属的熔渣应针对其含有的有色金属和贵金属的品位和组成采用不同的方法进行回收，对含挥发性的金属和金属氧化物、硫化物可采用烟化炉或回转窑进行烟化挥发处理，对含 Cu 和贵金属的渣可采用造锍熔炼生产低品位金属锍回收 Cu、Ni、Co 和 Au、Ag。

一般铜、铅、锌、镍、锡、锑火法冶金的废炉渣中的重金属元素均以稳定的化合物形态存在，可以直接选取一个渣场进行堆存。渣场要采取措施防止因雨水冲刷而流失造成植被破坏，同时在渣场堆满后上部要覆填 2 m 的土壤，进行绿化。

1.6.2　湿法冶金工厂的废渣

1.6.2.1　湿法废渣的来源及其中组分的特性

湿法冶炼工厂的废渣主要是浸出渣和污水处理站的沉淀渣。浸出渣一般都含有少量重金属元素和酸根离子，如 Pb、Zn、Cu、SO_3^{2-}、SO_4^{2-} 等，污水处理站产出的沉淀渣一般为含重金属的石膏渣，还可能有砷酸钙渣。

湿法炼锌的浸出渣如黄钾铁矾法、针铁矿法、赤铁矿法的浸出渣都属弃渣，可以堆存但一般都要适当地处理。

砷酸钙渣要采取特别的存放措施，以防止在堆存后产生砷的二次污染，因为砷酸钙渣在遇到水时会少量溶解，甚至在渣中含有重金属时还会产生剧毒的 AsH_3。

1.6.2.2　废渣的堆存和无害化处理

废渣的堆存应根据不同性质的渣采用不同的方法进行堆存。下面列举几种典型的废渣堆存方法。

湿法炼锌厂的黄钾铁矾渣、针铁矿渣的堆存应采取使用防渗漏的渣库堆存，其库底采用三合土夯实后上铺 1 ~ 2 mm 的高分子塑料膜，以防废水渗透。库中澄清后的废水应返回冶炼厂作为浸出渣浆化用水。

含砷渣一般为砷酸钙渣，遇水后会少量熔解，这种水一旦进入水系或地表会产生二次污染，危及牲畜和人体健康，故堆存应采用特殊措施。

砷渣的堆放应先预制一个混凝土的容器，容器内放一个 0.5 mm 厚的聚乙烯塑料薄膜袋，将砷酸钙渣放入袋中，然后将袋子密封死，再盖上水泥盖，并用水泥密封。

装有砷酸钙渣的水泥容器可放在废矿坑内或选一渣场堆存，堆放此渣的渣场四周应设有明确的标识，并经常检查，以防流失。

1.6.3　废渣的综合利用

废渣的综合利用一直是各冶金工厂所关心的事，近年来取得了一些进展，但总的说来火法冶金的弃渣得到了较好的利用，湿法冶金的浸出弃渣尚无较满意的综合利用方法。

由于火法冶金的弃渣一般为熔渣，因此炉渣内的少量重金属元素均已成为化合物状态而被固化，所以一般可作为铺路材料，也可作为水泥厂熟料粉磨时的添加料生产矿渣水泥。水淬的炉渣也作为造船厂船舶维修时喷砂除锈用的载体。

湿法炼锌废渣目前综合利用尚未找到合理的途径，国外对于赤铁矿法的浸出铁渣有送炼铁厂炼铁的报道，芬兰奥托昆普公司有将铁矾渣送电炉炼铁的技术并在工业上使用。国内温州冶炼厂曾做过针铁矿渣制砖的试验。

1.7　有色冶金工厂污水

有色冶金工厂污水分为三类：湿法冶金过程产生的污水，硫酸净化工序的酸性污水，火法冶金过程设备(包括余热回收系统)冷却水外排污水。

1.7.1　湿法冶金过程产生的污水

湿法冶金工厂一般的工艺是有色金属氧化矿或焙砂采用酸溶液浸出,主金属进入溶液,然后从浸出液中提取主金属。生产过程的污水主要有以下产生途径:

(1)浸出－净液－电积(或置换还原)过程中泄漏的液体。这部分液体含有酸和重金属离子,酸的种类取决于浸出过程中加入何种酸,一般为硫酸溶液,个别情况下是盐酸介质溶液(当采用氯化焙烧或采用盐酸溶液浸出时),在阳极泥回收车间生产中也有使用盐酸＋硝酸的混合液。

(2)生产过程中的地面冲洗水。

(3)电解液净液系统为排除杂质固液分离后,滤渣的洗涤水。

1.7.2　硫酸净化工序的酸性污水

硫酸生产过程产生的污水主要来自于烟气净化洗涤污水和泵类设备泄漏酸性水。

净化洗涤污水为酸性污水,污水中还含有烟气中被洗涤下来的粉尘,称为酸泥,其中含重金属离子和 As、Hg 等。

1.7.3　火法冶金过程的外排污水

火法冶金过程外排的污水主要有冶金炉的水套排污水、余热锅炉的排污水、锅炉软化水制备的排污水。此外还有金属铸锭或产品熔铸时的冷却水排水。这部分水一般不含有有害成分。

1.7.4　污水主要成分

表 1－11,表 1－12 为有色冶金工厂的污水和酸性污水的主要成分,举例如下:

表 1－11　有色冶金工厂的生产污水主要成分/(mg · L⁻¹)

组　分 ＼ 工厂	铅锌密闭鼓风炉冶炼厂	湿法炼锌工厂	铜冶炼厂	锡冶炼厂(高砷污水)
铅	5.5 ~ 195	1 ~ 3	0.09	21.18
铜		1 ~ 3	153 ~ 620	1.91
锌	133 ~ 238	50 ~ 100	273 ~ 600	667
镉	3.7 ~ 15.0	1 ~ 3	0.003	73.79
砷	0.265 ~ 2.601	1 ~ 3	440	763.16
汞				
氟			76.4	458.85
pH		4 ~ 6	4(g/L硫酸)	3.15
悬浮物(SS)				浊度 12(度)

表 1-12 有色冶金工厂的烟气制酸排出酸性污水主要成分/(mg·L⁻¹)

组 分	铅锌密闭鼓风炉冶炼厂	湿法炼锌工厂	铜冶炼厂
铅	0.33~7.62	34	
铜	1.84~43.98	7.1	1.860
锌	12.1~364.8	990	700
镉	0.14~7.83	8.1	131
砷	0.41~1.78	716	4490
汞	0.03~3.46	117	
氟		320	910
铁		2.12	
氯		208	
pH	1.09~2.5	5%~6%(含酸量)	65(g/L硫酸)

1.7.5 污水排放标准

重有色冶金工厂的污水排放应执行国家现行的《中华人民共和国水污染防治法》和污水综合排放标准(GB8978-1996)、地面水环境质量标准(GB3838-1988)、地下水质量标准(GB/T14848-1993)。

表 1-13 为污水综合排放标准的第一类污染物最高允许排放浓度。

表 1-13 污水综合排放标准的第一类污染物最高允许排放浓度

序 号	污染物	最高允许排放浓度/(mg·L⁻¹)
1	总汞	0.05
2	烷基汞	不得检出
3	总镉	0.1
4	总铬	1.5
5	六价铬	0.5
6	总砷	0.5
7	总铅	1.0
8	总镍	1.0
9	苯并(a)芘	0.00003
10	总铍	0.005
11	总银	0.5
12	总α放射性	1 Bq/L
13	总β放射性	10 Bq/L

表 1 - 14、表 1 - 15 及表 1 - 16 为污水综合排放标准的第二类污染物最高允许排放浓度。

表 1 - 14　污水综合排放标准的第二类污染物最高允许排放浓度

（1997 年 12 月 31 日之前建设的单位）　单位：mg/L

序	污染物	适用范围	一级标	二级标准	三级标
1	pH	一切排污单位	6 ~ 9	6 ~ 9	6 ~ 9
2	色度（稀释倍数）	染料工业	50	180	—
		其他排污单位	50	80	—
3	悬浮物（SS）	采矿、选矿、选煤工业	100	300	—
		脉金选矿	100	500	—
		边远地区砂金选矿	100	800	—
		城镇二级污水处理厂	20	30	—
		其他排污单位	70	200	400
4	五日生化需氧量（BOD$_5$）	甘蔗制糖、芒麻脱胶、湿法纤维板工业	30	100	600
		甜菜制糖、酒精、味精、皮革、化纤浆粕工业	30	150	600
		城镇二级污水处理厂	20	30	—
		其他排污单位	30	60	300
5	化学需氧量（COD）	甜菜制糖、焦化、合成脂肪酸、湿法纤维板、染料、洗毛、有机磷农药工业	100	200	1000
		酒精、味精、医药原料药、生物制药、芒麻脱胶、皮革、化纤浆粕工业	100	300	1000
		石油化工工业（包括石油制炼）	100	150	500
		城镇二级污水处理厂	60	120	—
		其他排污单位	100	150	500
6	石油类	一切排污单位	10	10	30
7	动植物油	一切排污单位	20	20	100
8	挥发酚	一切排污单位	0.5	0.5	2.0
9	总氰化合物	电影洗片（铁氰化合物）	0.5	5.0	5.0
		其他排污单位	0.5	0.5	1.0
10	硫化物	其他排污单位	1.0	1.0	2.0
11	氨氮	医药原料药、染料、石油化工工业	15	50	
		其他排污单位	15	25	—

续表 1-14

序	污染物	适用范围	一级标	二级标准	三级标
12	氟化物	黄磷工业	10	20	20
		低氟地区(水体含氟量 < 0.5 mg/L)	10	20	30
		其他排污单位	10	10	20
13	磷酸盐(以 P 计)	一切排污单位	0.5	1.0	—
14	甲醛	一切排污单位	1.0	2.0	5.0
15	苯胺类	一切排污单位	1.0	2.0	5.0
16	硝基苯类	一切排污单位	2.0	3.0	5.0
17	阴离子表面活性剂(LAS)	一切排污单位	5.0	10	20
18	总铜	一切排污单位	0.5	1.0	2.0
19	总锌	一切排污单位	2.0	5.0	5.0
20	总锰	合成脂肪酸工业	2.0	5.0	5.0
		其他排污单位	2.0	2.0	5.0
21	彩色显影剂	电影洗片	2.0	2.0	3.0
22	显影剂及氧化物总量	电影洗片	3.0	6.0	6.0
23	元素磷	一切排污单位	0.1	0.3	0.3
24	有机磷农药(以 P 计)	一切排污单位	不得检出	0.5	0.5
25	乐果	一切排污单位	不得检出	1.0	2.0
26	对硫磷	一切排污单位	不得检出	1.0	2.0
27	甲基对硫磷	一切排污单位	不得检出	1.0	2.0
28	马拉硫磷	一切排污单位	不得检出	5.0	10
29	五氯酚及五氯酚钠(以五氯酚计)	一切排污单位	5.0	8.0	10
30	可吸附有机卤化物(AOX)(以 Cl 计)	一切排污单位	1.0	5.0	8.0
31	三氧甲烷	一切排污单位	0.3	0.06	1.0
32	四氯化碳	一切排污单位	0.03	0.06	0.5
33	三氯乙烯	一切排污单位	0.3	0.6	1.0
34	四氯乙烯	一切排污单位	0.1	0.2	0.5
35	苯	一切排污单位	0.1	0.2	0.5

续表 1-14

序	污染物	适用范围	一级标	二级标准	三级标
36	甲苯	一切排污单位	0.1	0.2	0.5
37	乙苯	一切排污单位	0.4	0.6	1.0
38	邻-二甲苯	一切排污单位	0.4	0.6	1.0
39	对-二甲苯	一切排污单位	0.4	0.6	1.0
40	间-二甲苯	一切排污单位	0.4	0.6	1.0
41	氯苯	一切排污单位	0.2	0.4	1.0
42	邻-二氯苯	一切排污单位	0.4	0.6	1.0
43	对-二氯苯	一切排污单位	0.4	0.6	1.0
44	对-硝基氯苯	一切排污单位	0.5	1.0	5.0
45	2,4-二硝基氯苯	一切排污单位	0.5	1.0	5.0
46	苯酚	一切排污单位	0.3	0.4	1.0
47	间-甲酚	一切排污单位	0.1	0.2	0.5
48	2,4-氯酚	一切排污单位	0.6	0.8	1.0
49	2,4,6-三氯酚	一切排污单位	0.6	0.8	1.0
50	邻苯二甲酸二丁酯	一切排污单位	0.2	0.4	2.0
51	邻苯二甲酸二辛酯	一切排污单位	0.3	0.6	2.0
52	丙烯腈	一切排污单位	2.0	5.0	5.0
53	总硒	一切排污单位	0.1	0.2	0.5
54	粪大肠菌群数	医院[1]、兽医院及医疗机构含病原体污水	500 个/L	1000 个/L	5000 个/L
		传染病、结核病医院污水	100 个/L	500 个/L	1000 个/L
55	总余氯(采用氯化消毒的医院污水)	医院[2]、兽医院及医疗机构含病原体污水	<0.5[2]	>3(接触时间 1 h)	>2(接触时间 1 h)
		传染病、结核病医院污水	<0.5[2]	>6.5(接触时间 1 h)	>5(接触时间 1 h)
56	总有机碳(TOC)	合成脂肪酸工业	20	40	—
		苎麻脱胶工业	20	60	—
		其他排污单位	20	30	—

注：其他排污单位：指除在该项目中所列行业以外的一切排污单位。

①指 50 个床位以上的医院。

②加氯消毒后须进行脱氯处理，达到本标准。

表 1 - 15　第二类污染物最高允许排放浓度

(1998 年 1 月 1 日后建设的单位)　　　　　　　　单位：mg/L

序号	污染物	适用范围	一级标准	二级标准	三级标准	序号	污染物	适用范围	一级标准	二级标准	三级标准
1	pH	一切排污单位	6~9	6~9	6~9	13	磷酸盐（以 P 计）	一切排污单位	0.5	1.0	—
2	色度（稀释倍数）	一切排污单位	50	80	—	14	甲醛	一切排污单位	1.0	2.0	5.0
3	悬浮物（SS）	采矿、选矿、选煤工业	70	300	—	15	苯胺类	一切排污单位	1.0	2.0	5.0
		脉金选矿	70	400	—	16	硝基苯类	一切排污单位	2.0	3.0	5.0
		边远地区砂金选矿	70	800	—	17	阴离子表面活性剂（LAS）	一切排污单位	5.0	10	20
		城镇二级污水处理厂	20	30	—						
		其他排污单位	70	150	400						
4	五日生化需氧量（BOD₅）	甘蔗制糖、苎麻脱胶、湿法纤维板、染料、洗毛工业	20	60	600	18	总铜	一切排污单位	0.5	1.0	2.0
						19	总锌	一切排污单位	2.0	5.0	5.0
		甜菜制糖、酒精、味精、皮革、化纤浆粕工业	20	100	600	20	总锰	合成脂肪酸工业	2.0	5.0	5.0
								其他排污单位	2.0	2.0	5.0
		城镇二级污水处理厂	20	30		21	彩色显影剂	电影洗片	1.0	2.0	3.0
		其他排污单位	20	30	300	22	显影剂及氧化物总量	电影洗片	3	3	6
5	化学需氧量（COD）	甜菜制糖、合成脂肪酸、湿法纤维板、染料、洗毛、有机磷农药工业	100	200	1000	23	元素磷	一切排污单位	0.1	0.1	0.3
		味精、酒精、医药原料药、生物化工、苎麻脱胶、皮革、化纤浆粕工业	100	300	1000	24	有机磷农药（以 P 计）	一切排污单位	不得检出	0.5	0.5
						25	乐果	一切排污单位	不得检出	1.0	2.0
		石油化工工业（包括石油炼制）	60	120	500	26	对硫磷	一切排污单位	不得检出	1.0	2.0
		城镇二级污水处理厂	60	120	—	27	甲基对硫磷	一切排污单位	不得检出	1.0	2.0
		其他排污单位	100	150	500	28	马拉硫磷	一切排污单位	不得检出	5.0	10
6	石油类	一切排污单位	5	10	20	29	五氯酚及五氯酚钠（以五氯酚计）	一切排污单位	5.0	8.0	10
7	动植物油	一切排污单位	10	15	100						
8	挥发酚	一切排污单位	0.5	0.5	2.0	30	可吸附有机卤化物（AOX）（以 Cl 计）	一切排污单位	1.0	5.0	8.0
9	总氰化合物	一切排污单位	0.5	0.5	1.0						
10	硫化物	一切排污单位	1.0	1.0	1.0						
11	氨氮	医药原料药、染料、石油化工工业	15	50	—	31	三氯甲烷	一切排污单位	0.3	0.6	1
						32	四氯化碳	一切排污单位	0.03	0.06	0.5
		其他排污单位	15	25	—	33	三氯乙烯	一切排污单位	0.3	0.6	1.0
12	氟化物	黄磷工业	10	15	20	34	四氯乙烯	一切排污单位	0.1	0.2	0.5
		低氟地区（水体含氟量＜0.5 mg/L）	10	20	30	35	苯	一切排污单位	0.1	0.2	0.5
						36	甲苯	一切排污单位	0.1	0.2	0.5
		其他排污单位	10	10	20	37	乙苯	一切排污单位	0.4	0.6	1.0

续表 1－15

序号	污染物	适用范围	一级标准	二级标准	三级标准	序号	污染物	适用范围	一级标准	二级标准	三级标准
38	邻－二甲苯	一切排污单位	0.4	0.6	1.0	51	邻苯二甲酸二辛脂	一切排污单位	0.3	0.6	2.0
39	对－二甲苯	一切排污单位	0.4	0.6	1.0	52	丙烯腈	一切排污单位	2.0	5.0	5.0
40	间－二甲苯	一切排污单位	0.4	0.6	1.0	53	总硒	一切排污单位	0.1	0.2	0.5
41	氯苯	一切排污单位	0.2	0.4	1.0	54	粪大肠菌群数	医院[①]、兽医院及医疗机构含病原体污水	500 个/L	1000 个/L	5000 个/L
42	邻二氯苯	一切排污单位	0.4	0.6	1.0			传染病、结核病医院污水	100 个/L	500 个/L	1000 个/L
43	对二氯苯	一切排污单位	0.4	0.6	1.0	55	总余氯(采用氯化消毒的医院污水)	医院[①]、兽医院及医疗机构含病原体污水	<0.5[②]	>3(接触时间≥1 h)	>2(接触时间≥1 h)
44	对硝基氯苯	一切排污单位	0.5	1.0	5.0						
45	2,4－二硝基氯苯	一切排污单位	0.5	1.0	5.0			传染病、结核病医院污水	<0.5[②]	>6.5(接触时间≥1.5 h)	>5(接触时间≥1.5 h)
46	苯酚	一切排污单位	0.3	0.4	1.0						
47	间－甲酚	一切排污单位	0.1	0.2	0.5	56	总有机碳(TOC)	含成脂肪酸工业	20	40	—
48	2,4－二氨酚	一切排污单位	0.6	0.8	1.0			苎麻脱胶工业	20	60	—
49	2,4,6－三氯酚	一切排污单位	0.6	0.8	1.0			其他排污单位	20	30	—
50	邻苯二甲酸二丁酯	一切排污单位	0.2	0.4	2.0						

注:其他排污单位:指除在该控制项目中所列行业以外的一切排污单位。

①指 50 个床位以上的医院;

②加氯消毒后须进行脱氯处理,达到本标准。

表 1－16　部分行业最高允许排水量

(1998 年 1 月 1 日后建设的单位)

序号	行业类别			最高允许排水量或最低允许水重复利用率
1	矿山工业	有色金属系统选矿		水重复利用率75%
		其他矿山工业采矿、选矿、选煤等		水重复利用率90%(选煤)
		脉金选矿	重选	16.0 m³/t 矿石
			浮选	9.0 m³/t 矿石
			氰化	8.0 m³/t 矿石
			碳浆	8.0 m³/t 矿石
2	焦化企业(煤气厂)			1.2 m³/t 焦炭
3	有色金属冶炼金属加工			水重复利用率80%

续表 1－16

序号	行业类别			最高允许排水量或 最低允许水重复利用率		
4	石油炼制工业（不包括直排水炼油厂）加工深度分类： 　A. 燃料型炼油厂 　B. 燃料＋润滑油型炼油厂 　C. 燃料＋润滑油型＋炼油化工型炼油厂 　（包括加工高含硫原油页和石油及石油添加剂生产基地的炼油厂）		A	>500 万 t,1.0 m³/t 原油 250～500 万 t,1.2 m³/t 原油 <250 万 t,1.5 m³/t 原油		
			B	>500 万 t,1.5 m³/t 原油 250～500 万 t,2.0 m³/t 原油 <250 万 t,2.0 m³/t 原油		
			C	>500 万 t,2.0 m³/t 原油 250～500 万 t,2.5 m³/t 原油 <250 万 t,2.5 m³/t 原油		
5	合成洗涤剂工业	氯化法生产烷基苯		200.0 m³/t 烷基苯		
		裂解法生产烷基苯		70.0 m³/t 烷基苯		
		烷基苯生产合成洗涤剂		10.0 m³/t 产品		
6	合成脂肪酸工业			200.0 m³/t 产品		
7	湿法生产纤维板工业			30.0 m³/t 板		
8	制糖工业	甘蔗制糖		10.0 m³/t 甘蔗		
		甜菜制糖		4.0 m³/t 甜菜		
9	皮革工业	猪盐湿皮		60.0 m³/t 原皮		
		牛干皮		100.0 m³/t 原皮		
		羊干皮		150.0 m³/t 原皮		
10	发酵、酿造工业	酒精工业	以玉米为原料	100.0 m³/t 酒精		
			以薯类为原料	80.0 m³/t 酒精		
			以糖蜜为原料	70.0 m³/t 酒精		
		味精工业		600 m³/t 味精		
		啤酒工业（排水量不包括麦芽水部分）		16.0 m³/t 啤酒		
11	铬盐工业			5.0 m³/t 产品		
12	硫酸工业（水洗法）			15.0 m³/t 硫酸		
13	苎麻脱胶工业			500 m³/t 原麻		
				750 m³/t 精干麻		
14	粘胶纤维工业（单纯纤维）	短纤维（棉型中长纤维、毛型中长纤维）		300.0 m³/t 纤维		
		长纤维		800.0 m³/t 纤维		
15	化纤浆粕			本色:150 m³/t 浆;漂白:240 m³/t 浆		

续表 1 – 16

序号	行业类别		最高允许排水量或 最低允许水重复利用率
16	医药原料药 制药工业	青霉素	4700 m³/t 青霉素
		链霉素	1450 m³/t 链霉素
		土霉素	1300 m³/t 土霉素
		四环素	1900 m³/t 四环素
		洁霉素	9200 m³/t 洁霉素
		金霉素	3000 m³/t 金霉素
		庆大霉素	20400 m³/t 庆大霉素
		维生素 C	1200 m³/t 维生素 C
		氯霉素	2700 m³/t 氯霉素
		新诺明	2000 m³/t 新诺明
		维生素 B₁	3400 m³/t 维生素 B₁
		安乃静	180 m³/t 安乃静
		非那西汀	750 m³/t 非那西汀
		呋喃唑酮	2400 m³/t 呋喃唑酮
		咖啡因	1200 m³/t 咖啡因
17	有机磷[①] 农药工业	乐果[②]	700 m³/t 产品
		甲基对硫磷(水相法)[②]	300 m³/t 产品
		对硫磷(P_2S_5 法)[②]	500 m³/t 产品
		对硫磷($PSCl_3$ 法)	550 m³/t 产品
		敌敌畏(敌百虫碱解法)	200 m³/t 产品
		敌百虫	40 m³/t 产品(不包括三氯乙醛生产废水)
		马拉硫磷	700 m³/t 产品
18	除草剂[①] 工业	除草醚	5 m³/t 产品
		五氯酚钠	2 m³/t 产品
		五氯酚	4 m³/t 产品
		2 甲 4 氯	14 m³/t 产品
		2,4 – D	4 m³/t 产品
		丁草胺	4.5 m³/t 产品
		绿麦隆(以 Fe 粉还原)	2 m³/t 产品
		绿麦隆(以 Na_2S 还原)	3 m³/t 产品

续表 1-16

序号	行业类别	最高允许排水量或 最低允许水重复利用率
19	火力发电工业	$3.5 \text{ m}^3/(\text{MW} \cdot \text{h})$
20	铁路货车洗刷	$5.0 \text{ m}^3/\text{t}$ 辆
21	电影洗片	$5 \text{ m}^3/(1000\text{m}、35 \text{ mm}$ 的胶片)
22	石油沥青工业	冷却池的水循环利用率 95%

注：①产品按 100% 浓度计；
　　②不包括 P_2O_5、$PSCl_3$ 原料生产废水。

1.7.6　污水处理与循环利用

有色冶金工厂的污水处理一般分为酸性污水和含重金属离子污水两种污水处理设施，常规的污水处理方法有以下几种方法：

（1）酸碱污水，尽量采用自然中和，视其含量多少再加中和剂，所用中和剂一般为石灰石粉或熟石灰。

（2）含酚污水，主要来自煤气发生站，其含酚浓度与工艺采用的燃料有直接关系，对低浓度含酚污水一般采用生物化学法处理。

（3）含氟污水，常见的方法为混凝沉淀法和吸附法两类，以混凝法使用最为普遍。混凝法系泛指有机或无机絮凝剂使分散体系聚结脱除过程的方法。

（4）含砷污水，通常采用的是石灰法、铁盐法、硫化法、软锰矿法等，其中以石灰法和铁盐法使用较普遍。

（5）含汞污水，汞由于其性质特殊，与其他重金属差异较大，通常应考虑单独处理，污水中的汞分为有机汞和无机汞，有机汞应先氧化为无机汞，污水中无机汞可采用硫化物沉淀法、化学聚凝法、活性炭吸附法、金属还原法、离子交换法。

（6）含重金属污水，重金属污水的处理方法常用的有氢氧化物沉淀法（碳酸钠、石灰乳做中和剂）、硫化物沉淀法、铁氧体法。

酸性污水和含重金属污水处理后的二次水一般 pH 值在 8~9 之间，可用于熔炼系统熔渣水淬冲渣补充水和污水处理站自身用水，也可做湿法冶炼废渣调浆用水，若用于设备冷却用水还需采用离子膜过滤等方法处理后才能使用。

对于设备冷却用水在经冷却塔冷却后可循环使用。

撰稿人：王建铭
审稿人：彭容秋　彭兵　任鸿九

2　高温烟气的冷却与余热利用

2.1.1　烟气冷却和余热回收方式

烟气冷却的目的是使烟气调节到某一低温范围，以适应收尘设备和排风机的要求。冷却系统除了使烟气降温外，还有一定的收尘作用，同时将废热加以利用。

根据烟气与冷却介质接触与否分为直接冷却和间接冷却两大类。

间接冷却是指烟气不与冷却介质直接接触，一般也不改变烟气的性质。主要热交换方式是对流和辐射，优点是：①不改变烟气成分与流量；②废热可以同时加以利用；③可以对烟气的流量、温度、压力及其他峰值负荷起平抑作用。缺点是：①占地空间大；②管道可能由于烟尘粘结而堵塞。

直接冷却是指烟气与冷却介质直接接触，并进行热交换，烟气量及其成分可能发生改变。主要热交换方式是蒸发(喷水冷却)和稀释(吸冷风)。这两种换热方式各有优缺点。蒸发的优点是：①设备费用低，占地空间小；②能严格迅速地控制温度；③能部分清除灰尘及有害气体。蒸发的缺点是：①运行时，设备容易腐蚀(由于烟气中某些成分溶于水使水成酸碱性)；②增加结露危险；③增加气体体积(烟气中水蒸气含量增多)，加大后续设备负担。稀释的优点：①方法简单易行；②设备费及运行费低。缺点：①气体体积增大较多，需加大后续设备能力；②有时必须将用来稀释的空气进行预处理，以防止吸入周围环境湿气。

间接冷却的方法有：水套冷却、汽化冷却、余热锅炉冷却、表面淋水冷却、风套冷却、烟道冷却；直接冷却主要是喷雾冷却和吸风冷却。各种冷却方法的特性见表2-1。

高温烟气冷却系统使烟气降温的同时，将余热加以利用。余热回收方式有：

①以换热装置利用离炉烟气预热空气(或煤气)。

②使用余热锅炉或汽化冷却装置，回收工艺过程余热以生产中、低压蒸汽和热水，供发电、生产及生活用。

③利用废气循环调节炉温和改善燃烧。废气循环的动力，低温时可采用鼓风机；高温时使用喷射器。喷射介质为燃烧用空气。

④利用排烟通入一简单预热炉，或采用双膛炉交替地一方加热，另一方通烟气预热，以提高炉料的入炉温度。

表 2－1　常用冷却方式的特性

冷却方式		优　点	缺　点	漏风率/%	阻力/Pa	适用温度/℃	用　途
间接冷却	水套冷却	可以保护设备，避免金属氧化物块而有利清灰；热水可利用	耗水多，出水温度一般不大于45℃，如提高出水温度则会产生水垢，影响冷却效果和水套寿命	<5	<300	出口温度>450	冶金炉出口处的烟罩，烟道、高温旋风收尘器的壁和出气管
	汽化冷却	具有水套的优点，可以生产低压蒸汽，用水量少	制造、管理要比水套要求严格，投资较大，与烟气接触面粘结严重	<5	<300	出口温度>450	冶金炉本体
	废热锅炉	具有汽化冷却的优点，蒸汽压力较大	制造、管理比汽化冷却要求严格	10~30	<800	进口温度>700 出口温度>300	冶金炉出口
	表面淋水	设备简单，可以按生产和气候情况调节水量及控制温度	布水板和淋水孔易堵，影响布水均匀，以致设备变形氧化，缩短寿命耗水量大	<5	<300	>500	冶金炉出口处
	风套冷却	热风可利用	动力消耗大，冷却效果不如水冷	<5	<300	600~800	冶金炉出口处
	烟道冷却	管道集中，占地比水平烟道少，出灰集中	钢材耗量大，热量未利用	10~30	<900	进口温度<600 出口温度>100	袋式收尘的烟气冷却
直接冷却	喷雾冷却	设备简单，投资较省，水和动力消耗不大，能清除部分有害气体，可调节水量，控制温度	烟气量和含湿量增大，腐蚀性及烟尘的粘结量增加，湿式运行要增设泥浆处理	5~30	<900	一般干式运行进口温度>450，高压干式运行温度>150，湿式运行不限	湿式收尘及电收尘前的烟气冷却
	吸风冷却	结构简单，可严格控温	增加烟气量，需加大收尘设备及风机容量			一般温度<200~100	袋式收尘前的温度调节及小冶金炉的烟气冷却

注：此表引自《重有色金属冶炼设计手册　冶炼烟气收尘通用工程常用数据卷》第225页。

2.1.2　冶炼烟气冷却和余热利用的实例

2.1.2.1　闪速熔炼炉实例

日本足尾冶炼厂是世界上较早采用奥托昆普闪速炉炼铜的工厂。闪速炉烟气约1300℃，直接进入余热锅炉。锅炉出口烟气温度350℃。锅炉产生的过热蒸汽部分送往空气预热器预热闪速炉用的热空气，部分用于发电。

余热锅炉为自然循环式，受热面积1400 m²，给水温度为105℃。产出蒸汽温度为450

℃，压力 4.4 MPa，蒸汽量 11 t/h。

将余热锅炉产生的过热蒸汽通入空气预热器，以加热闪速炉用的热风。其加热系统见图 2-1。

空气预热器的全部蒸汽管路均用高压锅炉钢管制造，外形尺寸为 3005 mm × 3250 mm × 13450 mm。传热面积(标)为 921 m²。预热的空气量(标)为 18000 m³/h，进口空气温度为 20 ℃，出口空气温度为 400 ℃以上。高温蒸汽入口温度为 450 ℃，排出冷凝水温度为 150 ℃。预热器前面有两台鼓风机，风量(标)为 500 m³/min，风压为 13.3 kPa。

蒸汽式空气预热器与烧油热风炉相比，节约了燃料，生产费大幅度降低。与烟气-空气直接热交换预热器相比，避免了烟尘在管道上的融结，防止了低温区三氧化硫露点以下的腐蚀。这种预热器是以蒸汽为中间介质进行两次热交换，热损失占热收入的 1% ~1.5%。但由于设备运行稳定，这部分热损失完全可得到补偿。

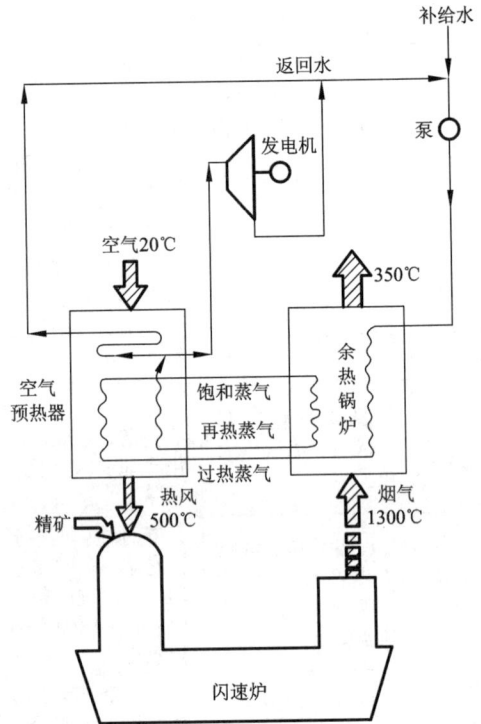

图 2-1 炼铜闪速炉烟气冷却和空气预热系统示意图

2.1.2.2 铅渣烟化炉实例

澳大利亚皮里港铅厂是世界上采用传统法火法炼铅的大型工厂之一。该厂用烟化炉处理鼓风炉熔渣。烟化炉烟气经余热锅炉冷却，产出高温蒸汽用于发电。余热锅炉出来的烟气经热交换器和空气冷却器冷却到布袋收尘能承受的温度。

(1)余热锅炉。烟化炉烟气温度 1100~1200 ℃。为了利用余热，该厂在烟化炉顶部安装了一台膜式水冷壁的余热锅炉，产蒸汽量为 22.7 t/h，饱和蒸汽压 3.1 MPa，锅炉的形状比较特殊，它包括一个 3.66 m×2.44 m×9.14 m 的燃烧室，下面带有两个灰斗。所有的锅炉表面牢固地焊接有外径为 75 mm 的翘片管，以增大传热效果。锅炉有一个完整的自动控制清灰系统，用压力为 1.7 MPa 的压缩空气进行吹扫，使管子表面经常保持清洁，不积灰。余热锅炉产生的蒸汽用来带动汽轮机，然后拖动空压机供炉子吹灰用。降低压力后的蒸汽引到锌车间，给浸出、净液等工序使用。经过余热锅炉后的烟气温度降到 850 ℃。

(2)热交换器。余热锅炉出来的烟气接着进入热交换器，其热交换面是由内径 686 mm、长 8360 mm 周围带有 18 个放射状的空心翘片组成的双圆筒，空心翘片内通入空气，热烟气以高速通过圆筒的中心和空心翘片周围，从而进行热交换，同时也减少了烟尘在翘片表面的积压。另外圆筒中心还设有一个转动的芯子，跟自动控制的清灰嘴固定在一起，这样也起到了帮助保持翘片表面清洁的作用。

(3)空气冷却器。冷却器设计的结构形式与换热器相似，平行安装了 7 台气体冷却器，但热交换器是内径 914 mm、长 11430 mm，固定有 36 个空心翘片的双层圆筒，在设备中空气

从常温被预热到 150 ℃。预热空气一部分进入磨
煤粉机中，另一部分被放空。烟气则从 450 ℃ 被
冷却到 200 ℃，然后进布袋室。布袋本身能承受
250 ℃ 的烟气温度。气体冷却器见图 2 - 2。

生产实践表明，皮里港铅厂采用的这一套余
热利用装置在生产中是行之有效的。1100 ~ 1200
℃ 的烟化炉烟气经过余热锅炉、换热器，空气冷
却器等的温度降低了 50 ~ 100 ℃，达到了进布袋
的要求。另一方面利用了余热，带动了气轮机、
空气机，满足了锌车间浸出、净液过程对饱和蒸
汽的需要，换热器产出的 450 ℃ 预热空气又用到
烟化炉本身，提高了炉子的熔炼能力，冷却器出
来的 150 ℃ 的低热空气又送到了磨煤机，改善了
过程的操作条件。整个过程使烟气余热得到了较
充分利用。

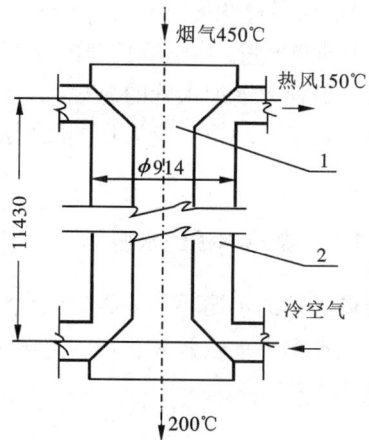

图 2 - 2　艾斯奇尔(Escher)气体冷却器
1—冷却器圆筒；2—空气翅片(共 36 个)

2.2　余热锅炉

冶金工厂所使用的各种炉窑，产生大量的高温烟气，其烟尘和烟气的热值占入炉热值的
30% ~ 65%。有效利用这部分热量是提高燃料利用率、节约燃料的有效途径。余热锅炉由于
它利用高温烟气的热焓产出中压或低压蒸汽，占地面积小，便于维修，寿命长，密封性好等
优点而广泛被有色冶金工厂所采用。

2.2.1　余热锅炉的构造

余热锅炉由于对工作要求的不同，炉型也较
多。但从炉型结构上分类，基本上可分为锅壳式余
热锅炉和水管式余热锅炉两大类。由于水管式余热
锅炉具有较大的适应性，因此广泛地用作冶金炉窑
烟气的余热回收设备。

水管式余热锅炉的特点：由管子组成受热面，
水在管内流动，通过管壁吸收热量后形成水汽混合
物，进入汽包，并进行水汽分离，产出蒸汽直接送
用户或进一步过热产出高品质蒸汽供发电用。烟气
在管外流动，降温的烟气也可经由省煤器进一步回
收余热，继而排放。

余热锅炉的基本组成部分主要是汽包、炉管和
联箱三部分。其形貌图见图 2 - 3。

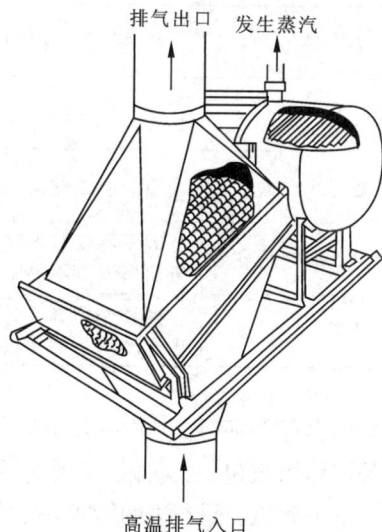

图 2 - 3　余热锅炉形貌图

(1) 汽包。汽包也叫汽鼓，是一个汇集炉水和蒸汽的圆筒形容器，它是锅炉本身的主要部
件。有的锅炉有一个汽包，也有的锅炉采用两个或两个以上汽包。汽包的作用有三：一是储存

一部分水，当条件变化时不会因暂时缺水而爆管；二是储存一部分蒸汽，在条件改变时能保持过热器中的蒸发量，以适应负荷的要求；三是使汽水初步分离，以减少进入过热器中的水分。

（2）炉管。锅炉水管的总称。它组成锅炉的受热面，包括水冷壁、吊管和过热器。

（3）联箱。联箱一般为长的圆形或矩形筒体，分为上联箱和下联箱，联接炉管，连通汽水循环。

2.2.2　余热锅炉的水循环

余热锅炉的水循环可分为自然循环、强制循环和自然循环与强制循环结合等三种。自然循环靠汽水本身重度差来实现，而强制循环是借助于专用的循环泵来实现，二者各自特点的比较见表2－2。

表2－2　余热锅炉自然循环和强制循环比较表

项　　目	自然循环	强制循环
锅水容量和锅炉启动时间	使用较大直径的锅炉管，锅水容量大，负荷变化对锅水水位的影响较小，适应性较强。锅炉启动时间长，有时需加装锅炉启动燃烧器	使用较小直径的锅炉管，锅水容量小。对负荷变化反应快。锅炉启动时，只要开动循环泵，借助其他锅炉蒸汽或工业炉启动的烟气，即能在短时间内升压运行
给水设备	由于锅炉管径大，用软水设备和除氧设备等处理给水即可。对给水水质要求较低	由于锅炉管径小且装有节流装置，故对给水的水质要求较高。水处理设备的一次投资增加
锅炉结构	结构庞大，复杂	可根据厂地条件设计不同的结构形式，布置紧凑，占地较小
清灰	不易清灰	容易清灰
锅炉操作	与一般工业锅炉相同，简单易行	因装有高温高压的循环水泵，操作较复杂
建设费用	小型余热锅炉比较经济	大型余热锅炉造价较低，且节省钢材
运行费用	与一般工业锅炉相近	给水水质要求高，且增加循环泵的电耗，故费用较高
锅炉出口烟气调节	因不易安装烟气温度调节装置，故烟气出口温度不易调节	易于安装烟气温度调节装置，故便于烟气出口温度的调节
锅炉效率	两种循环方式对余热锅炉的热效率没有多大的影响。但实际上强制循环锅炉由于较易清除受热面上的积灰，故受热面能经常处于清洁状态，其热效率会稍高	

采用自然循环时，其中一组并联循环回路如图2－4所示。

该回路由汽包、上联箱、下联箱和上升管与下降管等组成。右边的管束被炉气加热，能产生一部分蒸汽，而左边的管束不被加热。因此，右边的管束内是汽水混合物，密度小，左边的管内仍为炉水，密度大；轻者自然上升，重者必然下降，水侧就向汽侧流动，造成了汽水的自然循环。汽包中由于汽水分离，蒸汽外用而需要连续给水，维持一定水位，以保证汽水正常循环。上升管中汽水混合物之所以向上流动，是由于下联箱压力大于汽包中的压力所致。可用下式表示：

下联箱与汽包的压差 = 下联箱压力 - 汽包压力 = 下降管水柱重量 - 下降管阻力

由此可见，下降管的阻力愈小，下联箱与汽包之间的压差便愈大，汽水混合物的上升运动便愈有保证。汽水循环的好坏，直接影响余热锅炉的安全运行，这是因为汽水循环使水在锅炉内部连续流动，不断地从受热面上吸取热量，既保证炉水不断受热使水汽化，又保证炉管不断冷却免于烧毁。有时锅炉运行不正常，常会出现停滞、倒流和汽水分层现象。当有的上升管受热多，有的受热少，在受热强的管子中，汽水混合物的密度小，上升速度快，在受热弱的管子中汽水混合物的密度大，上升速度慢，甚至有的管热负荷太低时，汽水混合物的质量可能等于或超过上下联箱的压差，管子中的汽水混合物便会停滞不动甚至倒流；当热负荷不均匀程度愈大，这种差别也愈大，导致受热弱的管子循环被破坏，使传热恶化，管壁温度急剧增高，造成管子过热而烧毁爆破。

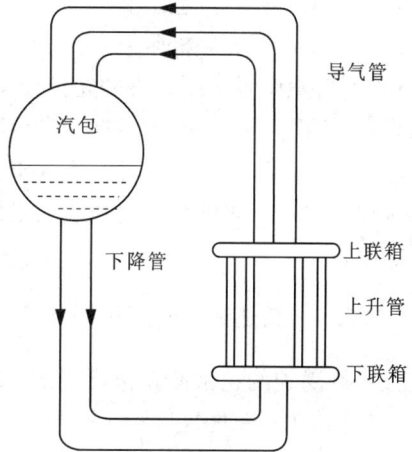

图 2-4　汽水的自然循环

在倾斜管子中，当汽水混合物速度较低时，汽水会发生分层现象，管子上部为缓慢流动的蒸汽，下部为水，上下管壁的温差可达 $100 \sim 150 \, ℃$，上部因蒸汽传热能力低，热量不易带走便会过热，机械强度减弱，同时炉水中的盐分在汽侧沉淀出来，在汽水分界处，炉水发生浓缩作用，日久产生腐蚀，使管壁变薄而破裂，一般余热锅炉正常工作水循环速度不小于 $0.25 \, \text{m/s}$。自然循环的余热锅炉，结构力求简单，下降管与上升管布置必须保证均匀，汽包必须架设在一定高度上(一般在 8m 以上)。对于强制循环的锅炉，由于它借助于专用循环泵来克服流动阻力，它的布置不受限制，结构上有较大的灵活性。采用强制循环方式，可使受热面管子直径减小(如 $\phi 38.1 \, \text{mm} \times 4 \, \text{mm}$)，锅炉内烟尘可自由沉降，因而避免了烟尘的堵塞和堆积。

2.2.3　余热锅炉的主要附件

(1) 安全阀。当额定蒸发量大于 500 kg/h 时，应装两个安全阀；额定蒸发量小于或等于 500 kg/h，装一个安全阀即可。安全阀应垂直安装在汽包的最高位置，一般采用全启式弹簧安全阀或杠杆式安全阀。如装有两个安全阀，汽包工作压力小于或等于 0.8 MPa 表压时，安全阀的开启压力分别定为工作压力加 0.03 MPa 和工作压力加 0.05 MPa。安全阀应有排汽管引出室外，防止排汽伤人。排汽管截面积至少为安全阀截面积的两倍，以保证排汽畅通。排汽管上不允许安装阀门。要定期对安全阀作手动放汽试验，以防安全阀失灵。

(2) 水位表。当蒸发量大于 0.5 t/h 时，汽包上应装设两个彼此独立的水位表。每个水位表的量程应大于 500 mm，并使操作人员尽可能直接观察到水位的波动。水位表和汽包之间的汽水连接管内径不小于 18 mm，连接管长度大于 500 mm，有弯曲时内径应适当放大至 25 ~ 50 mm，以保证水位表灵敏准确。连接管需有防冻措施，以防出现假水位。在水位表下面应有放水阀门和接到安全地点的放水管。水位表和汽包之间的汽水连接管上，应避免装设阀门，如装设阀门，在运行时应将阀门全开，并予以铅封。水位表上应有指示最高、最低安全水位的明显标志。如蒸发量大于或等于 2 t/h，则应装设高低水位报警装置。

（3）压力表。汽包上必须装设与汽包的蒸汽空间直接相通的压力表。每个汽包至少装有两只压力表。压力表极限量程应为汽包最大工作压力的 1.5 ~ 3 倍。压力表精确度不应低于2.5 级；当操作者和压力表的距离小于 2 m 时，压力表表面直径可采用 100 mm；当距离为 2 ~ 5 m 时，表面直径采用 150 mm；当距离大于 5 m 时，表面直径应大于 250 mm。压力表应有存水弯管，存水弯管用铜管时，其内径不应小于 6 mm，用钢管时，其内径不应小于 10 mm。压力表和存水弯管之间应装有旋塞，以便吹洗管路和卸换压力表。压力表应装在便于观察和吹洗的位置。

2.2.4　余热锅炉的正常操作

余热锅炉的正常操作包括开炉、停炉及余热锅炉的进行与调整。

2.2.4.1　余热锅炉的开炉

开炉包括开炉前的准备工作、上水、升温与升压和供汽。

（1）开炉前的准备工作。包括：①做好锅炉启动的给水管道和给水设备的检查准备工作。②检查锅炉本体、烟道、人孔、检查孔等处，确认内部无人、无杂物。③检查各安全设施，如：安全阀、压力表、水位表、信号装置等应完好无损。安全阀完压后应有铅封，并清除有碍安全阀自由启动的一切障碍物。④仪表人员检查仪表，做好启动前的准备工作。化学分析人员，检查好各种取样设备。⑤汽水系统所有人孔门、阀门无泄露。

（2）上水。包括：①以上各项工作完毕确认无误后，开始向锅炉上已处理完的脱氧软化水。为防止产生受热不均所引起的胀管接头漏水，上水速度不可太快，一般夏季不少于 1 h，冬季不少于 1.5 h，对于新炉初次上水可酌情延长时间。②上水时必须打开汽包上的安全门，排出汽包内的空气，待汽包冒出蒸汽后关闭阀门。当汽包内水上至最低水位线时，关闭给水阀门。

（3）升温与升压。当各项准备工作明确无误后，与前道工序联系开炉，并在相互配合下按规定升温与升压。①锅炉升温按 100 ℃/h 的速度提升至 300 ℃，再按 150 ℃/h 的速度提升至 600 ℃，稳定半小时后再按 250 ℃/h 的速度提升至额定温度。②升温过程中，当汽包对空排汽阀门向外排汽时关闭排空门开始升压。③升压应缓慢进行（以调整对空排汽阀的开度来控制升压速度），升压时间一般规定如下：

①从 0 ~ 5 MPa 需 2 h（从 0 ~ 0.3 MPa 需 1 h）。

②从 0.5 ~ 1 MPa 需 1 h。

③从 1 ~ 2.8 MPa 需 4 h。

④从汽压升至 0.1 MPa 时应冲洗汽包水位计，升压至 0.2 MPa 时冲洗压力表弯管，新开炉或大修后的锅炉应在此压力热紧螺丝，并检查受压元件的膨胀情况。

⑤当压力升至 1.5 MPa 时，启动加药器向炉内加药，并投入连续排污，调整给水、炉水的化学参数，使之达到规定要求。

⑥在锅炉启动过程中注意严密监视汽包水位变化。

⑦锅炉达到额定工作压力时进行安全阀定压，以确保安全运行。

（4）供汽。锅炉升压完毕后，将蒸汽并入蒸汽总管，逐渐开启主汽阀至全开，适当关小联箱对空气阀，开始供气。

2.2.4.2　余热锅炉的正常操作

（1）锅炉运动最主要的调整任务包括：①维持正常的水位；②维持正常的蒸汽压力和蒸

汽温度；③维持正常的水质参数

（2）经常注意汽包水位和给水自动调节器的正确性，给水量变化应平稳，避免猛增、猛减，运行中水位不许超过最低、最高水位线。如遇异常情况应及时将自动改为手动操作调整，并及时进行解决。汽包水位计要定时冲洗，保持良好状态，定期进行检查校对。

（3）严格控制各项操作指标和工艺参数，保障安全和经济运行。要定时排污，每天进行一次给水和锅炉循环水的分析，严格控制给水和锅炉循环水的水质指标在规定的范围之内，如表 2 – 3。

表 2 – 3　给水和锅炉循环水的水质指标

给　　水	锅炉循环水	给　　水	锅炉循环水
硬度 ≤ 0.03 mmol/L，无过热器	pH 10 ~ 12	含油量 ≤ 2 mg/L	PO_4^{3-} (10 ~ 25) × 10^{-6}
水总碱度 8 ~ 16 mmol/L	Cl^- < 200 × 10^{-6}	含氧量 ≤ 50 μg/L	总固体 < 1500 × 10^{-6}
pH(25 ℃) ≥ 7	SiO_2 < 25 × 10^{-6}	SiO_2 < 0.5 × 10^{-6}	

（4）保证供汽质量，定期进行排污工作和除灰措施等。

2.2.4.3　停炉

1）正常停炉

余热锅炉正常停炉总的要求是维持适当的停炉速度，使各部分温度缓慢下降，收缩均匀。降压速度不得超过 3.5 表压/小时。锅炉降温、降压前，冲洗水位表一次，检查其正确性。当汽包压力开始下降时，自动上水改为手动控制。当炉水温度降至 70 ℃时，打开各联箱排污阀放掉炉水，同时关闭所有取样门、加药门及排污门。

2）紧急事故停炉

当发生下列情况之一时应采取紧急停炉。

（1）锅炉严重缺水，关闭汽包水位计的汽阀仍不见水位。

（2）锅炉严重满水，经处理无效。

（3）锅炉压力急速上升，压力表指针已超过允许工作范围，虽然安全阀已开大排汽，而压力表指针仍继续上升时。

（4）当下列设备与部件损坏时：

——所有水位表、压力表同时失灵；

——锅炉所有安全阀全部失灵；

——所有给水机械全部失灵；

——锅炉受热面严重变形或突然破裂，引起严重事故时；

——用电中断，短时间不能恢复，汽包水位显示最低水位时；

——炉墙倒塌，钢架烧红时；

——锅炉给水中断时。

2.2.4.4　余热锅炉煮炉

新锅炉投入使用前，一般要进行煮炉工作，其目的是将炉管联箱等里面的油污、沉淀物、铁锈除去,以保证炉管受热均匀,能正常运行。煮炉前将汽包、炉管等内外清洗干净,准备好药品(NaOH、Na_3PO_4)及所需的工具。将锅炉水位控制在水位计最低处,将浓度为20%的碱性溶液通过加药器分别把两种药品注入锅炉内。煮炉一般分三期进行,分析工每小时分析一次炉水。一期碱度15~20,二期碱度25~30,三期碱度35~40。一般升压煮炉时间为3天左右,其时间安排大致如下:

(1) 0.1 MPa 冲洗水位计,0.2 MPa 排污一次　　　　　　　　　　　　　　1 h

(2) 药品注入　　　　　　　　　　　　　　　　　　　　　　　　　　　3 h

(3) 在 0.3~0.4 MPa,热紧螺栓　　　　　　　　　　　　　　　　　　　4 h

(4) 在 0.3~0.4 MPa 压力下,进行一期煮炉,负荷为额定负荷的 5%~10%

　　　　　　　　　　　　　　　　　　　　　　　　　　　　　　　　　12 h

(5) 降压至 0.1 MPa,排污 10%~15%　　　　　　　　　　　　　　　　1 h

(6) 再上水加药至所需浓度升至 1.2 MPa,负荷为额定负荷的 5%~10%,二期煮炉

　　　　　　　　　　　　　　　　　　　　　　　　　　　　　　　　　12 h

(7) 降压至 0.4~0.5 MPa,排污 10%~15%　　　　　　　　　　　　　　1 h

(8) 再上水加药至所需浓度升至 2.5 MPa,负荷为额定负荷的 5%~10%,三期煮炉

　　　　　　　　　　　　　　　　　　　　　　　　　　　　　　　　　12 h

(9) 保持 2.5 MPa,进行多次排污换水,运行至标准碱度,同时投入连续排污

　　　　　　　　　　　　　　　　　　　　　　　　　　　　　　　　　16 h

2.2.5　余热锅炉的事故处理

(1) 汽包满水。主要原因可能是自动调节器失灵,水位表不准,没有定期冲洗检查,这时应立即改自动给水为人工操作,停止给水,必要时打开事故放水阀并打开蒸汽包上的疏水阀,直至调节到正常。

(2) 工厂用电中断。立即与电力值班人员取得联系,弄清用电中断的原因、性质及恢复的时间。迅速关闭所有排污、取样阀,减少或停止向外供汽,维持锅炉压力。若工厂用电不能及时恢复,应进行紧急停炉处理。

(3) 锅炉缺水。开大进水阀,如水位计已看不到水位了,应打开水位计放水阀检查水位情况。检查受热面管是否破裂,检查排污阀是否完好,如水位经"校水阀"仍不见水位可采取紧急停炉措施。

(4) 水位表玻璃损坏。如发现锅炉的一只水位表损坏时,可用另一只水位表监视水位。更换损坏的水位表时,要戴好防护手套,关闭水位表汽、水考克。清除破碎的玻璃板,迅速换上新玻璃板,换装完毕后,新玻璃板要进行预热,即先小开汽、水考克,等玻璃板内有潮汽时,再小开放水考克,排除汽水混合物。然后慢慢关闭放水考克,并将汽水考克开至正常位置。

(5) 锅炉爆炸。一般指的是汽包或联箱爆炸,其原因多是安全阀失灵、严重缺水、积垢严重或锅炉制造、安全不符合"锅炉规程"的安全要求。预防措施,应定期检查安全阀,严格给水质量、不得严重缺水和消除设计、安装方面的不安全因素。

(6) 循环水泵和给水泵故障。泵的法兰、叶子、轴等发生的故障较多,有时还会发生"打空"现象等。发生故障时要启动备用泵,并立即处理,如所有泵都发生故障,须紧急停炉。

(7) 锅炉内水冲击。判断原因,是否锅炉水位过低,使蒸汽窜入给水管道。适当提高炉

内水位，给水不要过急、过猛，锅内给水管的法兰不严时，应停炉处理。

（8）蒸汽管内发生水冲击。送汽前要做好疏水工作，锅内水位过高时，应适当降低水位运行。改善给水质量，加强排污，避免锅内发生汽水共腾现象。

（9）汽包内汽水共腾。水位计内发生急剧波动，看不清水位，严重时蒸汽管内发生水冲击产生巨大震动。原因是炉水质量不合格，没有按要求进行排污。应分析水质，加强排污，降低用汽负荷，必要时打开事故放水阀同时加强进水，监视水位。

（10）炉管爆管或泄漏。炉管泄漏时炉温会降低，并出现正压，水位计水位迅速下降，同时循环泵给水泵流量大增，产汽量下降，炉出口气道部位的管子泄漏时通常温度和正压的变化不如炉内明显，但也可根据水管爆破及蒸汽喷水声或炉墙内泄水等情况结合水位变化而很快判断出来。遇炉管泄漏通常要立即停炉处理。锅炉爆管，一般伴有响声和正压，容易发现。爆管或泄漏的原因，一般有以下几个方面：一是管壁磨损变薄；二是汽水分布不均匀而导致管壁温度过高；三是过热区超温时间过久；四是水质不好管内结盐；五是炉管有机械伤、焊伤或夹渣；六是汽包分离不好蒸汽带水，过热器管子结垢。

2.2.6　有色冶金余热锅炉的应用实例

余热锅炉的设计计算是根据冶金炉的冶炼能力来完成的。根据给定的工艺条件及烟气成分和烟尘物相组成最终计算出余热锅炉的热平衡。再根据热平衡计算出余热锅炉的换热面积。余热锅炉最终结构由余热锅炉制造厂家的设计部门确定。

有色冶金余热锅炉实例见表 2-4 至表 2-6。

表 2-4　有色冶金余热锅炉实例（一）

名　称			闪速炉余热锅炉	转炉余热锅炉	名　称			闪速炉余热锅炉	转炉余热锅炉
型　号			川崎 BLW-77 型	川崎 BLW-51 型	型　号			川崎 BLW-77 型	川崎 BLW-51 型
项　目		单位	指　标		项　目		单位	指　标	
烟气条件	进口烟气量：最大	m³/h	77000		烟气条件	烟气含尘量	g/m³	70~100	15~70
	平均	m³/h		44900		烟气进口压力	Pa	0~150	-50~0
	最小	m³/h	75800		工作参数	蒸汽压力	MPa	4.7	4.56
	进口烟气温度	℃	1340	800		蒸汽温度	℃	260.2（饱和）	259.5（饱和）
	出口烟气温度	℃	<350	<400		给水温度	℃	120	120
	烟气成分：CO₂	%	3.8	0~3.2		蒸发量	kg/h	56000	13000
	SO₂	%	11.2	9.4~11.9	传热面积	辐射区水冷壁	m²	990	182
	H₂O	%	6.6	3.4~4.7		对流区水冷壁	m²	420	125
	O₂	%	0.9	7.0~7.7		对流区受热面	m²	2160	757
	N₂	%	77.5	77~78.9		总计	m²	3570	1064

注：此表引自《重有色金属冶炼设计手册　冶炼烟气收尘通用工程常用数据卷》第 522 页。

表 2-5 有色冶金余热锅炉实例(二)

名 称			转炉余热锅炉	转炉余热锅炉	烟化炉余热锅炉	流态化焙烧余热锅炉	
型 号			QF26/800 -6.5-2.45	QCF23/750 -5.2-2.94	QCN12/1050 -7.5-31/400	QCF12/890 -5.9 3.04/400	QCF6.2/970 -3.3-2.84
项 目		单位			指 标		
烟气条件	烟气量 最大	m³/h	32000				
	平均	m³/h	26000	23000	12300	12652.3	6210
	最小	m³/h					
	进口烟气温度	℃	800	720~750	1050	890	970
	出口烟气温度	℃	380	370±20	280	410	400±20
	烟气成分: CO_2	%		$SO_3=0.3$	14.02	5.48	0.152
	SO_2	%	10.1	8.4	CO=1.51	9.56(SO_3 0.035)	9.297(SO_3 0.489)
	H_2O	%	1.0	4.6	2.31	7.61	7.24
	O_2	%	11.8	8.8	5.46	0.9	4.11
	N_2	%	77.1	77.9	76.7	75.79	78.7
	烟气含尘量	g/m³	27	22	100	400	
	烟气进口压力	Pa	烟气阻力<200	烟气阻力<300	烟气阻力<300	烟气阻力<300	烟气阻力<200
工作参数	蒸汽压力	MPa	2.45			3.04	2.84
	蒸汽温度	℃	222.9(饱和)	222.9(饱和)	400	400	230.9(饱和)
	给水温度	℃	104	104	104	104	104
	蒸发量	kg/h	6500	5200	7300	5900	3300

注:此表引自《重有色金属冶炼设计手册 冶炼烟气收尘通用工程常用数据卷》第523页。

表 2-6 有色冶金及硫酸工业余热锅炉实例(三)

名 称		单位	350型 锡反射炉 余热锅炉	1000型 铜闪速炉 余热锅炉	240型 硫酸 流态化炉 余热锅炉	400型 硫酸 流态化炉 余热锅炉	850型 锌精态 流态化炉 余热锅炉	530型 锌精矿 流态化炉 余热锅炉
烟气条件	烟气量	m³/h	9940	20000	11845	16132	27000	15600
	SO_2	%	0.05	9.9	1.1	11.27	9.1	9.8
	N_2	%	76.31	73.5	78.23	77.7	75	67.8
	H_2O	%	4.0	9.5	7	5.9	9.9	19.4
	O_2	%	3.64	0.6	3.4	4.96	5.5	3
	CO_2	%	15.6	6.4				
	CO	%	0.4					
	SO_3	%			0.37	0.1	0.3	
	烟气含尘量	g/m³	11.2	85	250~300	250	300	260

续表 2-6

名　　称		单位	350型锡反射炉余热锅炉	1000型铜闪速炉余热锅炉	240型硫酸流态化炉余热锅炉	400型硫酸流态化炉余热锅炉	850型锌精态流态化炉余热锅炉	530型锌精矿流态化炉余热锅炉
烟气温度	锅炉进口温度	℃	1050	1300	916	900	850	850~900
	第二烟道进口温度	℃	750	770	779	585	670	640
	第三烟道进口温度	℃	650	670	596	415	570	540
	第四烟道进口温度	℃	570	520	472	415		450
	锅炉出口温度	℃	350	350	452	400(350)	400	400
烟气流速	第一烟道(冷却室)	m/s	2.31	1.8		4.9	4.4.	5.15
	第二烟道	m/s	4.23	3.8	6.84~5.3	5.0	5.7	5.07
	第三烟道	m/s	4.96	2.6			5.5	5.22
	第四烟道	m/s	5.48	3.8~9.7		5.6	5.8	5.22
锅炉参数	蒸发量	t/h	5	8.1	5.4	8.7	9	6
	锅炉蒸汽压力	MPa	1.5	4.5	4.1	3.2	2.6	2.8
	过热蒸汽出口压力	MPa	1.4	4.4	3.4	饱和	2.5	饱和
	第一过热器出口温度	℃		500	300			
	第二过热器出口温度	℃	370	500(再热)	420		370	
	锅炉给水温度	℃	104		104	120	105	105
锅炉受热面积	蒸发受热面积	m²	284	780	210	400	784	520
	第一过热器面积	m²	60	214	29		61	
	第二过热器面积	m²		204(再热)	28.5			
传热系数 K	第一烟道(冷却室)	W/(m²·℃)	6.9	5.5~103	8.3~9.7	8.9	11.1	10.8
	第二烟道	W/(m²·℃)	5.8	6.1	5.5~6.9	8.4	10	10
	第三烟道	W/(m²·℃)	8.9	5.5	5.5~6.9		3.9	4.7
	第四烟道	W/(m²·℃)	5.8	5.3	5.5~6.9	6.8	3.9	4.7
	第一过热器	W/(m²·℃)	7.8	6.1	8.3~9.7	流态化层	10.5	
	第二过热器	W/(m²·℃)	8.3	5.5	69	69	10.5	
							按管壁积灰5mm	按管壁积灰5mm
锅炉通风阻力		Pa	1275		<392		<392	<392
锅炉给水泵					21/2GC-3.5 功率:55kW 5.1MPa 流量:15t/h		功率:30kW 扬程: 3.2MPa 流量:12t/h	
锅炉水循环方式			自然循环	自然循环	强制循环 水泵 功率14kW 扬程0.4MPa 流量:45t/h	自然循环	强制循环 水泵 功率37kW 扬程:0.4MPa 流量: 150t/h	强制循环

注: 此表引自《重有色金属冶炼设计手册　冶炼烟气收尘通用工程常用数据卷》第524~525页。

2.3　汽化冷却器

1）汽化冷却器的优越性

随着冶金技术的发展，有色冶金炉的冷却方式已逐步用汽化冷却代替一般水冷却。汽化冷却有明显的优越性。

(1)汽化冷却能产生蒸汽，可供生产和生活用，从而提高了炉子的热利用率。

(2)节约大量的工业用水(一般汽化冷却用水量为水冷却用水量的 1/20 到 1/60)，同时节约大量冷却水所耗用的电力。

(3)汽化冷却给水应为软化水，由于水质的改善，不易产生水垢，减少了冷却部件烧坏的可能性，延长设备使用寿命，有利于生产。

(4)汽化冷却装置一般为自然循环，汽、水系统简单，可自行设计操作，同时操作运行也不复杂。

2）汽化冷却循环方式与循环系统的选择

(1)循环方式的选择。汽化冷却的水循环分自然循环和强制循环。自然循环利用水和汽水混合物两者密度的不同所造成的位压头，克服整个系统的阻力，实现自动而连续地循环的目的。目前国内有色冶炼的汽化冷却，多采用自然循环。强制循环是利用水泵强制地进行水循环，这种循环方式是在管路复杂、汽化冷却系统布置上有困难的情况下采用。

(2)循环系统的选择。合理地选择循环系统，是保证汽化冷却运行可靠，操作方便的重要因素，汽化冷却自然循环系统一般有四种，见表 2－7。

表 2－7　各种循环系统的特点比较

序　号	1	2	3	4
循环系统	下降管与上升管均为单独回路的系统	下降管为集管，上升管为单独管回路系统	下降管与上升管都是单集管的回路系统	下降管与上升管都是多集管的回路系统
特点	a. 各回路互不干扰； b. 适合各种冷却部件热负荷相差较大的情况； c. 安全可靠，但管路复杂布置有时困难，投资也大	a. 管路布置较前一种简单； b. 相互干扰现象较少	a. 管路布置简单； b. 适合于各种冷却部件热负荷及水力特性大致相等的情况，否则会使各冷却部件循环水量分配满足不了要求	a. 管路布置简单； b. 适合冷却部件多，热负荷较大的情况； c. 较容易做到循环水按需要分配

有关汽化冷却器的结构将在 2.5 节水套中介绍。

2.4 空气换热器

有色冶金炉烟气余热回收多用金属表面换热器。空气换热器作为一种间接换热方式的换热器，由于其具有高换热效率、体积小、造价低、使用寿命长等优点而广泛应用于有色冶炼工厂。

空气换热器是一种气－气换热器，一般有色冶金工厂采用列管式和辐射换热器与空气冷却器(见图2－5)。列管式换热器分为壳－管式和烟道式两种。烟道式列管换热器由于无金属外壳，一般被预热的空气在管内流动，烟气在管外流动。对于壳－管式列管换热器，一般烟气在管内流动。这是因为高温烟气在管内便于安排烟尘吹扫，同时可相对减少壳体的保温要求，为增加壳侧的传热可设置折流板以增加壳侧流体的行程。

环缝辐射换热器或管组式辐射换热器，烟气在直径较大的内筒流动，可增加高温烟气的辐射传热，而压力较高的空气在较小的环缝内流动可加强对流传热。

2.4.1 列管式换热器

列管式换热器有一般钢管和翅片钢管两种。有色冶金炉一般应用最多的为钢管换热器，它具有结构简单、密封性能好、便于安装、换热效率高等优点，适用于将空气(或煤气)预热到250～500 ℃的场合。换热管常采用直径32～10 mm、壁厚2.5～5 mm无缝钢管。钢管换热器按形状不同可分为直形管、"U"形管、"S"形管以及套管形换热器。工业上较常用的形式为直形管钢管换热器。下面重点介绍一下直形管钢管换热器，结构见图2－5。

直形管钢管换热器按其结构分为壳－管式和烟道式两种。

1) 壳－管式

壳－管式多为圆筒形外壳，一般烟气在管内流动，空气在管外流动。壳侧设置折流板，安装方式多为立式。换热器的两端固定在管板上，上下管板之间的壳体上设置热补偿器。

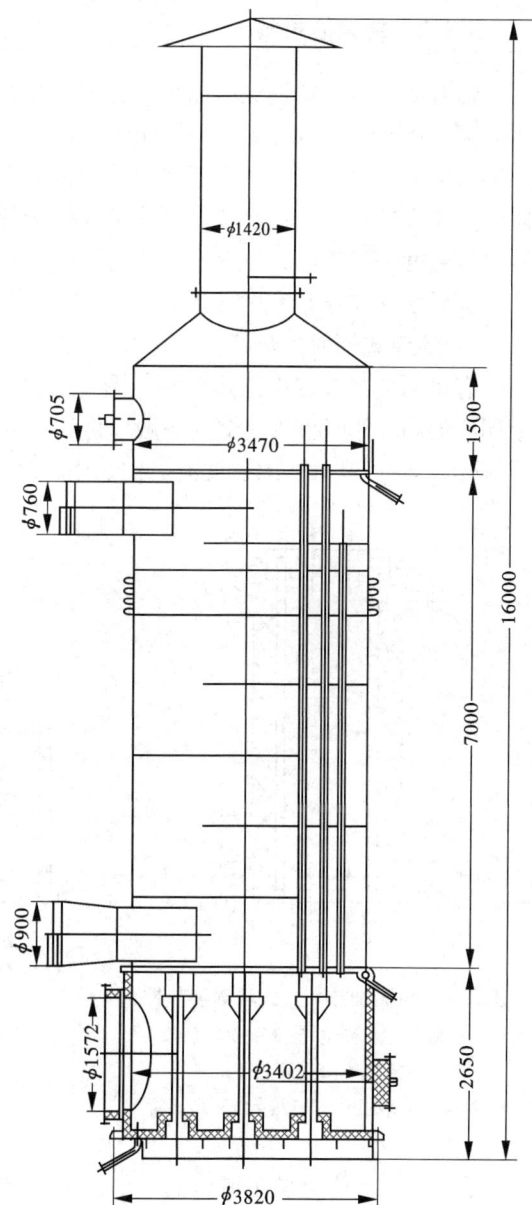

图2－5　直形管钢管换热器

2）烟道式

工业炉用换热器多为烟道式，换热器无外壳，仅有换热管及与两端管板组成的空气的集气箱。安装方式多为卧式。

工业炉用的直形管钢管换热器，由于介质温度比较高，一般多为立式安装。对壳-管式换热器，换热管的长度为2~3 m，直径32~100 mm，换热管通过管板直接焊接在壳筒上，在上管板的下方附近的壳筒上设置热补偿器。对于大型的壳-管式换热器，由于换热管的长度较大，直径较大，一般设置几根耐热的支撑柱将下管板托起以分担壳筒的支撑力。热补偿器设置在管板下方附近的壳筒上，以补偿换热管的热胀。

2.4.2　辐射换热器

辐射换热器是指热流体以辐射方式传热为主的换热器。同对流式换热器相比，它具有热负荷高、冷流体加热温度高、表面温度与受热介质加热温度之间的差值较小，以及热流体流道不易被堵塞等优点。适用于热流体温度高于1000 ℃、冷介质加热温度高于600 ℃以及热流体含尘较高的场合，一般有色熔炼炉烟气余热利用多为采用。其缺点是外形尺寸较大，换热器出口温度仍然较高，一般需在后面再安装对流式换热器，以进一步回收烟气的余热。

辐射换热器通常有两种形式，即：环缝式和管组式。

1）环缝式辐射换热器

有单面加热和双面加热两种。图2-6所示为单面加热的环缝式辐射换热器，它是由两个同心的内、外筒组成。烟气一般以低于1 m/s的速度流动在直径较大的内筒，而被加热的冷流体以20~30 m/s的速度流过内、外筒组成的环缝通道。两流体的流动方式见图2-7。

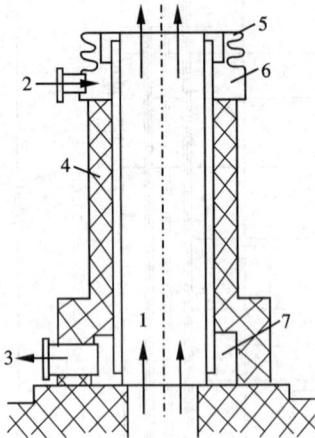

图2-6　单面加热环缝式辐射换热器

1—烟气；2—冷空气；3—热空气；
4—隔热层；5—膨胀节；
6—冷空气环形集管；7—热空气环形集管

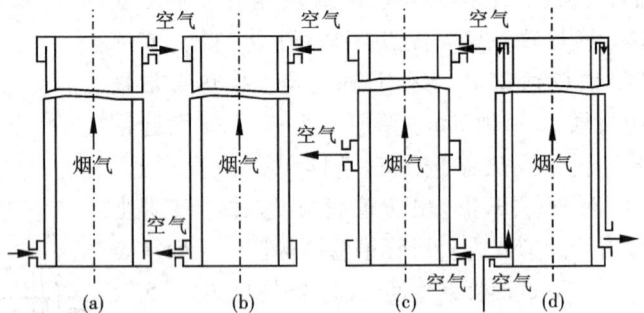

图2-7　环缝式辐射换热器内介质流动方式

a—顺流；b—逆流；c—顺逆流；d—空气双循环

图2-8所示为双面加热的环缝式辐射换热器。与单面加热的环缝式辐射换热器相比，它具有较大的传热效率；其缺点是换热器的耐热性能较差，冷、热介质的引入、引出困难。双面加热的环缝式辐射换热器内筒直径一般为0.5~3.5 m，环缝宽度为8~60 mm，为保证内

外筒的径向膨胀均匀，在环缝通道内焊有导向片。导向片通常是焊在内筒外壁上，与外筒内壁留有一定的空隙，以利于内筒的径向膨胀。导向片有直通式和螺旋式两种，螺旋式导向片对增加内筒的强度和稳定性都有一定的好处。

环缝式换热器一般都是立式安装，在一定的程度上具有烟囱的作用。其缺点是当换热器损坏或故障处理时，更换困难，必须停炉修理。

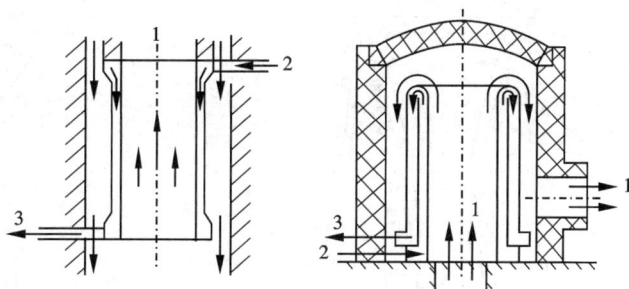

图 2-8　双面加热环缝式辐射换热器

1—烟气；2—冷空气；3—热空气

单面加热的环缝式换热器内外筒的两端设有冷流体的引入和引出环形集气室，而双面加热的换热器则在同一端。为解决内外筒膨胀不同的问题，在上端或下端设有热补偿器。

2）管组式辐射换热器

当换热器冷流体的压力很高、换热器内筒的直径很大时，为了提高换热器的严密性和高温结构强度，通常采用许多小直径的管子代替环缝通道。根据管子的排列形式，管组式换热器可分为圆柱式、"U"形管、弯管形、套管形、并列式和螺旋式等多种形式。其结构简图分别见图 2-9 至图 2-16。

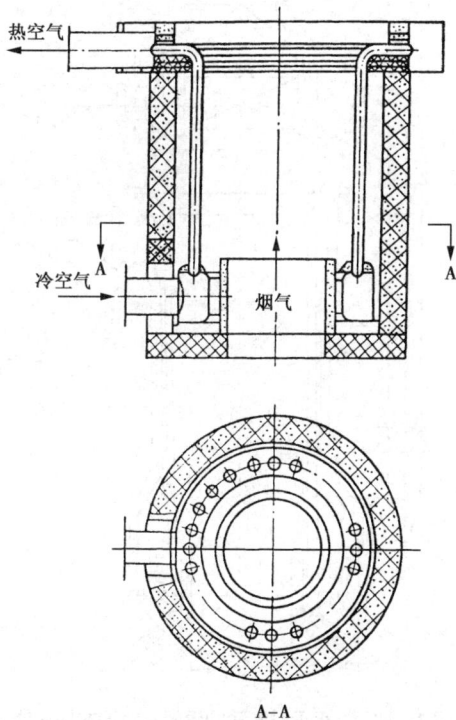

图 2-9　圆柱式管组辐射换热器

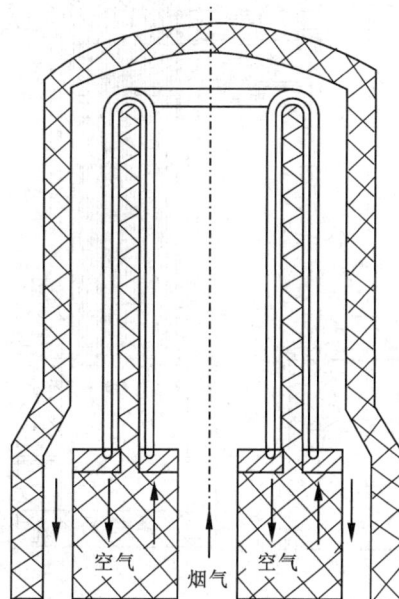

图 2-10　"U"形管组辐射换热器

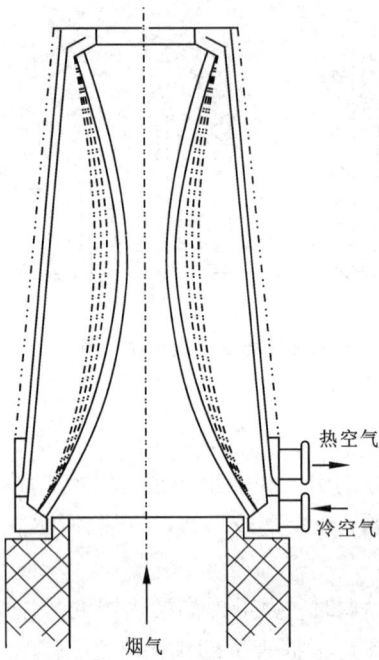

图 2 – 11 弯管形管组辐射换热器

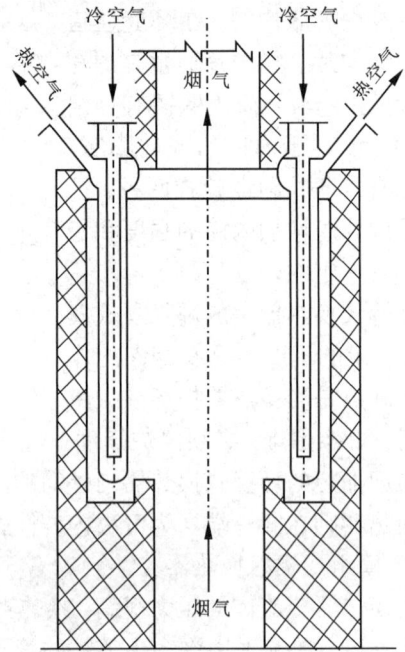

图 2 – 12 套管形管组辐射换热器

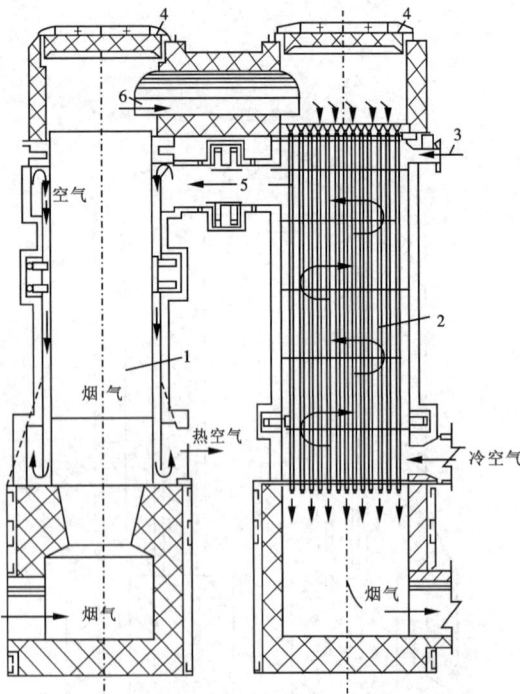

图 2 – 13 并列式辐射 – 对流式换热器

1—辐射换热器；2—对流换热器；3—冷空气入口；
4—顶盖；5—空气连接管；6—烟气连接管

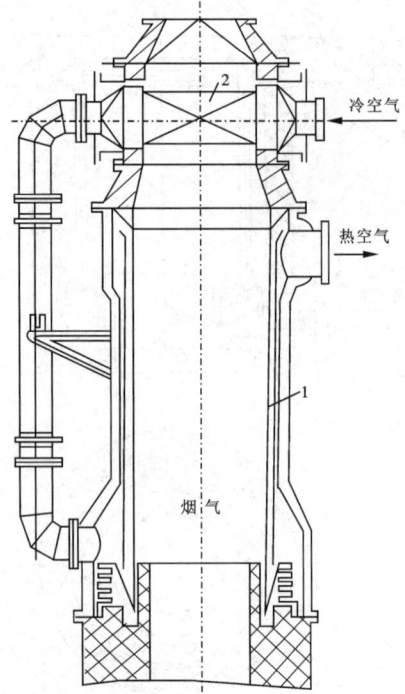

图 2 – 14 带水平对流管的辐射 – 对流式换热器

1—辐射换热器；2—对流换热器

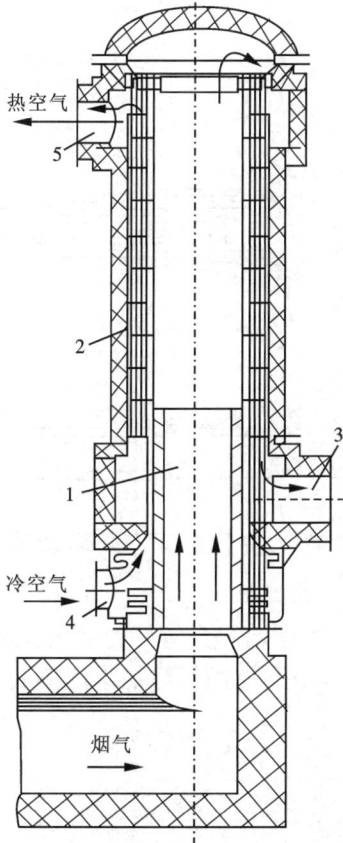

图 2-15 同心辐射 - 对流式换热器

1—辐射换热器；2—对流换热器；3—烟气出口；
4—冷空气入口；5—热风出口

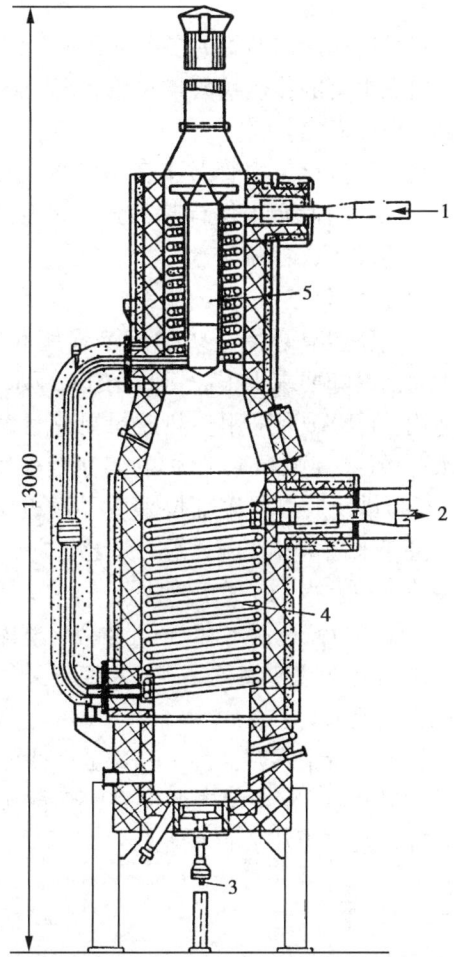

图 2-16 螺旋形管状辐射 - 对流换热器

1—冷空气进口；2—热空气出口；3—燃烧嘴；
4—辐射换热管；5—对流换热管

2.5 冷却水套

冶金炉上常使用的水套主要是指钢板水套、钢管水套、铸铜水套和轧制铜板钻孔水套。钢板水套已在各金属冶金学中介绍，这里不再重复。

1）蛇形钢管水套

在某些情况下，例如流态化焙烧炉流化床、铅锌冷却溜槽内，为将其内部多余的热量排出，将水套直接插入流化床内部、溜槽内部，通水冷却，这种由钢管弯制而成的冷却件称之为蛇形钢管式水套。由于钢管水套是直接插到热的介质内部，其传热效果要比侧壁水箱的传热效果好，焙烧炉流化床侧壁水套与管式水套传热系数一般情况下选取范围为：

对于箱式水套 $K = 116 \sim 209 \ W/(m^2 \cdot K)$

对于管式水套 $\qquad K = 174 \sim 269 \ \mathrm{W/(m^2 \cdot K)}$

铅锌熔体冷却溜槽的浸没管式水套的传热系数在 $460 \sim 700 \ \mathrm{W/(m^2 \cdot K)}$ 范围内。

管式水套的传热系数与介质状况、温度、管式水套的结构、管壁结垢情况等因素有关，视具体情况而定。

焙烧炉流化床内管式水套最简单的结构如图 2−17 所示。水套的面积根据计算而定。尺寸、结构等要结合流化床的尺寸、结构确定。

2）铜水套

一些新型有色冶金炉的熔炼强度和吹炼强度很大，对炉衬的冷却要求也很高，普通的钢板水套、钢管水套已不适用，开始研究采用传热效果更好且耐腐蚀的铜来制造水冷构件。例如 Kivcet 炉的熔池壁采用了铸铜水套冷却，反应塔及放出口等部位采用了铜板钻孔水套冷却墙体。近年来铜水套在闪速炉、贫化电炉、三菱法炼铜炉等新型冶金炉上得到了广泛使用。铜水套可以用铸造方法制造，称之为铸造铜水套（预埋铜管、整体浇铸），也可以用轧制铜板或锻造铜板钻孔（垂直交叉钻孔）做成水套，称之为铜板水套。

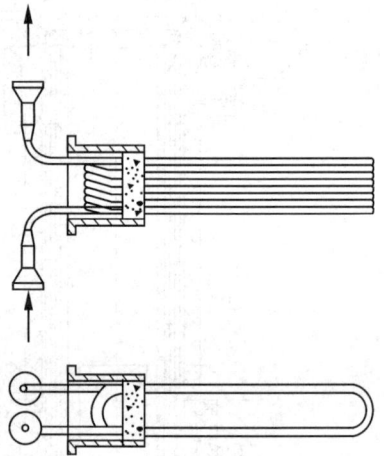

图 2−17 弯管式水套

（1）铸造铜水套。图 2−18 是一种普通的铸造水套，它是将预先弯好的紫铜管置于铸模中并加以固定，浇入熔融的铜水，高温铜水将铜管表面熔化，使铜管与铜水熔接成为整体，铜管即是水套冷却水的通路。

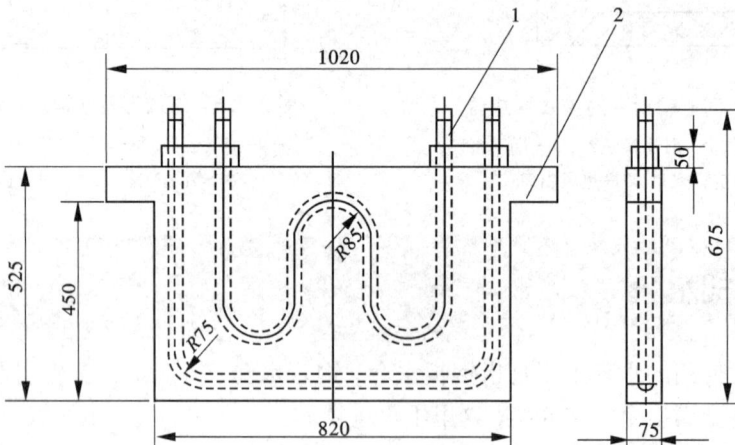

图 2−18 铸铜水套

1—铜管；2—铸铜块

铸造铜水套有很多优点：①制造过程简单；②可制造形状复杂、水路复杂的水套；③可以制造出换热面积很大（冷却水路面积大）的水套；④制造水套不需要加工精度高的机械设备等。因此目前铸造铜水套使用很普遍。

　　铸铜水套也存在一些缺点：①铸铜的密度（8.75 g/cm³）比轧制或锻造的铜板的密度（8.9 g/cm³）低，因此导热系数也相应降低；②由于紫铜铸造时流动性较差，一般铸铜过程中要加入一些其他元素，如 Zn、P 等，这将大大降低水套的导热系数；③铸铜水套的关键是铜水要将铜管表面熔化但又不能烧穿，因此铜水的过热温度和铜管铸造过程中冷却程度的控制是相当困难的；④浇铸过程中，铜管表面的氧化以及由于凝固过程的收缩率的差别，使铜管表面与浇铸铜之间产生间隙（一般为 20% ~30% 的接触部分有间隙），这将使铸铜水套的导热冷却效果大大恶化，如何消除或减少这些间隙是铸造铜水套制造技术需要改进的关键。

　　随着铜水套使用量的增加，近年来我国的纯铜铸造技术也有很大的发展，纯铜铸造水套达到了相当高的水平，铜含量可达到 99.5%，而铜管与铜水的熔合率可超过 85%。这些水套在闪速炉等大型冶金设备上得到了广泛使用，替代了原来的进口产品。

　　（2）铜板水套。随着冶金炉熔炼、吹炼强度的提高（而又要求有很长的炉寿命），对水套冷却效果的要求也越来越高。近几年来采用连续铸造并进行轧制，研制出了铜板水套，这种铜板水套应用越来越多。这种水套密度高，铸造过程中不需要加入添加剂，铜块的质量容易控制，铸件中没有孔穴的气泡，因此这种水套具有稳定的化学性能和高的导热性能。铜块的晶粒小且均匀稳定，因此提高了水套的抗腐蚀性能，在使用过程中不会产生裂纹，水套使用寿命大大提高。图 2-19 是一块普通的轧制铜板水套，它的水路是由垂直交汇的钻孔构成。正因为是垂直交叉的钻孔，对水流阻力较大，所以对某些形状复杂或要求有特殊形状水路的水套，钻孔水套不能适用。

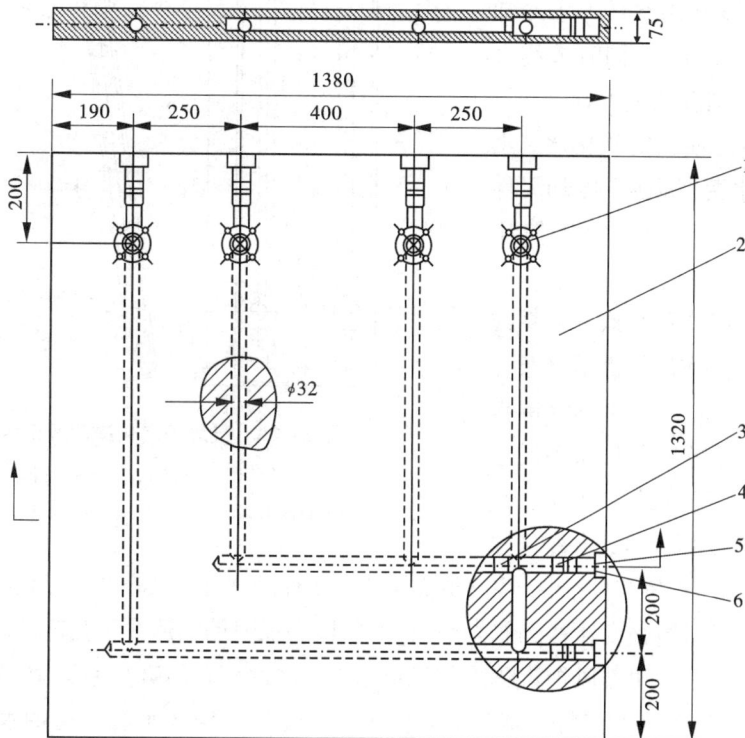

图 2-19　铜板钻孔水套

1—进出水口；2—轧制铜板；3—堵块；4—密封塞；5—垫圈；6—堵头

为了钻出所需要的水路，在水套周边上出现一些多余的钻孔，称之为工艺孔，这些工艺孔的密封是钻孔水套的关键。密封不好或者密封性不能持久，则此处将发生渗漏，这是不允许的。近年来钻孔水套制造技术日益完善，工艺孔的密封问题已经解决，主要是采用了三道密封，即加过盈配合铜塞、特殊螺塞螺纹加耐高温的密封胶及金属缠绕垫圈。由于采用了这些特殊措施，工艺孔的密封得到了保证，铜板水套质量也得到了保证，因而应用得越来越广泛。铜板水套的吸热功率是很高的，可达 $600 \ kW/m^2$。实际设计时，一般铜水套的吸热功率为 $60 \sim 100 \ kW/m^2$。

3）汽化冷却水套

为节约用水与回收余热，在一些有色冶金炉上的冷却方式已逐步用汽化冷却代替一般水冷却，如铅鼓风炉炉身、烟化炉炉身、炉顶等。汽化冷却有如下明显的优点。

（1）汽化冷却能产生蒸汽，可供生产和生活用，从而提高炉子的热利用率。

（2）汽化冷却能节约大量的工业用水（一般汽化冷却用水量为水冷却用水量的 $1/20 \sim 1/60$），同时节约大量冷却水输送所消耗的电力。

（3）汽化冷却使用的软化水，水套内不易产生水垢，减少了冷却元件烧坏的可能性，延长了设备使用寿命。

（4）汽化冷却装置与汽、水系统设备比较简单，操作运行也不复杂。

汽化冷却的水冷件多采用钢板水套或钢管水套，水套的形状和尺寸根据炉型和热力计算结构确定。汽化冷却水冷件为受压元件，水冷件除

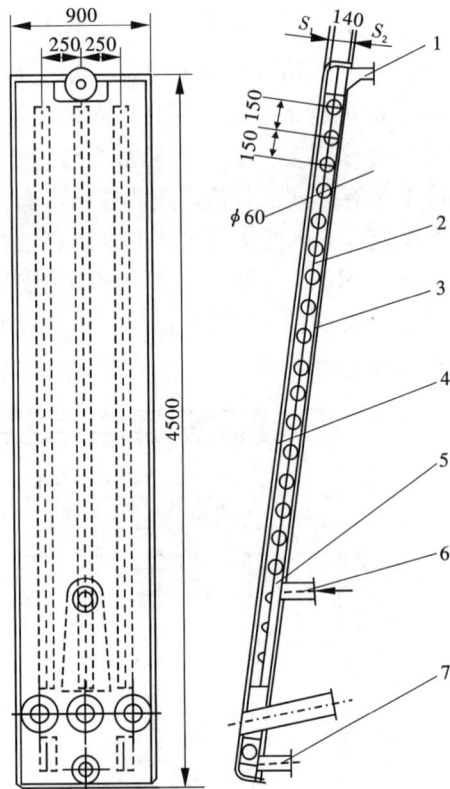

图 2-20　鼓风炉汽化冷却风口水套
1—出汽管；2—筋板；3—水套外壁；
4—水套内壁；5—挡罩；6—进水口；7—排污孔

要保证水、汽回路循环畅通之外，关键是要保证水冷件的强度，水冷件必须根据所受压力，依照相关规定和标准进行强度计算，确定水冷件的壁厚和加强筋的形式及强度，确保水冷件的安全使用。图 2-20 是一块鼓风炉汽化冷却风口水套，这种水套的吸热率为 $16 \sim 24 \ kW/m^2$，图 2-21 是一组锌精矿流态化焙烧炉流化床内使用的汽化冷却管式水套。这种水套的传热系数为 $260 \sim 310 \ W/(m^2 \cdot K)$。

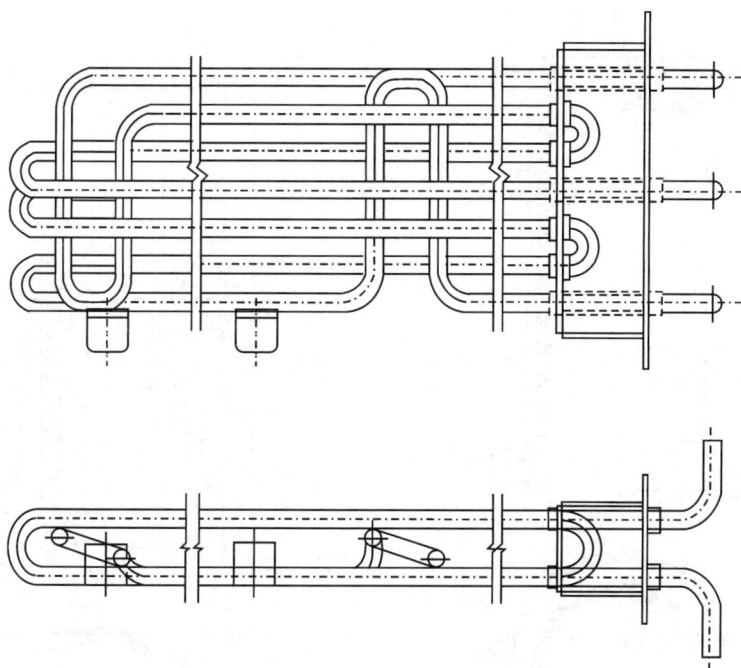

图 2 - 21　焙烧炉流化床汽化冷却管水套

2.6　表面冷却器

2.6.1　冷却烟道

除水套、汽化冷却器外,间接冷却设备还有冷却烟道、风套和表面淋水冷却器等。

冷却烟道是以自然对流方式带走高温烟气管壁热量的冷却设备,又称为表面冷却器。有色冶炼厂常用的冷却烟道为倒 U 形管,下部为灰斗。由于冷却烟道本身不能控制温度,为避免冷却过度,各灰斗间均装有阀门,用以调节烟气温度。烟气进、出口可设在灰斗上部或侧面,根据配置要求决定。冷却 U 形管较高时,为减少烟尘粘结,在冷却管上装有振打装置,定期或连续振打冷却管。振打方式分为机械振打和电振动两种。

2.6.2　风管冷却器(风套)

风管冷却器是在夹套由引进空气以冷却烟气的设备,又称风套。常用风套见图 2 - 22 和图 2 - 23。它通常由两个钢制同心圆筒组成,内筒通烟气,内外筒环隙间通冷却介质空气,烟气和空气通过筒壁导热与流体对流换热,故风管冷却器实际上是一种结构简单的热交换器。

烟气流速 0.5 ~ 1 m/s,空气流速 10 ~ 40 m/s 或更高。烟气最高温度必须低于材质的最高冗体温度,一般钢管应保持内壁温度低于 400 ℃。

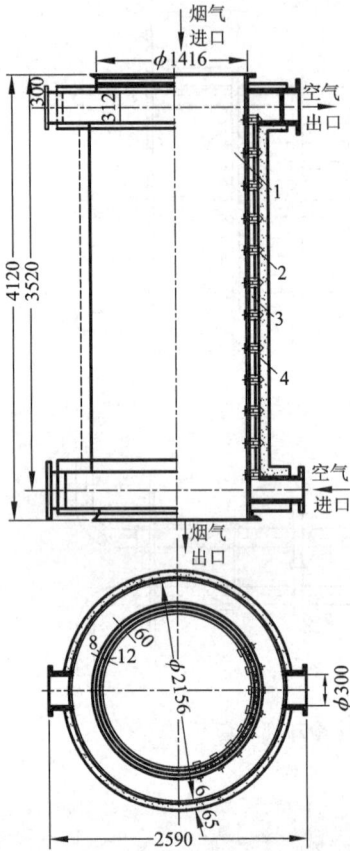

图 2 - 22　烟道式强制通风、带翅片、轴向进风的风套

1—烟道；2—加强筋；3—翅片；4—保温层

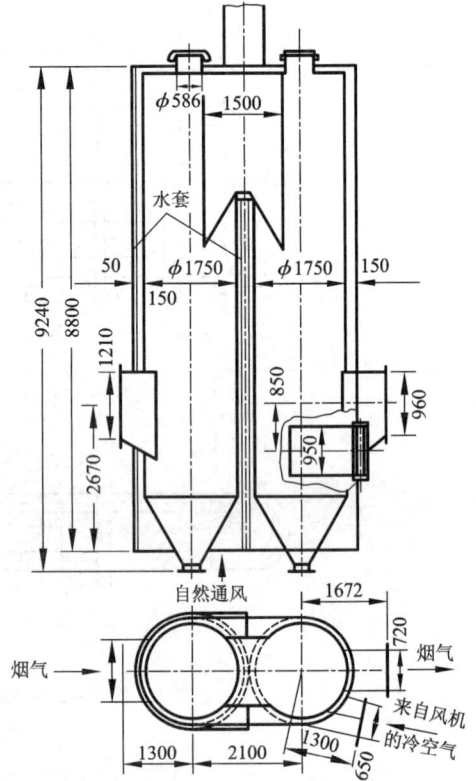

图 2 - 23　风水套

2.6.3　表面淋水冷却器

表面淋水冷却器是在设备或管道外表面淋水进行冷却烟气的设备(见图 2 - 24、图 2 - 25)。为使设备外表布满水膜，每隔 1 ~ 2 m 设一层分水板，图 2 - 26 为分水板的结构形式。按喷水量大小，通常采用直径为 40 ~ 50 mm 的喷水管。管壁设孔径为 2 ~ 3 mm、间距为 10 ~ 20 mm 的喷水孔，以 45°向下喷淋在设备外表面。

2.7　直接冷却设备

2.7.1　喷雾冷却

喷雾冷却是将水以雾状喷入热烟气中，利用烟气的热量蒸发水分而降低烟气温度的方法。常用的装置有喷雾烟道(图 2 - 27)、喷雾塔(图 2 - 28)，喷雾冷却器等。喷雾烟道用于高温出炉烟气。

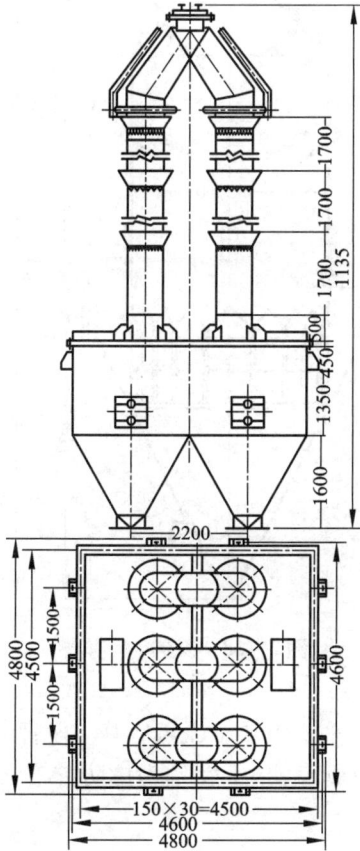

图 2-25 ϕ3 m 表面淋水冷却器

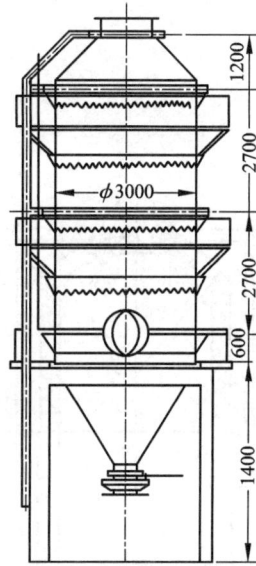

图 2-24 75 m² 表面淋水冷却器

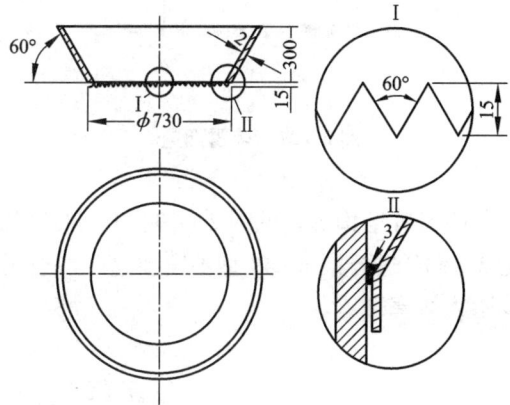

图 2-26 分水板

　　喷雾冷却的操作形式分为干式运行和湿式运行两种：前者喷入水完全蒸发，没有泥浆及其引起的腐蚀，如要求雾化效果好，通常用于干式收尘设备之前，烟气冷却温度可用调节喷水量来控制，但一般应高于露点温度 20~30 ℃。后者喷入水不完全蒸发，产出部分泥浆。

2.7.2　吸风冷却

　　吸风冷却主要用在滤袋收尘器前的烟气冷却。在烟道系统中装设一个带有调节阀的支管，一端与大气相通。调节阀可利用温度控制器自动操作或人工操作，控制吸入烟道系统的空气量，以降低烟气温度，并调节为一定值。该法仅适用于降低温度不多、且烟气量也不太大的情况。对于由于增加含氧量而易引起燃烧爆炸的气体不能使用。吸风支管与烟道相交处的负压应不小于 50~100 Pa，否则须用专门的风机供给空气。吸入的返空气应与烟气有良好的混合，然后进入滤袋收尘器。

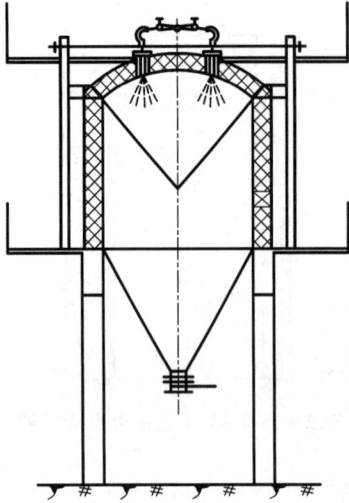

图 2 – 27　喷雾烟道

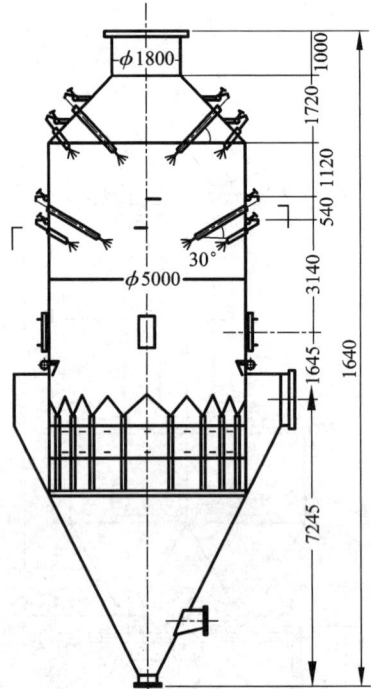

图 2 – 28　ϕ5000 喷雾塔

吸风管结构形式见图 2 – 29，Ⅰ型吸风管是常用的一种，它要求吸风后有一段管道(一般为 3 ~ 5 d)进行混合；Ⅱ型不需要这一段管道，但当吸风管口朝上时，需考虑防护罩，以防异物落入堵塞管道。

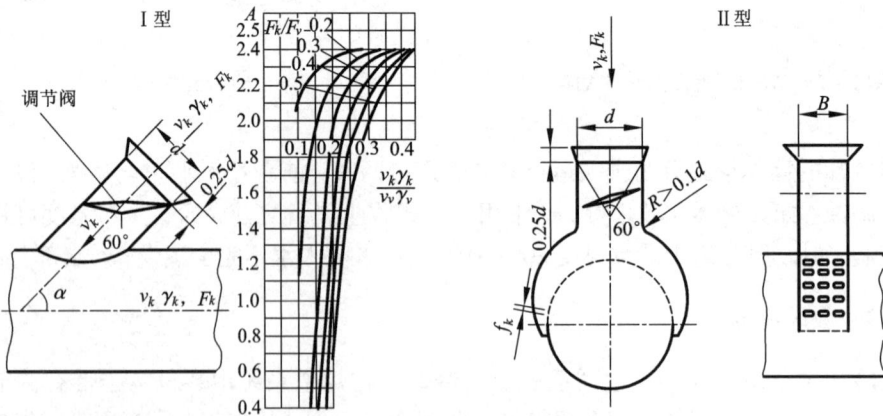

图 2 – 29　吸入空气支管形式示意图

吸风量计算　需要吸入的空气量 V_k 可用下式计算：

$$V_k = V_1 \frac{c_1 t_1 - c_2 t_2}{c_2 t_2 - c_k t_k} \quad \text{m}^3/\text{h}$$

式中：V_1——处理烟气量，$\text{m}^3 \cdot \text{h}^{-1}$；

t_1、t_2——烟气冷却前后的温度，℃；

t_k——被吸入空气的温度，取当地夏季最高温度，℃；

c_1、c_2——烟气冷却前后的平均比热容，$\text{kJ} \cdot (\text{m}^3 \cdot ℃)^{-1}$；

c_k——吸入空气的平均比热容，$\text{kJ} \cdot (\text{m}^3 \cdot ℃)^{-1}$。

吸风支管截面积计算　吸风支管截面积 F_k 可用下式计算

$$F_k = \frac{V_k}{5100 \sqrt{\Delta p / \xi}} \quad \text{m}^2$$

式中：V_k——计算需吸入的最大空气量，$\text{m}^3 \cdot \text{h}^{-1}$；

Δp——空气吸入点的负压，Pa；

$$\Delta p = \xi \frac{v_k^2 \gamma_k}{2}$$

v_k——吸入空气支管的空气速度，$\text{m} \cdot \text{s}^{-1}$；

γ_k——空气密度，$\text{kg} \cdot \text{m}^{-3}$；

ξ——吸入空气支管的局部阻力总系数，可按下式计算：

Ⅰ型吸入支管局部阻力总系数：

当 $F_k/F_v < 0.5$ 和 $v_k \gamma_k / v_v \gamma_v > 0.4$ 时，

$$\xi = 2.5 - \left(2 - \frac{\alpha}{40}\right)\frac{F_k}{F_v}$$

当 $v_k \gamma_k / v_v \gamma_v < 0.4$ 时

$$\xi \approx A - \left(2 - \frac{\alpha}{40}\right)\frac{F_k}{F_v}$$

Ⅱ型吸入支管局部阻力总系数：

$$\xi \approx 2.5 + 3\left(\frac{F_k}{\sum f_k}\right)^2$$

式中：F_v——吸风前烟道管的截面积，m^2；

v_v——吸风前的烟气流速，$\text{m} \cdot \text{s}^{-1}$；

γ_v——吸风前的烟气密度，$\text{kg} \cdot \text{m}^{-3}$；

A——系数，按图 2-29 选取；

α——吸风管与烟管的夹角；

$\sum f_k$——吸风孔的总面积／m^2。

撰稿人：赵震宇　袁庆云　朱宏文　郭亚会
审稿人：任鸿九　彭　兵　张训鹏

3　冶炼烟气收尘

3.1　重金属冶金工厂的烟气含尘量及其常用的收尘方法

重金属火法冶金过程产生大量的含尘烟气,这些冶炼烟气中除了含硫、碳、氮等元素的气态氧化物外,还存在着待提取主金属(目的金属)及其共伴生元素的各种固体氧化物,如氧化铜、氧化锌、氧化铅、氧化镉、氧化铋、氧化锑、氧化锡、氧化砷、氧化镍、氧化碲、氧化锗、氧化铟、氧化硒,以及这些金属的硫化物和硫酸盐,此外还有铁的氧化物及各种脉石粉尘。可见冶炼烟尘将带走大量的金属及其伴生有价元素,会降低金属回收率和资源综合利用程度,并对含二氧化硫的冶炼烟气制酸工艺造成危害;更为严重的是,烟气中的颗粒污染物(包括粉尘、飞灰、黑烟和雾等)及其中的有毒元素与化合物会造成环境污染,危害人体健康。

3.1.1　主要火法冶金过程的烟气含尘量

重有色冶金炉排出的烟气含尘量随冶炼过程的强化而有不同程度的增加,有的大于 $100g/m^3$,甚至高达 $1000g/m^3$,烟尘率一般为 $2\% \sim 10\%$,有的高达 $50\% \sim 100\%$。各种炉窑出口烟气含尘量见表 3-1。

表 3-1　重金属冶金炉出口烟气含尘量

金属名称	冶金炉名称	含尘量/(g·m⁻³)	烟尘率/%	金属名称	冶金炉名称	含尘量/(g·m⁻³)	烟尘率/%
通用	精矿干燥窑	20 ~ 80	1 ~ 3	锌	流态化氧化焙烧炉	100 ~ 250	20 ~ 50
	载流干燥	800 ~ 1000	100		浸出渣挥发窑	40 ~ 100	25
铜	诺兰达熔炼炉	25 ~ 30	2.5 ~ 5		锌密闭鼓风炉	20 ~ 25	5 ~ 6
	密闭鼓风炉	15 ~ 40	2 ~ 6	镍	精矿焙烧回转窑	30 ~ 40	30
	闪速熔炼炉	50 ~ 100	5 ~ 10		流态化半氧化焙烧炉	250 ~ 300	
	连续吹炼炉	5	≤1		熔炼电炉	40	<4
	吹炼转炉	3 ~ 15	1 ~ 5		闪速熔炼炉	100 ~ 150	10 ~ 15
	顶吹浸没熔炼炉	10 ~ 45	1.5		吹炼转炉	15 ~ 20	2 ~ 4
	白银炼铜炉	35 ~ 40	2 ~ 5		贫化电炉	5 ~ 15	
铅	鼓风烧结机	25 ~ 40	2 ~ 3		熔铸反射炉	5 ~ 10	
	烧结矿鼓风炉			锡	澳斯麦特还原熔炼炉	50 ~ 100	18 ~ 24
	高料柱作业	8 ~ 15	0.5 ~ 2		熔炼反射炉	20	10 ~ 15
	低料柱作业	20 ~ 30	3 ~ 5		熔炼电炉	190 ~ 220	3 ~ 5
	氧化矿化矿鼓风炉	20 ~ 25	5 ~ 6		炉渣烟化炉	70 ~ 100	
	炉渣烟化炉	50 ~ 100	13 ~ 17		精炼炉	26 ~ 30	
	浮渣反射炉	5 ~ 10	1	锑	挥发熔炼鼓风炉	150 ~ 200	25 ~ 40
	氧气底吹炼铅反应器	150 ~ 250	10 ~ 15		还原熔炼-精炼反射炉	40 ~ 50	15 ~ 20

冶炼烟气收尘是从火法冶炼过程的含尘烟气中分离回收烟尘。

重有色金属冶炼烟气收尘的重要性如下。

（1）提高金属回收率和原料的综合利用率　在火法冶炼过程中，由于物料移动和烟气流动产生机械性烟尘；由于高温产生挥发性烟尘。机械性烟尘成分与原料相似，挥发性烟尘富集了蒸气压较大的金属或化合物。两者为从原料中分离和综合回收这些金属创造了条件。

（2）为有色冶炼烟气中硫和碳的回收创造必要条件　在火法冶炼过程中，硫化矿中的绝大部分硫氧化成二氧化硫和少量三氧化硫并进入烟气。为回收这些硫，对烟气中的含尘量应有严格要求，如接触法制酸任何流程都要求烟气含尘量不大于 $200mg/m^3$；炼锌鼓风炉还原熔炼烟气中含有大量的 CO，为利用这种可燃气体需要加压，要求进入鼓风机前的气体含尘一般不大于 $50\ mg/m^3$。

（3）保护环境、防止污染　有色冶炼烟尘中部分金属化合物具有毒性，如氧化铅、三氧化二砷、氧化镉、氧化铍等，排放后造成环境污染。这种烟尘进入制酸系统后，也会造成二次污染。

节约资源，保护环境是我国的基本国策。重金属冶炼含尘烟气(有的还含有较高的二氧化硫)的治理具有双重性。一般把治理粉尘大气污染广义上称为除尘，相应的设备称为除尘器。有色冶金烟尘是重要的二次资源，甚至是生产工艺过程的重要中间产品，因此，习惯上把从烟气中分离并收集烟尘的过程称为收尘，相应的设备称为收尘器。

3.1.2　冶金工厂常用的收尘方法

收尘设备有多种分类方法，通常有以下三种：

①按收尘效率分

收尘类别	收尘效率,%	收尘器名称
低效收尘	~60	沉降室、惯性收尘
中效收尘	60~95	旋风收尘、水膜收尘
高效收尘	>95	电收尘、袋式收尘、文丘里收尘

②按收尘机理收分

收尘类别	收尘机理	收尘设备
机械收尘	利用烟尘重力、惯性力或离心力	沉降室、惯性收尘器、旋风收尘器、旋流收尘器
过滤收尘	利用滤布或其他过滤介质阻留烟尘	袋式收尘器、颗粒层收尘器
电收尘	利用库仑力使烟尘分离	干(湿)式电收尘器
湿式收尘	利用水或其他液体捕集烟尘	水膜收尘器、泡沫收尘器、冲击式收尘器、文丘里收尘器

③按捕集烟尘的干湿情况分

收尘类别	烟尘状态	收尘设备
干式收尘	干尘	机械收尘器、袋式收尘器、干式电收尘器
湿式收尘	泥浆状	水膜收尘器、泡沫收尘器、冲击式收尘器、文丘里收尘器、湿式电收尘器

重有色冶金工厂广泛使用的收尘设备的特点及其使用现状如下。

（1）沉降室和惯性收尘器

沉降室和惯性收尘器结构简单，设备阻力小，但占地面积大，只能捕集粗颗粒烟尘，属于低效收尘设备。带灰斗的大型烟道亦能起到惯性收尘器的作用，且能耐较高烟气温度。

（2）旋风收尘器

旋风收尘器结构简单，占地面积小，能捕集 $10\mu m$ 以上的烟尘，属于中效收尘设备。设备阻力因结构形式和进口流速而异，高达 3000Pa。收尘效率的高低与阻力大小成正比，此外，烟尘密度大、烟气含尘量高，收尘效率也随之提高。烟尘硬度大时，须考虑设备的耐磨性问题，旋风收尘器由普通钢板制成，如外部保温时可耐 450℃。

（3）袋式收尘器

这是一种高效收尘设备，只要滤袋不破损，其收尘效率可大于 98%，且烟尘性质对收尘效率影响不大。烟气温度决定于滤料耐温特征，如玻璃纤维滤料耐温不高于 250℃，诺梅克斯针刺毡耐温不高于 200℃，涤纶 208 耐温不高于 130℃，柞蚕丝、毛呢等耐温不高于 100℃。烟尘粘结性强、烟气露点高时，易堵塞滤料孔隙，不易清除，阻力不断上升以致无法运行。袋式收尘阻力较大，运行费高，检查和更换滤袋的劳动条件差，尤其对含毒烟尘的收尘操作须要加强防护。对含氟烟气的收尘不宜使用纤维滤袋，必要时应将玻璃纤维用石墨或聚四氟乙烯处理。

（4）电收尘器

电收尘器属于高效收尘设备，能捕集超细烟尘，设备阻力小，运行费用低，耐高温、耐磨损，操作劳动条件较好。电收尘基建费用高，操作管理技术要求严格。

（5）湿式收尘器

湿式收尘器中除湿式电收尘器外，一般都具有结构简单、设备投资省等优点，适用于烟气温度低、烟尘可以进行湿法处理的场合。一般湿式收尘器，如水膜收尘器、洗涤机等的收尘效率不超过 90%，而文丘里收尘器、湿式电收尘器可达 95% 以上，且随设备阻力增加而提高。

湿式吸尘器还有一定的降温作用，但若入口烟气温度过高，则会使液体大量蒸发，从而影响收尘效率，故一般入口温度不宜超过 100℃。

有色冶金工厂常用收尘设备优缺点比较见表 3-2，基本性能见表 3-3。

表 3-2　有色冶金工厂常用收尘设备优缺点比较

收尘器	原理	适用粒径 /μm	收尘效率 η/%	优　点	缺　点
沉降室和惯性收尘器	重力惯性力	100~50	40~60	①造价低； ②结构简单； ③设备阻力小； ④磨损小； ⑤维修容易； ⑥运行费低	①不能收集小颗粒粉尘； ②效率较低； ③占地面积大

续表 3-2

收尘器	原理	适用粒径 /μm	收尘效率 η/%	优　点	缺　点
旋风收尘器	离心式	<5 <3	50~80 10~40	①设备较便宜； ②占地面积小； ③能处理高温气体； ④收尘效率较高； ⑤适用于高浓度烟气	①压力损失大； ②不适用于湿度大和粘度高的气体； ③不适于腐蚀性气体
袋式收尘器	过滤	20~1	90~99	①效率高； ②使用方便； ③低浓度气体适用	①容易堵塞，滤布需经常替换； ②运行费用高
电收尘器	静电	20~0.05	80~99	①效率高； ②耐高温，耐磨损； ③设备阻力小； ④操作劳动条件较好	①设备费用高； ②粉尘粘附在电极上时，对收尘有影响，效率降低； ③管理水平要求较高
湿式收尘器	湿式	~1	80~99	①除尘效率高； ②设备投资省； ③不受温度、湿度影响； ④烟尘便于湿法处理	①压力损失大，运转费用高； ②用水量大，有污水需处理； ③容易堵塞； ④收集的湿尘不便于火法冶金处理

表 3-3　常用收尘设备基本性能

收尘器	捕集粒子的能力/%			压力损失/Pa	设备费（相对比例）	运行费（相对比例）	装置的类别
	50 μm	5 μm	1 μm				
重力收尘器	—	—	—	100~150	1	1	机械
惯性力收尘器	95	16	3	300~700	1	1	机械
旋风收尘器	96	73	27	600~3000	0.7~1.5	1~2.5	机械
文丘里收尘器	100	>99	98	2000~10000	3~3.5	4	湿式
电收尘器	>99	98	92	200~350	6~7	1.5	静电
袋式收尘器	100	>99	99	1200~4500	4.4~5	5~10	过滤

3.2　沉降室和惯性收尘器

3.2.1　沉降室

沉降室又称沉尘室或重力收尘器，是一种借助重力使含尘气流中尘粒自然沉降并使其与气体分离的收尘设备。含尘气流进入沉降室后，流通断面扩大，流速变缓，当其通过沉降室的时间大于尘料沉降至室底部时间

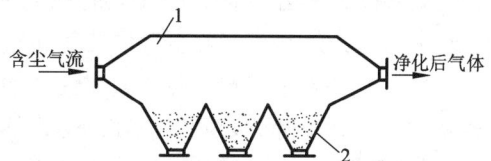

图 3-1　水平气流式沉降室
1—器体；2—灰斗

时，尘粒即被分离出来。按沉降室内气流运动状况，沉降室可分为：①水平气流式，含尘气流在室内沿水平方向流动(见图 3-1)；②垂直气流式，含尘气流在室内从下往上或从上往下

流动。为提高收尘效率，沉降室内常设置不同型式的挡板，如在沉降室内加多层水平挡板，缩小尘粒的沉降距离可以有效地提高收尘效率。

沉降室结构简单，造价低，维护管理容易，阻力低（100～150Pa），缺点是占地面积大、收尘效率低，一般只适宜捕集 50～100μm 以上的粗粒粉尘，常用作多级收尘中的第一段，主要用于粗尘的预收尘。

3.2.2 惯性收尘器

惯性收尘器是一种借助惯性力使尘粒与气流分离的收尘设备。惯性收尘器内设置的挡板使含尘气流急剧改变方向，尘粒在惯性力的作用下脱离含尘气流流向，碰撞到障碍物或除尘器壁而被捕集。惯性收尘器分为碰撞式和回转式两类。在收尘器内设有多道挡板，气流穿过挡板，尘粒撞击在挡板上，靠重力将尘粒收下的属碰撞式（图 3-2）；使气流急剧转弯绕过挡板，尘粒与气流分离的属回转式（图 3-3）。惯性收尘器结构简单，造价低，维护管理容易，但收尘效率低，适用于净化粗粒粉尘（20～50μm 以上），且不宜净化纤维尘，常用作多级收尘中的第一级。

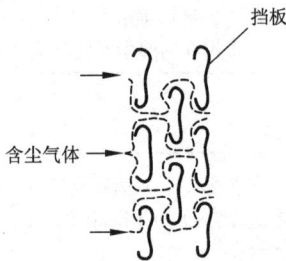

图 3-2 碰撞式惯性收尘器

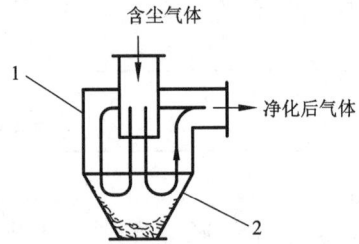

图 3-3 气流转折式惯性收尘器

1—筒体；2—灰斗

3.3 旋风收尘器

3.3.1 旋风收尘器的收尘原理

旋风收尘器的结构见图 3-4。当含尘气流以 12～25m/s 速度由进气管进入旋风收尘器时，气流将作圆周运动。旋转气流的绝大部分沿器壁自圆筒体呈螺旋形向下，朝圆锥体流动，通常称此为外旋流。含尘气体在旋转过程中产生离心力，将密度大于气体的尘粒甩向器壁。尘粒一旦与器壁接触，便失去惯性力而靠入口速度的动量和向下的重力沿壁面下落，进入排灰管。旋转下降的外旋气流在到达锥体时，因圆锥形的收缩而向收尘器的中心靠拢。根据"旋转矩"不变原理，其切向速度不断提高。当气流到达锥体下部某一位置时，即以同样的旋转方向从旋风收尘器中部，由下反转向上，继续作螺旋形流动，即内旋气流。净化气体由排气管排出器外，一部分未被捕集的尘粒也由排气管排出。

在旋风收尘器内，小部分自进气管流入的气体向旋风收尘器顶盖流动，然后沿排气管外侧向下流动。当到达排气管下端时，即反转向上随上升的中心气流一同从排气管排出。分散在这一部分向上旋气流中的尘粒也随同被带走。

旋风收尘器的离心力可用下式表示：

$$C = \frac{mv^2}{R}$$

式中　　C——离心力；

　　　　m——尘粒的质量；

　　　　v——气体的圆周线速度；

　　　　R——气体的旋转半径。

从上式可以看出，尘粒愈大，气流旋转速度愈快（但不能超过一定限度），则灰尘和气体分离得愈好。

3.3.2　操作条件对旋风收尘器性能的影响

操作条件对旋风收尘器性能的影响主要有下列方面。

1）进口气流速度与气体流量　在一定范围内，进口气速越高，即增加处理气体流量，收尘效率也越高；若进口气速过高，可能增加返混，影响粉尘沉降。因此，须考虑到收尘器压力损失也随进口气速而迅速增大的情况，从技术经济两方面考虑，进口气速合适范围一般为 15~25m/s，但不应低于 10m/s，最好不超过 35m/s。

2）气体的密度、粘度、压力及温度　气体密度越大，临界粒径亦越大，将直接影响收尘效率。但气体密度和固体密度相比，特别是在低压条件下几乎可忽略。所以它对收尘效率的影响较固体密度来说，可忽略不计。

通常温度增高，气体密度减小，粘度增高，致使尘粒沉降速度降低，导致收尘效率降低。因此，在处理高温烟气时，可选取较高的进口气速。

3）气体含尘浓度　当气体含尘浓度大时，由于粉尘的凝聚与团聚性能增强，使较小的尘粒凝聚在一起而被捕集。在多数情况下收尘效率有所增大。

气体含尘浓度对压力损失也有影响，当含尘浓度增大，压力损失要比处理清洁空气时小，当进口气体含尘浓度（标）为 1~2g/m³ 时，压力损失可降到清洁气体的 60%。含尘浓度（标）增至 2~5g/m³ 时，压力损失下降缓慢。但在含尘浓度（标）超过 50g/m³ 时，压力损失又迅速下降。这是因为气体中即使含有少量尘粒，也会使气体的内摩擦力增加。由于分离到器壁的尘粒产生摩擦，使旋流速度降低，减小了离心力。因而，压力损失有所下降。

4）烟尘的物理性质　烟尘的物理性质主要指烟尘的粒度和密度。较大粒径的烟尘在旋风收尘器中会产生大的离心力，有利于分离，可提高收尘效率。旋风收尘器临界粒径与尘粒密度平方根成反比，烟尘密度越大，临界粒径越小，收尘效率越高。

影响旋风收尘器性能的因素除上述因素外，收尘器内壁粗糙度也会影响旋风收尘器的性能。浓缩在壁面附近的尘粒，可因粗糙的表面引起旋流，使一些尘粒被抛入上升的气流，进入排气管，降低了收尘效率。所以，在制造时应设法打光焊缝等。

此外旋风收尘器轴心处具有很高的负压，若下部灰斗和排风口产生漏气，也会使收尘效率急剧恶化，所以，在制作时应考虑灰斗和排灰口的密封问题。

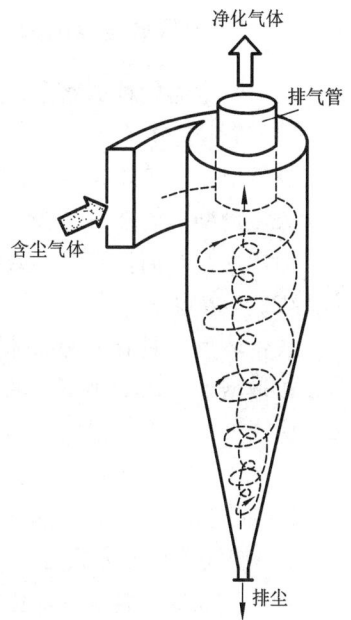

净化气体

排气管

含尘气体

排尘

图 3-4　旋风收尘器除尘示意图

3.3.3 旋风收尘器的分类

旋风收尘器的种类繁多,分类方法各异,通常可按以下三种方式分类:

(1)按性能分

高效型　　　筒体直径小,收尘效率高。

大流量型　　筒体直径较大,收尘效率低,用于处理大气量;

通用型　　　筒体直径和效率介于上述两者之间,用于处理中等气量。

(2)按结构分

长锥体型　　具有上部筒体短、下部锥体长、排气管细等特点;

扩散型　　　由上小下大的扩散锥体、反射屏和尘斗组成;

旁通型　　　在旋风收尘器筒体和锥体壁上增设了旁路分离室,引导收尘器中存在的上旋气流和部分已沉降至筒壁的粉尘进入尘斗,减少筒壁积尘再扬起。

圆筒体型　　筒体和锥体长度适中,收尘效率中等。

(3)按气流导入方式分

切向导入式　含尘气流由筒体的侧面沿切线方向导入;

轴向导入式　含尘气流由轴向导入,其收尘效率较切向导入式低,但处理气量较大。

目前国内生产的旋风收尘器有30余种,每一种都有各自的优点,也存在着某些不足。有色冶金工厂常用的旋风收尘器有 XLT/A 型、XLP/A 型、XLP/B 型、XZT 型,XCX 型以及多管旋风收尘器等(见表3-4)。

表3-4　有色冶金工厂常用旋风收尘器的性能

收尘器名称	规格/mm	风量/($m^3 \cdot h^{-1}$)	阻力/Pa
XLT/A 型旋风收尘器	$\phi300 \sim \phi800$	$935 \sim 6775$	
XLP/A、B 型旋风收尘器	$\phi300 \sim \phi3000$	$750 \sim 104980$	
XZT 型长锥体旋风收尘器	$\phi390 \sim \phi900$	$790 \sim 5700$	$750 \sim 1470$
XCX 型旋风收尘器	$\phi200 \sim \phi1300$	$150 \sim 9840$	$550 \sim 1670$
XLK 型扩散式旋风收尘器	$\phi100 \sim \phi700$	$94 \sim 9200$	1000
XLG 型多管式旋风收尘器	$\phi662 \sim \phi900$	$1600 \sim 6250$	$350 \sim 550$

3.3.4 旋风收尘器的特点及操作注意事项

旋风收尘器可捕集粒径 $5\mu m$ 以上的粉尘,允许最高进口含尘浓度为(在标准状况下为)$1000g/m^3$,最高温度450℃,进口气流速度 $15 \sim 25m/s$,阻力损失 $588 \sim 1960Pa$,除尘效率 $50\% \sim 90\%$。它具有结构简单、制造安装容易和维护管理方便、造价和运行费用低、占地面积小等特点,广泛用于各种工业部门,常用于捕集非粘结性和非纤维性粉尘或用于含尘气流的第一、二级除尘。旋风收尘器内含尘气流速度很高,器壁容易磨损,应用中有时在器壁内表面或易磨损的部位加衬耐磨涂料或辉绿岩铸石等衬里。

当气体中的含尘量较大时,为了得到较高的收尘效率,往往将两个或多个不同类型或同类型不同规格的旋风收尘器串联使用(一般不超过三级)。串联后的处理气体量决定于第一级收尘器的处理量，总阻力损失等于各级收尘器和连接管件的阻损之和；当处理的含尘气体量较大时，常以两个或两个以上相同直径的旋风收尘器并联使用。并联旋风收尘器的阻力损失为单个收尘器的 1.1 倍，处理气体量为各单个收尘器处理量之和。

旋风收尘器的使用操作应当注意的事项：

①保持排灰口严密。由于旋风收尘器多处于负压操作，如漏入空气，就破坏了烟气在器内的旋转规律，且会将斗内灰尘重新卷起，严重恶化收尘效果。

②保持烟气温度高于露点 15 ~ 20℃，最好进行保温，防止结块。

③在收尘器体上开扫除口，如发现堵塞，应及时清理。

④由于热灰流动性较好，在排灰时严防烫伤。

⑤在收尘器内，由于气体温度高、流速快，对器壁和进口处磨损比较严重，可采用辉绿岩铸石衬里或浇铸 50mm 厚的低钙水泥砂浆，可延长设备寿命。

3.4 袋式收尘器

3.4.1 袋式收尘器的收尘原理

袋式收尘器收尘原理见示意图 3 - 5。用棉、毛或人造纤维等加工制成的滤袋是收尘器的核心部分。当含尘气流从下部进入圆筒的滤袋，通过滤布的孔隙时，被滤料阻留下来，透过滤料滤布的清洁气体从滤袋外部的排出口排出。沉积在滤布上的粉尘，可在机械振动或其他喷吹作用下从滤布表面脱落，通过灰斗被收集起来。

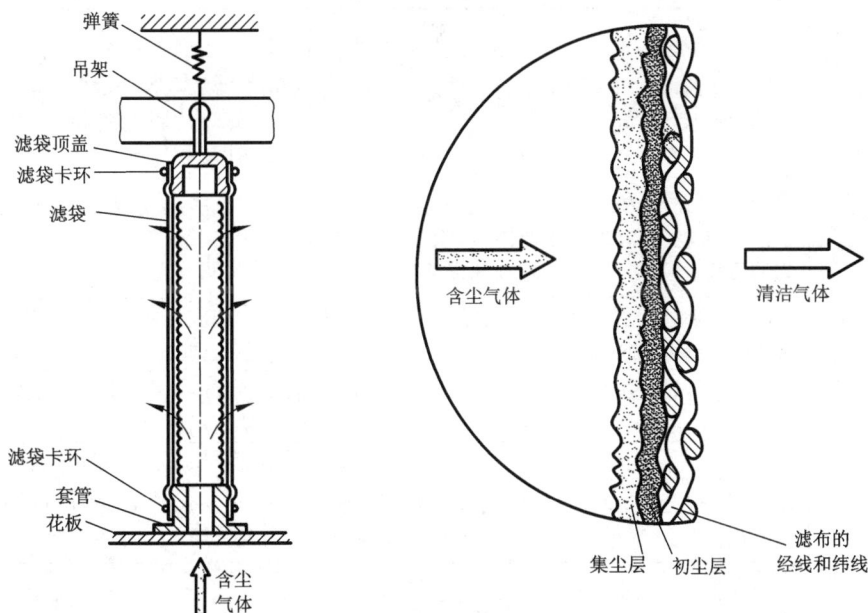

图 3 - 5 袋式收尘器除尘原理示意图

　　袋式收尘器捕集粉尘作用是一个综合效应的结果,包括筛分、惯性碰撞、拦截、扩散、静电及重力作用等。当含尘气体通过新滤袋时,气体中的粗大尘粒受惯性碰撞和拦截作用被滤袋阻留下来,并在滤料孔隙中产生"搭桥"作用,随着滤尘过程不断地进行,滤料的孔隙也越来越小,一段时间后,滤袋表面积聚一层具有孔隙而又曲折的初粉尘层,简称初层。形成初层后,气体流通的孔道变细,能截留很细的粉尘,此时,滤布只起支撑的骨架作用,真正起过滤作用的是尘粒形成的粉尘初层。当粉尘粒径大于滤布中纤维间孔隙或滤布上沉积的粉尘间的孔隙时,粉尘即被筛滤下来。通常,织物滤布由于纤维间孔隙远大于粉尘粒径,所以,刚开始过滤时,筛分作用很小,主要靠惯性碰撞、拦截、扩散及静电作用。但当滤布逐渐形成粉尘粘附初层后,便由粉尘粘附层初层和滤布同时进行收尘,此时主要靠筛分作用。由于粉尘初层及集尘层的滤尘作用,使滤料的过滤效率不断提高,阻力也随之增加,当阻力达一定值后,要及时进行清灰,通过振打或反吹将集尘层的粉尘清除,但清灰时不能破坏初层,以免造成收尘效率下降。

3.4.2　袋式收尘器的分类

　　袋式收尘器的结构形式多种多样,按袋式收尘器入风方向分上进气袋式收尘器和下进气袋式收尘器;按滤袋形状分圆袋、扁袋和异形袋收尘器;按滤袋的滤尘方向分内滤式袋式收尘器和外滤式袋式收尘器;按通风方式分抽出式(负压式)袋式收尘器和压入式(正压式)袋式收尘器;按清灰方式分机械振动袋式收尘器、逆气流反吹袋式收尘器和脉冲喷吹袋式收尘器等。在上列分类方式中,最通用的是按清灰方式分类,见表3-5。

表3-5　袋式收尘器按清灰方式分类

类 别		优 点	缺 点	说 明
自然落灰 人工拍打		结构简单,易操作	过滤速度低,滤袋面积大,占地大	滤袋直径一般为300~600 mm,通常采用正压操作,捕集对人体无害的烟尘,多用于小型工厂
反向气流清灰	下进风 大滤袋	烟气先在斗内沉降一部分烟尘,可减少滤袋的负荷	清灰时烟尘下落与气流逆向,又被带入滤袋,增加滤袋负荷	低能反吸(吹)缩袋清灰大型的为三状态清灰,上部可设拉紧装置,调节滤袋长度
	上进风 大滤袋	清灰时烟尘下落与气流同向,避免增加阻力	上部进气箱积尘须清灰	低能反吸,双层花板,滤袋长度不能调
	反吸风带烟尘输送	烟尘可以集中到一点,减少烟尘输送	烟尘稀相运输动力消耗较大,占地面积大	长度不大,多用龙骨架或弹簧骨架高能反吸
脉冲	中心喷吹	清灰能力强,过滤速度大,不需分室,可连续清灰	要求脉冲阀经久耐用	适于处理高含尘烟气,滤袋直径120 mm,长度2000 mm或更大,需龙骨架
	环隙喷吹	清灰能力强,过滤速度比中心喷吹更大,不需分室,可连续清灰	安装要求更高,压缩空气消耗更大	适于处理高含尘烟气,滤袋直径160 mm,长2250 mm,需龙骨架

续表 3-5

类别		优点	缺点	说明
喷吹	低压喷吹	滤袋长度可加大至6000 mm,占地减小,过滤面积加大		滤袋直径130 mm,无喷吹文丘里管
	整室喷吹	减少脉冲阀个数	清灰能力稍差	喷吹在滤袋室排气道上
机械振打	机械凸轮(爪轮)振打	清灰效果较好,与反气流清灰联合使用效果更好	不适于玻璃布等不抗摺的滤袋	滤袋直径一般大于150 mm,分室轮流振打
	压缩空气振打	清灰效果好,维修量比机械振打小	不适于玻璃布等不抗摺的滤袋,工作受气流限制	滤袋直径一般为220 mm,适用于大型收尘器
	电磁振打	振幅小,可用玻璃布	清灰效果较差,噪音较大	适用于易脱落的粉尘和滤布
气环移动清灰		与其他清灰方式比,滤袋过滤面积处理能力最大	滤袋和气环摩擦损坏滤袋,传动箱和软管耐温问题,尚需进一步解决	适用于含尘大的烟气,烟气走向为顺流式,袋直径一般为450 mm,不常用,不分室

注:此表引自《重有色金属冶炼设计手册 冶炼烟气收尘通用工程常用数据卷》第101~102页。

3.4.3 影响袋式收尘器收尘效率的因素

影响袋式收尘器收尘效率因素包括粉尘特性、滤布特性以及运行参数(主要是粉尘层厚度、压力损失和过滤速度等)以及清灰方式和效果等。下面仅对几个主要影响因素进行讨论。

(1)滤布的结构及粉尘层厚度 不同结构的滤布对收尘效率的影响不同。如绒布开始滤尘时,尘粒首先被多孔的绒毛层所捕获,其经纬线起一种受力的支撑作用。随后,很快在绒毛层上形成了一层强度较高的多孔粉尘层,由于绒布的容尘量比素布大,所以,收尘效率比素布高。又如毡子是由单纤维杂乱堆积的较厚实的多孔性滤布,在一定程度上具有内部过滤器的特点,不但毡子本身具有一定的滤尘能力,而且容尘量大,即使其表面不形成粉尘层,也能保证有较高的收尘效率。

袋式收尘器的收尘效率高,主要是靠滤布上形成的粉尘层的作用,滤布则主要起着形成粉尘层和支撑它的骨架的作用,但随着粉尘在滤袋上积聚,滤袋两侧压力差增大,会把有些已附在滤布上的细小粉尘挤压过去,使收尘效率降低。另外,若

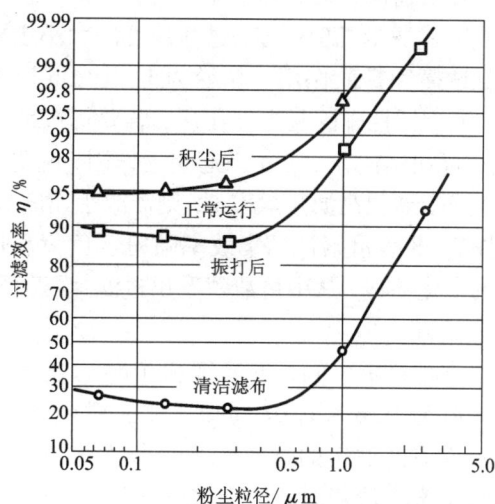

图3-6 同种滤布在不同积尘状态下的分级收尘效率

收尘器压力损失过高,还会使收尘系统的处理气体量显著下降,影响生产系统的排风效果。因此,当收尘器压力损失达到一定数值时,应及时清灰。

清灰不能过度,即不应破坏粉尘初层,否则会引起收尘效率显著降低。图3-6给出了典型滤袋在清洁状态和形成粉尘层后的收尘分级效率曲线,对于粒径0.1~0.5μm尘粒,清灰后收尘

效率在90%以下；对于$1\mu m$的尘粒，收尘效率在95%以上。当形成粉尘层后，对所有的尘粒收尘效率都在95%以上；对于$1\mu m$的尘粒收尘效率高于99.6%。

滤布表面沉积的粉尘层的厚度，一般用粉尘负荷m表示，它表示单位滤布面积上沉积的粉尘量$(kg \cdot m^{-2})$。

图3-7指出了瞬时收尘效率η与粉尘负荷m、滤布结构关系的实验曲线。表明收尘效率随粉尘负荷m增大而增大，绒布比素布收尘效率高，绒长的比绒短的收尘效率高。

（2）过滤速度 过滤速度是一项重要的技术经济指标，系指含尘气体通过滤布的平均速度。若以Q表示通过滤布的气流量(m^3/h)，以A表示滤布的总面积(m^2)，则过滤速度$v_f(m/min)$定义为

$$v_f = \frac{Q}{60A}$$

工程上也用比负荷q_f的概念，它是指单位滤布面积在单位时间内所过滤的气体流量，可表示为

$$q_f = \frac{Q}{A} \ (m^3 \cdot m^{-2} \cdot h^{-1})$$

显然$q_f = 60v_f$。

过滤速度比也称"气布比"，其物理意义是指单位时间过滤气体量和过滤面积之比。所以过滤速度与比负荷两个概念在本质上是相同的。

由上述滤尘机理可知，过滤速度的大小主要影响惯性碰撞和扩散作用。粒径为$1\sim10\mu m$以上的较大尘粒，惯性碰撞起主导作用，若要提高滤尘效率η，则要求增大v_f；若扩散起主导作用，说明粒径小于$1\mu m$，要提高滤尘效率η，则需减小速度v_f。

图3-8表示累计捕集效率随粉尘负荷和过滤速度的变化曲线，从中可清楚看出过滤速度对除尘效率的影响。

由前面分析可知，过滤细粉尘时滤速取较小值，其值为$0.6\sim1.0m/min$；对于粗尘取v_f为$2m/min$左右。滤速的选取还与清灰方式有关。如采用脉冲喷吹清灰时，细尘取$v_f = 2\sim2.5m/min$，对粗尘取$v_f = 3\sim6m/min$。滤速选取，还要考虑含尘气体浓度，若含尘浓度高，滤速宜取小些；反之，则取大些。

从经济方面考虑，选用高的过滤速度，处理相同流量的含尘气体所需的滤布面积小，则收尘器的体积、占地面积和建造材料消耗量都小，

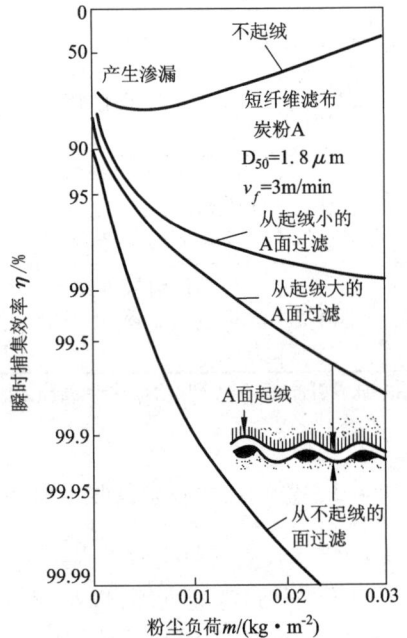

图3-7 瞬时捕集效率的实测例

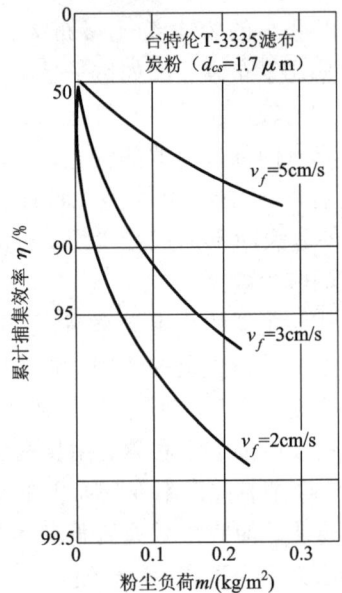

图3-8 累计捕集效率的实测例

因而投资小，但收尘器压力损失、耗电量、滤布损伤增加，使运行费用增大。从收尘效率方面考虑，过滤速度大小的影响是显著的。实验表明，过滤速度提高一倍，粉尘通过率可能提高2倍至4倍以上。实践中总是希望过滤速度选得低一些。此外，过滤速度的选择还与滤布种类和清灰方式有关。

(3)压力损失　袋式收尘器的压力损失不仅决定能量消耗，而且决定着收尘效率和清灰的时间间隔。袋式收尘的压力损失与它的结构形式、滤布特性、过滤速度、粉尘浓度、清灰方式、气体温度及气体粘度因素有关。可用下式表示：

$$\Delta p = \Delta p_c + \Delta p_f + \Delta p_d$$

式中　Δp——袋式收尘器总的压力损失

Δp_c——收尘器的结构压力损失

Δp_f——气体通过清洁滤布的压力损失

Δp_d——气体通过粉尘层的压力损失

其中，结构压力损失 Δp_c 包括气体通过进出口和灰斗挡板等部位消耗的能量。在正常的过滤速度下 Δp_c 一般为 300～500 Pa。

过滤层的压力损失由气体通过清洁滤布的压力 Δp_f 和气体通过粉尘层的压力损失 Δp_d 组成。对于相对清洁滤袋，Δp_c 为 100～300Pa。当粉尘层形成后，压力损失 Δp_d 为 500～570Pa 时收尘效率达99%。

通常滤布的沉积粉尘负荷为 $0.1～0.3 kg/m^2$，收尘器压力损失控制在 1000～2000Pa 范围内。若收尘器的结构压力损失 $\Delta p_c \approx 300Pa$ 时，通过滤层压力损失的控制范围为 700～1700Pa，当收尘器的压力损失达到预定值时，必须停止过滤而进行清灰，否则将会影响收尘效率。

Δp_f 一般很小，但就滤布而言，阻力小意味着孔隙大，粉尘易穿透，除尘效率也很低，因此一般都选用具有一定初阻力的滤布。一般长纤维滤布阻力高于短纤维滤布，不起绒滤布阻力高于起绒滤布；纺织滤布阻力高于毡类滤布；布重较大的滤布阻力高于较轻的滤布。表3-6为滤布在不同过滤速度下的初始压力损失和收尘效率(小样试验值)的关系。

表3-6　不同过滤速度下的始压损失和收尘效率(小样试验值)

滤 布		始压损失/Pa		收尘效率 /%
类别	名　称	过滤气速/(m·min⁻¹)		
		3	4	
表面起绒	1926滤气呢	39	54	99.95
	8701滤气呢	26.4	35.2	99.95
斜纹组织	维尼纶绒布	174	231	99.99
	制服呢	32	42	99.99
无绒连续纤维	尼龙布118号	8.6	11.4	96.59
	尼龙布35号	6	8.6	92.8
		7.5	11.5	97.3
针织品	氯纶针织布	6.9	8.6	92.41
	尼龙6针织布	5.2	7.2	90.42
无纺织布	印刷毡	38	4.9	99.98

3.4.4　袋式收尘器的滤料

滤布滤料是组成袋式收尘器的核心部分，正确选择滤布材料是袋式收尘器设计和操作的关键。有色冶金烟气具有高温、腐蚀性强的特征，因此，为延长袋式收尘器滤袋寿命，当有色冶金烟气采用袋式收尘器时，对滤料的要求是：

①滤料应具有高的耐热和耐酸性能以及高的机械性能。

②滤料必须保证有高的捕集效率。

③滤料应在高的烟气过滤速度下保持有适宜的压力损失，滤布容尘量大，使清灰后能在滤布上保留粉尘层初层，以保证高的收尘效率。

④最好将滤袋制成无缝布袋。

袋式收尘器滤料种类很多，按滤料材质分，有天然纤维、无机纤维和合成纤维等；按滤料结构分有滤布和毛毡。滤料纤维的性能见表3－7。

表3－7　各种滤料纤维的性能

种类	名称	密度/(g·cm^{-3})	使用温度/℃ 最高	使用温度/℃ 连续	耐热性 干热	耐热性 湿热	抗拉强度/MPa	断裂延伸率/%	耐磨性	耐腐蚀性 有机酸	耐腐蚀性 无机酸	耐腐蚀性 碱	可燃性
天然纤维	棉	1.47~1.6	95	75~85	良	良	30~40	7~8	良	良	差	良	易燃
	羊毛	1.32	100	80~90			10~17	25~35	良	良	良	差	可燃
	丝绸		90	70~80			38	17	良	良	良		可燃
合成纤维	聚酰胺(棉纶)	1.14	120	75~85	良	良	38~72	10~50	优	可	差	良	可燃
	芳香族聚酰胺(诺梅克斯)	1.38	260	220	优	优	40~55	14~17	优	良	良	良	难燃
	聚丙烯腈(腈纶)	1.14~1.26	150	110~130	良	良	23~30	24~40	良	良	良	可	易燃
	聚乙烯醇(维尼龙)	1.28	180	<100	可	可			良	良	优	优	易燃
	聚氯乙烯(氯纶)	1.39~1.44	80~90	65~70	差	差	24~35	12~25	差	优	优	优	难燃
	聚四氟乙烯(氟纶)	2.3	280~300	220~260	良	良	33	13	良	优	优	优	
	聚酯(涤纶)	1.38	150	130	良	可	40~49	40~55	优	良	良	良	可燃
	聚丙烯(丙纶)	1.14~1.16	100	85~95	良	良	45~52	22~25	良	优	优	优	
无机纤维	玻璃纤维	2.54	315	250	优	优	145~158	3~5	差	优	优	良	不燃
	金属纤维	8	510	450	优	优		1~2	优	优	优	优	不燃
	碳素纤维	2		300	优	优		2~5	差	优	优	优	不燃
	陶瓷纤维	2~4		300	优	优		1~2	良	优	优	优	不燃

棉毛织物属天然纤维，价格较低，适用于净化没有腐蚀性、温度在75~90℃下的含尘气体。

无机纤维滤布主要指玻璃纤维滤布，具有过滤性能好、阻力低、化学稳定性好、价格便宜等优点。用硅酮树脂处理玻璃纤维滤布能提高耐磨性、疏水性和柔软性，还可使其表面光滑易于清灰，可在250℃下长期使用。玻璃纤维较脆，经不起揉折和摩擦，使用有一定局限性。为克服上列缺点，有色冶金厂用下列方法处理，扩大了玻璃纤维的使用范围：①用285$^{\#}$

有机硅浸渍处理，处理后的滤布在强度，耐热性、耐酸性等方面都得到改善。②用过氯乙烯石墨漆纱线浸渍处理，使玻璃纤维布寿命延长，进一步提高了玻璃纤维布的耐热、耐酸及机械性能，并已应用于烟气常规法制酸和含氟等生产过程中的腐蚀性气体的收尘。

无机纤维中的金属纤维滤料因其造价极高，很少使用。碳素纤维和陶瓷纤维滤料正在研究之中。

随着化学工业的发展，在20世纪中叶出现了合成纤维。合成纤维的强度高，耐温性及耐磨性优于天然纤维。锦纶、涤纶作为滤料纤维，已广泛应用于各行业。

近年来，为了适应冶炼工艺及其收尘产物性能的要求，工厂提高了袋滤收尘的温度，同时相应采用耐温性较高的滤料纤维，如诺梅克斯(Nomex)纤维。诺梅克斯纤维系芳香族聚酰胺纤维，俗称耐热尼龙，其主要成分是聚间草异苯二酰胺。它是现有合成纤维滤料中耐温性较高的一种，在220℃高温下物理性能保持不变，对反复出现的高峰温度可达260℃，超过400℃才慢慢分解碳化，这种滤料在高温下尺寸稳定性好，难以燃烧且有灭火性。诺梅克斯虽然造价较高，但其强度高，过滤风量大，寿命也长，它的出现使脉冲喷吹类袋式除尘器的应用前景更为广阔。

3.4.5 机械振动清灰袋式收尘器

机械振动清灰是用机械装置使滤袋作周期性振动，从而使粘附在滤袋上的尘粒落入灰斗。不同的机械装置造成不同的是振动方式。如图3-9所示。图中三种不同振动方式为：(a)水平振动，分上部和腰部振动两种；(b)垂直振动，它利用偏心轮装置振打滤袋框架或定期提升滤袋框架进行清灰；(c)扭曲振动，它利用机械传动装置定期将滤袋扭转一定的角度，使尘粒脱落。

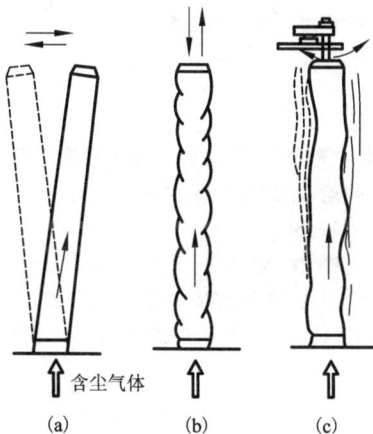

图3-9 机械清灰的振动方式
(a)水平振动；(b)垂直振动；(c)扭曲振动

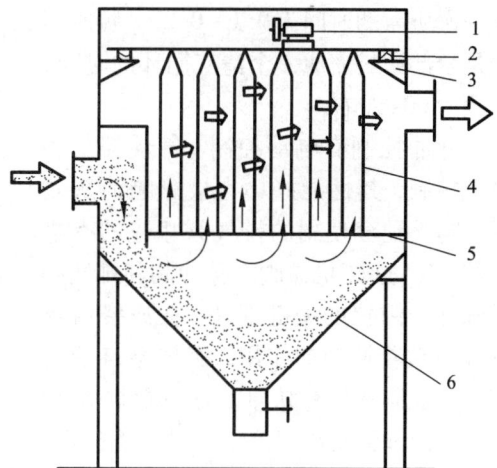

图3-10 偏心轮振动清灰袋式收尘器
1—电机和偏心轮；2—弹性垫；3—支座；
4—滤袋；5—花板；6—灰斗

图3-10是利用偏心轮振动清灰的袋式除尘器示意图。它属于垂直振动清灰，曾被冶金

工厂广泛应用。采用这种清灰方式，振动波由上向下传播，滤袋上下表面清灰强度不均匀，上部会出现过度清灰，下部会有积灰现象，所以应选取较低的过滤风速，一般选用风速为 $1.0 \sim 2.0 \mathrm{m/min}$，压力损失为 $800 \sim 1000 \mathrm{Pa}$。机械振动清灰工作性能稳定，但由于机械作用，滤袋寿命较短，检修和更换工作量大，正逐步被其他清灰方式所代替。

3.4.6　脉冲喷吹清灰袋式收尘器

脉冲喷吹清灰袋式收尘器属外滤式袋式收尘器，经常采用上部开口、下部封闭的滤袋。含尘气体通过滤袋时粉尘被阻留于滤袋外表面上，净化后的气体由袋内经文氏管进入上部净化箱，然后由出气口排走。为防止滤袋压扁，布袋内安装笼形支撑结构。过滤速度由气体含尘浓度决定，一般为 $2 \sim 4 \mathrm{m/min}$。

脉冲喷吹袋式收尘器的清灰是以压缩空气为动力，当滤袋阻力达到规定值时，通过控制仪和电磁阀（或气阀）的作用，开启脉冲阀，在喷吹管上开有直径为 6mm 左右的小孔，小孔正对每条滤袋的中心，压缩空气便在瞬间内以很高的速度通过袋口处的文丘里管，同时引射比自身体积大数倍的诱导空气一同吹入滤袋，使滤袋突然膨胀，引起冲击振动，使粘附在滤袋表面的粉尘溃散和脱落，达到清灰的目的。脉冲清灰过程中每清灰一次，叫做一个脉冲。脉冲宽度就是喷吹一次所需的时间为 $0.1 \sim 0.2 \mathrm{s}$。脉冲周期是全部滤袋完成一个清灰循环的时间，一般为 60s 左右。

脉冲控制有电动控制、气动控制和机械控制，其性能好坏直接影响清灰效果。与其配套使用的排气阀相应的有电磁阀、气动阀、机械阀。脉冲阀和排气阀是脉冲控制仪的关键部件，在滤袋清灰过程中起着控制的作用，实现全自动清灰。其控制参数有脉冲压力、频率、脉冲持续时间和清灰次序。

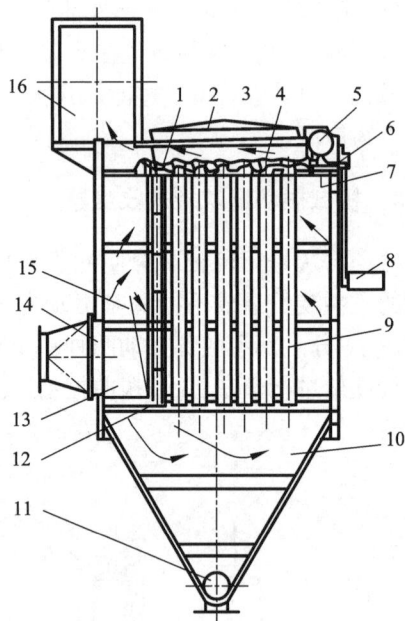

图 3-11　环隙喷吹脉冲袋式收尘器的结构

1—引射器；2—上箱体；3—插接管；
4—花板；5—稳压气包；6—电磁阀；
7—脉冲阀；8—电控仪；9—滤袋；
10—灰斗；11—螺旋输灰机；12—滤袋框架；
13—预分离室；14—进气口；15—挡风板；16—排气管

脉冲喷吹袋式收尘器按其及脉冲喷吹位置不同，分为中心喷吹和环隙喷吹；按其脉冲喷吹与气流的方向不同，分为逆喷式、顺喷式和对喷式。环隙喷吹式脉冲袋式收尘器的结构如图 3-11。有色冶金工厂应用的脉冲袋式收尘器的设计参数可参见表 3-8。

表3-8 脉冲袋式收尘器设计参数

喷吹型式	空气压力 /MPa	喷吹时间 /s	喷吹周期 /s	滤袋 直径×长度 /m	空气消耗 L/(袋·次)	阻力/kPa			过滤速度 /(m·min⁻¹)	进口含尘 /(g·m⁻³)
						涤纶208	玻璃布	处理后 玻璃布		
中心喷吹	0.5~0.7	0.1~0.2	30~60	0.12×2	~6	1~1.2	1.5~1.8	6	2~4	3~15
顺流	0.4~0.7	0.1~0.2	30~60	0.12×2.5	~11	0.5~1.2			2~5	3~20
环隙脉冲	0.45~0.52	0.1~0.2	30~60	0.16×2.25	~10	<1.2			3.3~5	10~20
低压脉冲	0.2~0.3	0.1~0.2	5~20min	0.13×6	~6	针刺毡 0.8~1.5			1.5~2.5	3~15

注:有色冶炼厂的过滤速度可按表中数据的1/2~1/3选取。

脉冲喷吹清灰袋式收尘器有侧开门的 MC 型和上揭盖的 MC 型,有色冶炼厂使用的上部大揭盖式脉冲袋式收尘器,操作人员不需进入箱体,就可以从顶部揭盖检查和更换滤袋。此类设备使用良好时,漏风率可控制在5%,其结构见图3-12。

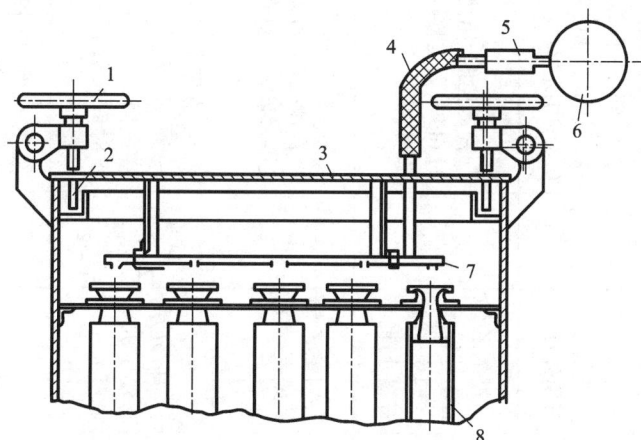

图3-12 上部大揭盖式脉冲袋式收尘器的结构图

1—手轮;2—石棉盘根;3—上盖;4—软管;5—脉冲阀;6—气包;7—喷吹管;8—滤袋及其框架

196m² 上部大揭盖式脉冲袋式收尘器的外形尺寸和技术性能见表3-9。

重金属冶金工厂脉冲喷吹袋式收尘器应用实例见表3-10。

表3-9 196m² 脉冲袋式收尘器技术特性

项 目	技术特性	项 目	技术特性
过滤面积	196m²	操作温度	200~300℃
滤袋数量	196个	操作阻力	<4500Pa
设备尺寸	6670×1672×5420(mm)	反吹空气压力	0.4~0.7MPa
滤袋尺寸	φ120×2600(mm)	入口含尘	<100mg/m³
过滤速度	<1m/min	设备重量	9826kg

表 3 – 10　重金属冶金工厂脉冲袋式收尘器的应用实例

冶金炉	进口含尘 /(g·m⁻³)	出口含尘 /(g·m⁻³)	过滤速度 /(m·min⁻¹)	滤布	滤布处理	滤袋寿命	喷吹控制系统和喷吹制度	特点	设备阻力 /kPa	工作温度 /℃	收尘效率 /%
连续吹炼炉 密闭鼓风炉	0.031	0.019	0.63	定长玻璃纤维	285有机硅处理 四氟乙烯石墨处理	<15d >100d	电动控制,阻力超过4.5kPa,自动喷吹,喷吹时间0.1~0.8s,周期18s	箱体侧面有门,可装换滤布	2~4.5	一般 250~300	
密闭鼓风炉转炉	0.10	0.005	<0.1	连续玻璃纤维	过氯乙烯石墨处理 四氟乙烯石墨处理	3个月 >1a	气动控制,阻力超过6kPa,人工接通气源喷吹	上盖板用电葫芦吊起,用手灯检查滤袋,由顶部装换袋	2~6	250~300	~95
密闭鼓风炉转炉	<0.1	0.005	<0.1	连续玻璃纤维	四氟乙烯纱线浸渍处理		机械控制,阻力超过4.5kPa,自动喷吹	上盖板用电葫芦吊起,用手灯检查滤袋,由顶部装换袋	4.5	250~300	~95
炼锡反射炉	4.04~34.57 5.28~13.64		0.8~1.5	连续玻璃纤维	部分用285有机硅处理	试验2~3月 实际1~2月	电动控制13min一周期,每隔1min吹一周一间,共9min,余下时同吹管道和开下螺旋	骨架为3mm厚的钢板,开φ20的孔,滤袋由上部装入和取出	1.5~2	250~300	98~99
炼锡反射炉烟化炉		0.0153	0.2~0.4	连续玻璃纤维	没有处理	>6个月	电机码盘控制5min一周期,喷吹时间0.2s			170~180	97~98
杂铜鼓风炉	15~20	<0.1	0.8	涤纶729		9~12月		φ120×2800(mm)弹簧笼骨 φ57	1~1.5	~90	>99

注：此表引自《重有色金属冶炼设计手册　冶炼烟气收尘通用工程常用数据卷》第119页。

3.4.7 反吹(吸)风清灰袋式收尘器

反吹(吸)风清灰袋式收尘器是利用大气或循环系统循环烟气进行反吹(吸)风清灰的,是逆向气流清灰的一种形式。此种收尘器依靠低压反向气流清洗滤袋,清灰力较弱,不宜采取过高的过滤速度。清灰气流可以利用专门的反吹风机,也可利用收尘器主风机形成的压差气流。收尘器采用内滤方式,粉尘在滤袋内侧,滤袋易于更换,维护检修方便。

反吹(吸)风大滤袋收尘器,滤袋直径一般为 350~300mm,长度 7~10m,滤袋面积可由数千至 1 万多平方米,适合处理大量的烟气。收尘器分室工作,最少 4 室,多则 20室。当超过 6 室时多为双排布置。图 3-13 为带有振动及反吹清灰装置的多室袋式收尘器。

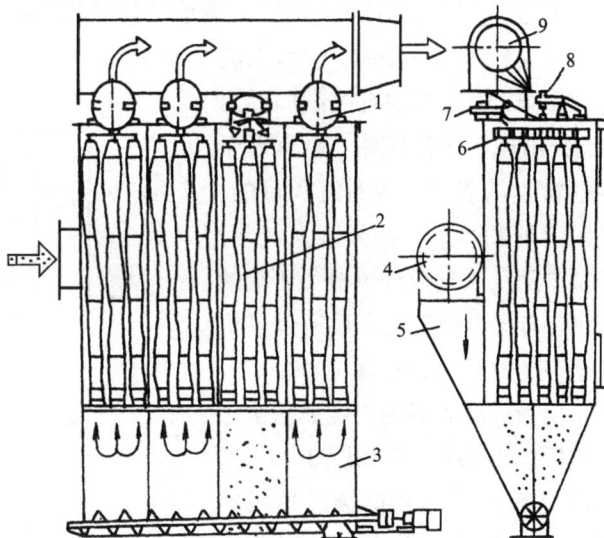

图 3-13 带有振动及反吹清灰装置的多室袋式收尘器

1—主风道阀门;2—滤袋;3—灰斗;
4—进气管;5—进气分布管道;6—支承吊架;
7—反吹风阀门;8—机械振打部分;9—排气管道

3.4.7.1 反吹(吸)大滤袋收尘器原理

按进气位置和过滤方向反吹(吸)风大滤袋收尘器有上进风和下进风之别(见图 3-14)。重金属火法冶金工艺烟气含尘量高,较多采用下进风大滤袋收尘器。

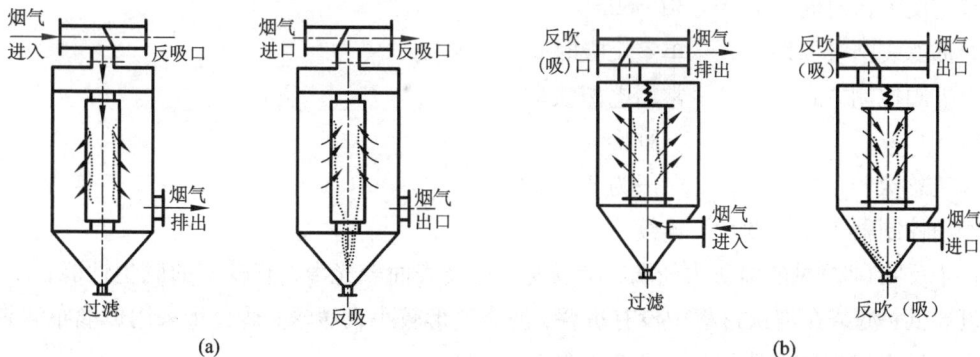

(a)

(b)

图 3-14 反吹(吸)大滤袋工作原理图

(a)上进风大滤袋收尘器;(b)下进风大滤袋吸尘器

正压循环烟气反吸风收尘器,正压是处在风机的正压端,采用下进风的内滤直排式结构 [见图 3 - 14(b)],每一组袋滤室是相通的,它们之间没有隔板。当某一袋滤室需要清灰时,首先关闭该组滤袋的烟气入口阀门,同时打开反吹风管的阀门。由于反吹风管与系统引风机的负压端相通,在风机负压的作用下,待清灰的滤袋内亦处于负压状态,这样滤室内净化后的烟气被吸入到该组滤袋内,使该组滤袋变瘪。同样,通过控制有关阀门的启闭,使滤袋出现数次的胀瘪,更有助于滤袋内壁粉尘的脱落,达到清灰目的。从滤袋脱落的粉尘,一部分落入灰斗,小部分微尘随反吹气流经风机负压端的反吹管道,与含尘烟气汇合后通过风机进入其他袋滤室再净化处理。

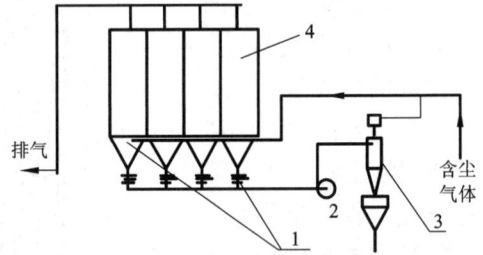

图 3 - 15　带尘反吸风袋式收尘系统
1—自控阀；2—反吸风机；
3—旋风收尘器；4—袋式收尘器

带尘反吸风收尘器为重金属冶金工厂较多应用,其系统装置如图 3 - 15 所示。该收尘系统将排灰口接近反吸风机,带尘进行反吸清灰,被吸走的烟尘在旋风收尘器中回收,反吸排出的气体仍然带尘,又返回至袋式收尘器进口,再经滤袋过滤收尘。

3.4.7.2　反吸风袋式收尘器应用实例

以带尘反吸风玻璃滤布滤袋收尘器为例,其设计参数如下:

滤袋过滤速度	0.3 ~ 0.6m/min
清洗滤袋的反吸风速度	过滤速度的 2 ~ 2.5 倍
反吸风机压力	一般大于 8000Pa
反吸风机型号	常用 9 - 19、9 - 26 型
反吸风管流速	大于 20m/s
单室反吸风时间	30 ~ 60s
全部滤袋清洗周期	单室反吸时间×总室数
自控阀控制方式	常用电磁铁牵引 气缸推动
袋室总数	一般为 8 ~ 16 室
阀门控制器工作制度	连续

由于反吸(吹)风的清灰力较弱,所以要求滤袋表面较光滑,有较好的脱尘性能,而且过滤速度要低；滤袋在清灰过程中没有折叠,滤袋变形较小且缓慢；适合于采用玻璃布滤袋。

带尘反吸风玻璃布滤袋收尘器实例见表 3 - 11。

表3-11 带尘反吸风玻璃布滤袋收尘器实例

冶金炉	滤袋规格 直径×长度 /mm	进口温度 /℃	滤袋面积 /m²	过滤速度 /(m·min⁻¹)	滤袋反吸速度 /(m·min⁻¹)	吸风管流速 /(m·s⁻¹)	吸风管径 /mm	反吸风机	阻力 /kPa	滤袋寿命	滤袋骨架	备注
旋涡炉（处理竖罐炼锌罐渣）	230×3500	110~180 平均150	1530	0.35	1.1	18.6	250	8-18-101No.6 $H=1150$ $Q=3320$ $N=22kW$	1.6	3~4个月	弹簧式	电磁铁15kg
炼锑反射炉	230×3500	110~150	994	0.35~0.4	0.95	25	250	8-18-1No.6 $H=800$ $Q=4750$ $N=20kW$	<1.5	有机硅处理后1年以上,未处理的达半年	框架式	电磁铁8kg,工作时间10s,间隙时间120s
铅鼓风炉	230×2600	90~150	490 980	0.5 0.6		26.1	250	9-27-1No.5 $H=615$ $Q=6220$ $N=22kW$	1.1 1.2 0.9 1.0	1~2个月 3个月	框架式	电磁铁牵引阀改为手动4h一次
锌浸出渣挥发窑	230×2300		360	0.57	0.7			8-18-No.5 $H=513$ $Q=2500$ $N=14kW$	1.5		框架式	未投产
铅炉渣烟化炉	230×4500	110	4000	0.36	0.7	35	300	8-18-1No.8 $H=1500$ $Q=9250$ $N=75kW$	1.5	石墨处理用1年以上	弹簧式	自控阀,用0.75MPa气罐推动
锡炉渣烟化炉	220×3300	90~150	1100	0.3	0.8	25	250	9-19No.7-10	1.2	用1年以上	弹簧式	电磁铁15kg

注:此表引自《重有色金属冶炼设计手册 冶炼烟气收尘通用工程常用数据卷》第126页。

3.5 电收尘器

电收尘器利用电场力使烟尘与烟气分离。它具有处理烟气量大，收尘效率高，能耗少，运行费用低，可在高温或腐蚀性条件下工作，劳动条件好，自动化水平比较高等优点，因而得到广泛应用。

电收尘器的不足之处是设备结构比较复杂，一次性投资费用高，占地面积相对较大，应用范围受粉尘比电阻限制，难以适应操作条件的变化，管理水平要求较高。

电收尘器装置示意图如图 3-16。

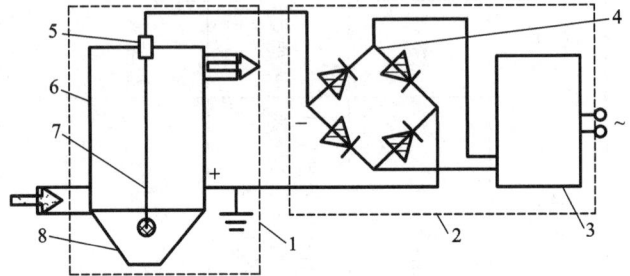

图 3-16 电收尘器装置示意图

1—电收尘器；2—高压电源；3—变压器；4—整流器；
5—绝缘子；6—集尘极；7—电晕极；8—灰斗

3.5.1 电收尘器的原理

在不均匀电场(各点电场强度不相等的电场)的两极上施加电压，并且使放电的一极(称电晕极)接入负极，另一极(称集尘极)接地。当电压升高到一定数值时，在电晕电极周围便产生电晕，气体分子发生电离。电离后的自由电子和离子由于受库仑力的作用，以很高的速度运动，在它们的行程中与中性分子相碰撞，而中性分子被击出一个或若干个外层电子，这些自由电子再打击中性分子，使其进一步电离，这个过程称为冲击电离或碰撞电离。此时所生成的电子和离子的数目以"雪崩"的形式增加起来，致使导线周围某一个小区域内就产生电晕，其现象在黑暗中可看到微弱的浅紫蓝色的光区并听到噼噼啪啪的声音。这个放电区域叫做电晕区或游离区。在电晕区内产生大量的正负离子和自由电子。在工业电收尘器中，正离子向电晕极(即负极)移动，

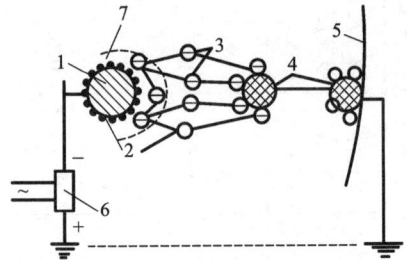

图 3-17 电收尘基本原理

1—电晕极；2—电子；3—离子；
4—尘粒；5—集尘极；6—供电装置；7—电晕区

而负离子或自由电子向集尘极(即正极)移动。所以，在电晕极和集尘极之间的空间几乎充满着负离子和自由电子。由于这些离子或电子的运动很激烈，速度又很大，就引起气体做强烈运动，便形成一股风叫做"电风"。其"风"向是由电晕极吹向集尘极，这对跑向集尘极的荷负电的尘粒起着推动作用，而对顶"风"跑向电晕极的荷正电极尘粒起着阻碍作用，而对顶"风"跑向电晕极的荷正电的尘粒起着阻碍作用。因此，灰尘绝大部分跑向集尘极而被收下。

上述收尘机理可参见图 3-17。含尘烟气从电场通过，其灰尘颗粒获得离子而荷电，荷电粉尘颗粒跑向与本身电性相反的电极，在电极上放电，使灰尘变为中性，绝大部分粉尘沉集于集尘极，少部分粉尘沉集于电晕极上，沉集在电极上的粉尘经振打而定期被清除。

3.5.2　影响电收尘效率的因素

烟气性质、烟尘特性、收尘器本体结构及其操作条件均会影响电收尘器的收尘效率。

(1)烟气性质,包括烟气温度、压力、湿度、流速和含尘浓度。温度的升高和压力的降低,会使气体密度减小,从而降低起晕电压、电晕极表面电场强度和火花放电电压。烟气温度的变化,会引起烟尘比电阻值的改变。一般来说,气体湿度大(含水多),收尘效率高,但若气体湿度过大,电收尘器内易结露而腐蚀;电收尘器内的气流速度不宜过大,以免造成集尘极上的粉尘重返气流和电极晃动,降低收尘效率;但亦不宜过小,以免设备体积庞大,耗费钢材与投资。一般考虑在满足收尘效率、尽可能降低钢耗条件下,选择合理风速。进入电收尘器的气体含尘浓度超过一定值时,造成空间电荷过多,抑制电晕电流的产生,影响收尘效率,一般要求进入电收尘器的气体含尘浓度在 $50g/m^3$ 以下。

(2)烟尘特性。烟尘粒径、粘附性和比电阻影响收尘效率。烟尘在电场中的驱进速度与烟尘粒径有关,当粒径在 $0.3\sim0.9\mu m$ 范围内收尘效率最低,总收尘效率随中位粒径的增大而提高;烟尘一定的粘附性,可使微细尘粒凝聚增大,对收尘有利;若粘附性过强,易粘结在电极上,不易打下,使收尘效率降低。电收尘器运行最适宜的烟尘比电阻范围为 $10^4\sim2\times10^{10}\Omega\cdot cm$,比电阻对收尘效

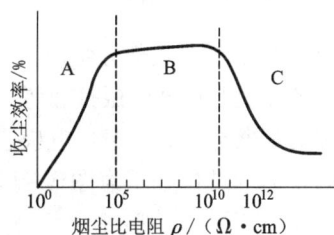

图 3-18　烟尘比电阻对收尘效率的影响

率的影响如图 3-18 所示。比电阻过低,则被捕下的烟尘易脱离极板重返气流;比电阻过高,集尘极上会产生反电晕。由反电晕所产生的正离子,在从集尘极向电晕极运动的行程中,可中和一部分荷负电的尘粒,使收尘效率降低。一部分正离子附在尘粒上使其荷正电向电晕极运动,有可能在电晕极放电而沉积,造成电晕极肥大。与此同时,由于反电晕的发生,便和电晕极所产生的电晕之间形成了相对放电的状态,类似于两个尖端放电所形成的电场,这样的电场容易在不高的电压作用下被击穿,造成工作电压升不高,收尘效率降低。常用增湿或在气体中加入一定量的 SO_3 、 NH_3 等添加剂,称为调质措施,来降低烟尘的比电阻值。

重金属冶金工厂一些烟尘的比电阻见表 3-12。

表 3-12　重金属冶金工厂一些烟尘的比电阻

烟尘种类	比电阻/$(\Omega\cdot cm)$	烟尘种类	比电阻/$(\Omega\cdot cm)$
铜鼓风炉烟尘	8.71×10^9	铜精矿焙烧烟尘	
铜锍连吹炉烟尘	7.01×10^{11}	温度144℃,湿度22%	2×10^9
铜转炉烟尘		温度250℃,湿度22%	1×10^8
烘干后	2.18×10^{10}	铅烧结粉尘	
未烘干	1.60×10^{10}	温度144℃,湿度10%	1×10^{12}
铅镉氧化物尘		温度52℃,湿度9%	2×10^{10}
260℃时	1.75×10^{12}	温度40℃,湿度7.5%	1×10^6
		氧化锌粉尘	
		温度260℃	1.74×10^{11}
		温度320℃	6.82×10^{10}

（3）电收尘器本体结构。影响收尘效率的关键构件是电极和气流分布装置。集尘极的几何形状、电晕线的半径、极板间距、电晕线间距等对电收尘器的电气性能如起晕电压、工作电压、电晕电流都会产生不同程度的影响；电收尘器内气流分布不均匀，流速低的区域，收尘效率高，但补偿不了高流速区域收尘效率的降低值，从而降低收尘器的收尘效率。

（4）操作条件。包括工作电压和电晕电流、电极振打强度与频率。使电收尘器获得高收尘效率，要求高压供电电源处于稳定的高工作电压；并不致出现过分频繁的闪烁或电弧放电。由于电晕功率由工作电压和电晕电流组成，因此，为了得到尽量高的收尘效率，也即要确保电源能在最大的电晕功率下运行；若振打强度或频率过高，脱离电极的粉尘分散，容易重返气流，反之，电极上的粉尘不易振下，会使电晕线肥大变粗，降低电晕放电效果，收尘效率下降。

3.5.3 电收尘器结构

电收尘器由下面几部分组成：壳体、烟气分布板、集尘电极、电晕电极、集尘电极和分布板的振打装置、电晕电极振打装置、电晕电极的悬挂装置和保护网、尘斗以及高压供电设备。本节主要对烟气分布板、集尘电极、电晕电极、振打清灰装置以及高压供电设备作一般介绍。

电收尘器的结构如示意图 3-19 所示。

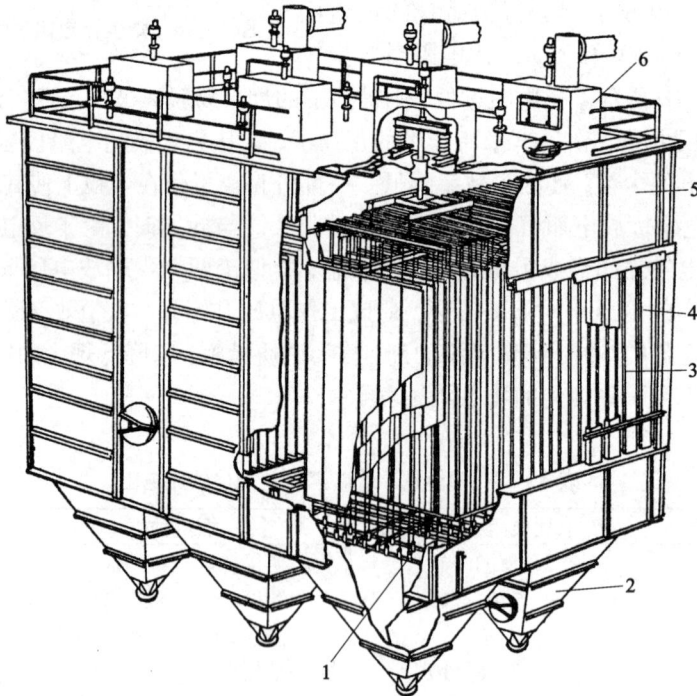

图 3-19　电收尘器结构示意图

1—电晕极；2—集灰斗；3—集尘极板；4—烟气分布板；5—收尘器外壳；6—绝缘子室

1）烟气分布板

电收尘器入口设置烟气分布板，以保证电收尘器内烟气速度 $0.5 \sim 2 \text{m/s}$。如分布板设计不当或不设置分布板，电收尘器内气流分布不均匀，造成烟尘重返气流和电晕电极框架的晃动，而降低收尘效率。

最常见的分布板结构有百叶窗式、多孔板、分布格子、槽形钢板式和栏杆型分布板等，以多孔板使用最为广泛。通常采用厚度3~3.5mm的钢板，孔径φ30~50mm，分布板层次为2~3层，开孔率需要通过试验确定。

电收尘器正式投入运行前，必须进行测试、调整、检查气流分布是否均匀，对气流分布的具体要求是：

①任何一点的气流速度不得超过该断面平均气流速度的±40%；

②在任何一个测定断面上，85%以上测点的气流速度与平均气流速度不得相差±25%。

2）电晕电极

电晕电极又称放电电极，包括电晕线、电晕线框架、电晕线框悬吊架、悬吊杆和支承绝缘套管等。电晕线是产生电晕放电的主要部件，其性能好坏直接影响收尘器的性能。对电晕线的一般要求是：起晕电压低、放电特性好、电晕电流大；机械强度高、易维持准确的极距、不易断裂脱落；便于粉尘的振落；耐腐蚀性能好。在选用中不可能同时满足上述要求，常结合具体条件有所侧重。目前常用的有光滑圆形线、星形线、锯齿线、角钢芒刺线、蒺藜丝线、麻花形线和 RS 型等。电晕电极形状见图 3 – 20。

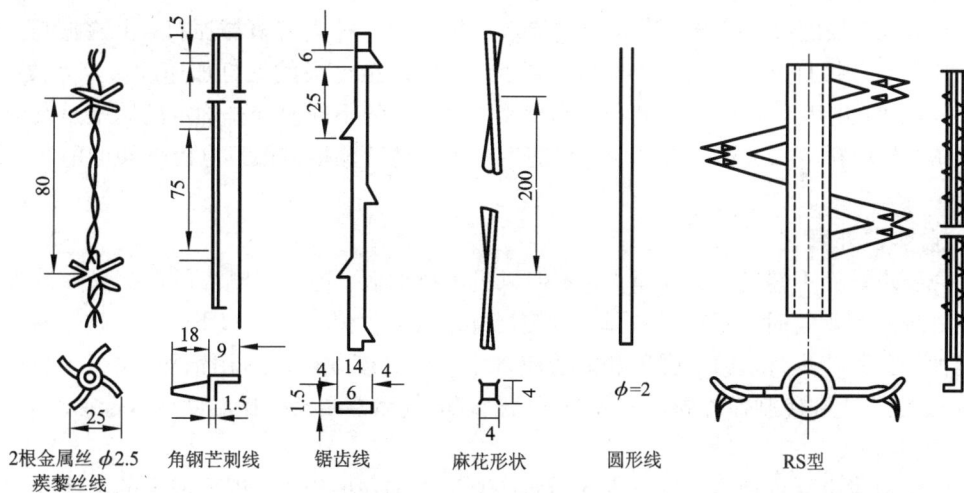

图 3 – 20　电晕电极形状

3）集尘电极

为电收尘器的主要部件，直接影响收尘效率、金属耗量和造价。理想的集尘极应具备：极板表面上的电场强度和电流密度均匀；气流通过极板时阻力小，板面振打加速度分布均匀，粉尘易振落，集尘重返气流少；形状简单易于制作并有足够的刚度和强度，同等集尘面积钢耗少，安装方便；高温下（350~400℃）不易变形。板卧式电除尘器的集尘电极多为板状。极板两侧通常设有沟槽和挡板，既能加强板的刚性，又能防止气流直接冲刷极板的表面，产生二次扬尘。板式集尘电极可分为平板形、Z 形、C 形、波浪形、槽形等多种形式。另外，还有网状形、棒帏形、管帏形极板。常用的集尘极板形式见图 3 – 21。

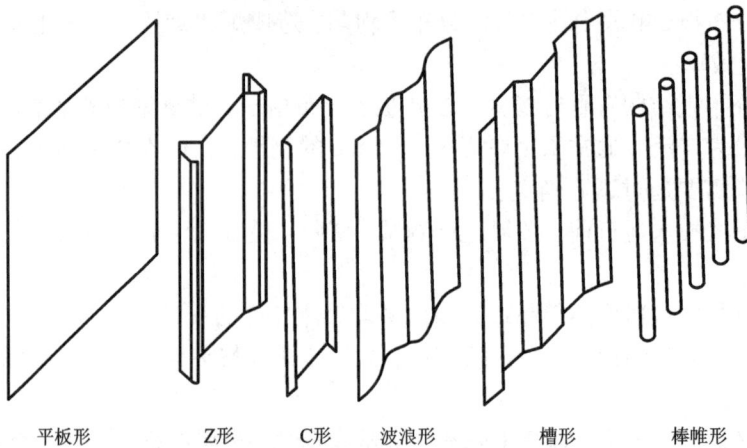

图 3 − 21　常见的几种集尘电极板的形式

　　4）电极清灰装置

　　及时清除集尘极和电晕极上的灰尘，是保证电收尘器高效运行的重要环节之一。电极清灰分湿式和干式两种。采用喷雾或溢流方法，使电极上经常保持一层水膜，使粉尘随水膜流下，达到清灰目的，称为湿式清灰。湿式清灰有水膜清灰和喷水型清灰等方式。采用振打方式，将粉尘以干燥的形式振落，称为干式清灰。集尘振打种类有机械振打、电磁振打、刮板清灰及压缩空气振打等。清灰装置的振打强度，用传递给电极的振打加速度 g 来量度，g 值的大小随电极的刚度、粉尘的粒度和沉积厚度、比电阻的不同而异。确定的原则是既使粉尘彻底剥落，又使粉尘二次飞扬为最少。目前生产中以挠臂锤机械振打电极框架的清灰方式较为普遍。

　　5）收尘器外壳

　　外壳要求严密不漏气。漏风量大，不但风机负荷加大，还会因电场风速提高降低收尘效率。在处理高湿烟气时，冷空气的漏入将使局部烟气温度降至露点以下，导致收尘器构件积尘和腐蚀。此外应具有足够的强度和能适应含尘气体温度变化。常用钢板、铅板（捕集硫酸酸雾等）、混凝土和砖制作外壳。一般根据所处理的气体性质及操作温度加以选择。

　　6）供电装置

　　电收尘器供电装置把高电压下方向恒定的直流电加在电极上，以形成大的电场强度。这个电场强度无论对于电晕的形成或对于增加荷电颗粒的运动速度都是必要的。这种供电装置还必须能够调节其输出电压的大小，以满足各种类型的电收尘器以及生产工艺过程中发生变化的需要。供电装置由高压整流器及控制器组成。高压整流器向收尘器供给高压直流电。整流方式有电子管整流、机械整流、硒整流和硅整流四种。现应用最广泛的是硅整流。硅整流器输出的极性是固定的，它不需像机械整流器那样倒换极性和调整相位，因而易于通过电压调整来适应生产工艺变化的需要。控制器能自动调整供电装置的电压、电流，使收尘器在良好工况下运行。

3.5.4　电收尘器的分类及应用实例

　　电收尘器根据不同特点分成不同的类型，最常用的分类是按清灰方式，如干式电收尘器和湿式电收尘器。各种分类方法及其特点见表 3 - 13。有色冶金工厂广泛采用宽极距收尘器，其实例见表 3 - 14。

表 3 - 13　电收尘器分类

分类方式	设备名称	特　性	使　用　特　点
按清灰方式	干式电收尘器	收下的烟尘为干燥状态	1. 操作温度为 250~400℃或高于烟气露点 20~30℃ 2. 可用机械振打，电磁振打和压缩空气振打等
	湿式电收尘器	收下的烟尘为泥浆状	1. 操作温度较低，一般烟气需先冷却降温至 40~70℃，然后进入湿式电收尘器 2. 烟气含硫时，设备须防腐蚀 3. 清除收尘电极上烟尘采用连续供水方式，清除电晕电极上烟尘采用间断供水方式 4. 由于没有烟尘再飞扬现象，烟气流速可较大
	电除雾器	用于含硫烟气制硫酸过程，捕集酸雾收下物为稀硫酸和泥浆	1. 定期用水清除收尘电极和电晕电极上的烟尘和酸雾 2. 操作温度低于 50℃ 3. 收尘电极和电晕电极须采取防腐措施
按烟气流动方向	立式电收尘器	烟气在电收尘器中的流动方向与地面垂直	1. 烟气分布不易均匀 2. 占地面积小 3. 烟气出口设在顶部，直接放空，可节省烟气管道
	卧式电收尘器	烟气在电收尘器中的流动方向和地面平行	1. 可按生产需要适当增加电场数 2. 各电场可分别供电，避免电场间互相干扰，以提高收尘效率 3. 便于分别回收不同成分、不同粒级的烟尘，以达到分类富集不同金属的目的 4. 烟气分布比较均匀 5. 设备高度相对低，便于安装和检修 6. 可负压操作，风机寿命长，劳动条件好 7. 占地面积较大
按收尘电极形状	管式电收尘器	收尘电极为圆管，蜂窝形管	1. 电晕电极和收尘电极间距相等，电场强度比较均匀 2. 清灰较困难，不宜用作干式电收尘器，一般用作湿式电收尘器 3. 通常为立式
	板式电收尘器	收尘电极为板状，如网、棒帏、槽形、波形等	1. 电场强度不够均匀 2. 清灰较方便 3. 制造安装较容易
按使用温度	低温电收尘器	进入电收尘器的烟气温度低于 150℃	烟气极易结露，造成设备腐蚀与粘结
	中温电收尘器	烟气温度为 150~300℃	属常规电收尘器，应用范围广
	高温电收尘器	进入电收尘器温度 300~500℃或更高	1. 电收尘器易变形 2. 需部分或全部使用耐热钢制作

续表 3-13

分类方式	设备名称	特 性	使 用 特 点
按粒子的荷电区及收集区的空间布局	单区电收尘器	收尘电极和电晕电极布置在同一区域内	1. 荷电和收尘过程的特性未充分发挥,收尘电场较长 2. 烟尘重返气流后可再次荷电,收尘效率高
	双区电收尘器	收尘电极和电晕电极布置在两个不同区域内	1. 荷电和收尘分别在两个区域内进行,可缩短电场长度 2. 烟尘重返气流后无再次荷电机会,收尘效率低 3. 可捕集高比电阻烟尘
按极距宽窄(供电电压高低)	常规极距电收尘器	极距一般为 200~325mm,供电电压 45~66kV	1. 安装、检修、清灰不方便 2. 离子风小,烟尘驱进速度低 3. 适用于烟尘比电阻为 $10^4 \sim 10^{10} \Omega \cdot cm$ 4. 使用比较成熟,实践经验丰富
	宽极距电收尘器	极距一般为 400~1000mm,供电电压 72~200kV	1. 安装、检修、清灰比较方便 2. 离子风大,烟尘驱进速度大 3. 适用于烟尘比电阻为 $10^1 \sim 10^{14} \Omega \cdot cm$ 4. 极距不超过 500mm,可节省材料

注: 此表引自《重有色金属冶炼设计手册　冶炼烟气收尘通用工程常用数据卷》第 134~135 页。

表 3-14　有色冶金工厂宽极距电收尘器技术特性实例

项　目	某铜冶炼厂(从国外引进设备)		某铅锌冶炼厂(国内自产设备)
炉窑名称	闪速炉	转炉	铅烧结机
处理烟气量/$(km^3 \cdot h^{-1})$	<110	59	3.5~10
烟气温度/℃	320~380	350~400	120~170
操作压力/Pa	-1000~-2000	-1000~-2000	-100~-150
电收尘器断面积/m^2	126m^2,双室四电场	84m^2,双室四电场	3.75~5m^2 单室三电场
同极间距/mm	500	400	一电场400,二、三电场600
电晕线线距/mm	300	300	
极板型式和高度	C 型板宽 590mm、高 7m	C 型板宽 590mm、高 7m	385Z 型板,高 2.5m
极线型式和规格	方型 4×4,一板两线	方型 4×4,一板两线	ϕ2 圆线
烟气流速/$(m \cdot s^{-1})$	0.56	0.48	0.4~1.1
烟气停留时间/s	17.20	17.50	4.5~11
入口烟气含尘量/$(g \cdot m^{-3})$	50	20	8
出口烟气含尘量/$(g \cdot m^{-3})$	0.5	0.5	
收尘效率/%	99	97.5	98~99
一、二电场整流设备容量	80kV×400mA	60kV×200mA	46~65kV　16~24mA
三、四电场整流设备容量	100kV×400mA	80kV×200mA	70~120kV　11~35mA

3.5.5 电收尘器常见送电故障的判断及处理

（1）电压低电流小，高送放电严重。可能是：①石英管有损坏或"爬电"现象；②电场里电极有问题；③送电线路和绝缘瓷瓶有问题。

（2）电压很低，电流过大。可能是：①电场内矿尘接地；②石英管击穿；③绝缘连轴节击穿；④送电线路或绝缘瓷瓶故障；⑤变压器或整流器损坏。

（3）不带负载，电流较大。可能是：①变压器故障；②整流元件故障；③线路或绝缘瓷瓶故障。

（4）一次有电流、二次无电流。可能是：①毫安表故障；②整流元件损坏输出交流；③变压器故障。

（5）电压很高，一、二次无电流。可能是：①配电高压开关未合好；②送电线路有断线的地方。

（6）送电比较正常，但时好时坏。可能是：①工艺条件不稳定；②石英管温度较低，有时结露，出现"爬电"现象。

3.5.6 电收尘器的操作要点

1. 送电制度

（1）电收尘器安装完毕后，必须进行试送电操作，电场静止送电大于72kV，振打装置全部开动时送电大于62kV。

（2）电收尘器在较长时期停车后再开车时，必须以外加热源或通入炉气将其预热到出口温度220℃，1号电场开始送电，然后根据温度依次送电。送电时，开始送入的电压稍低，逐步提高。

（3）正常操作时，电压应维持在51kV以上。低于45kV时，应立即查明原因，予以处理。

2. 操作温度

控制电收尘器入口与出口温度很重要。如果烟气温度低于露点，就会有硫酸冷凝出来，腐蚀器内钢铁部件；粘结灰尘，引起结疤；使石英管潮湿而降低其绝缘性能，造成"爬电"或击穿。当温度过高时，会使器内钢铁部件发生变形，还能引起肥大现象。所以，电收尘器的进口气温一般控制在300～420℃，出口温度要高于露点，一般在250℃以上。

3. 故障的分析及处理

（1）石英管被击穿　在一般情况下电压降低，但能维持在32～35kV，如采用机械整流，平时火花为蓝色，石英管被击穿以后，往往变成紫红色，并且拉得很长，毫安表上指针摆动很大，再进行现场检查确定后，更换石英管。

（2）电晕极肥大　开始时电压不会立刻降下来，但二次电流逐步下降，时间再长一些，电压也往下降。当电晕极肥大到十分严重时，只有停车用专门工具将肥大部分清除掉。

（3）电晕极断线　假若是下部坠锤掉入灰斗，极线的上部分仍然是挂在框架上，此线在电场内受气流吹动而发生飘荡，这时电刷处的火花一会儿啪啪的放几下，电压也随之波动。若是极线断在上部，坠锤带着很长的极线落下造成接地（如灰斗积灰过多，灰与坠锤接触也会造成接地），这时整流机会跳闸。凡出现这些情况，都应停车处理。若是积灰过多而造成接地，则不必停车，只要放下积灰即可。

（4）电压降低的其他故障　由于气流和振打的作用，使器内极板变形，螺丝松动造成框架歪斜，引起电压降低。这些故障也是经常发生的，必须停车处理。其处理步骤，先与有关岗位取得联系，然后关闭出口和入口阀门，停止送电，安好接地保险，进入保护网内，打开人孔，查明原因，进行故障处理。处理完毕，封好人孔，取出工具，退出保护网，取掉接地保险，试送电，正常后，再与有关岗位联系，打开入口与出口阀门，通入烟气，转入正常运行。

另外，加强堵漏，按时振打，清扫设备等事项，必须形成一套完整的操作制度。对高压电现场要求操作人员必须具备安全防护知识，操作人员必须严格执行安全操作制度。

3.6　湿式收尘器

湿式收尘是一种利用水（或其他液体）与含尘气体相互接触，伴随有热、质的传递，依靠水滴和尘粒的惯性碰撞及其他作用，把尘粒从烟气流中分离出来的技术。它可从气流中除去粒径为 $0.1\mu m$ 烟的尘粒和气态污染物。同时，进行烟气冷却和增湿作用，还能除去烟气中某些有害有毒气体。

湿法收尘器具有结构简单、操作及维修方便，占地面积小等优点，特别适用于处理高温、高湿的气体。在操作时不会产生粉尘的二次飞扬。但要消耗一定量的水（或其他液体），在收尘过程中又产生污水、污泥二次污染物需进一步处理。以污泥形态收集的烟尘需干燥、粉碎后才能返回火法冶金过程回收有价金属。当烟气中含有腐蚀介质时要考虑防腐问题。

3.6.1　湿式收尘器的一般原理及其特性

湿式收尘器的工作原理基本上与过滤式收尘器相同。当含尘气体与液珠、液网或液层相遇时，即被液珠、液网、液层所捕集。收尘靠惯性碰撞、粘附、扩散等作用，来完成收尘过程。但在湿法收尘器中，还存在烟尘的凝聚效应。凝聚有两种情况。一种是以微小尘粒为凝结核，由于水蒸气的凝结使微小尘粒凝集增大；另一种借助扩散漂移和热漂移的综合作用，使尘粒的液滴移动凝集增大。3 种主要的除尘作用如示意图 3 - 22。

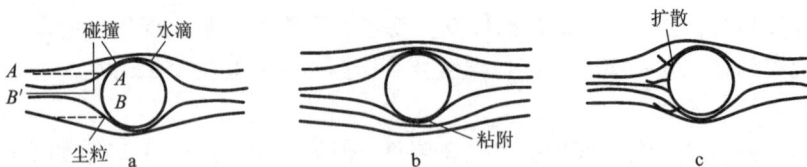

图 3 - 22　湿式收尘器 3 种主要的除尘作用
a—碰撞；b—粘附；c—扩散

湿式收尘设备的种类较多，常用的有离心式、文丘里管式、冲击式及筛板式等。各种湿式收尘器的特性见表 3 - 15。

湿式收尘的优缺点见表 3 - 16。

表3-15 常用湿法收尘器的特性

型式	设备名称	阻力	供水量	收尘效率 /%	入口允许含尘量	附 注
离心式	旋风水膜收尘器	小	小	90	中等	较常使用
文丘里管式	文丘里收尘器	大	大	94~99	较大	较常使用
冲击式	冲击式收尘器	较大	小	>90	较大	较常使用
	水浴收尘器	小	小	90	中等	很少使用
筛板式	泡沫收尘器	中等	中等	>90	小	较少使用,一般用于制酸烟气净化
	湍球塔	中等	中等	>90	小	少使用

表3-16 湿式收尘的优缺点比较

优 点	缺 点
1. 设备简单,制造容易 2. 收尘效率高 3. 具有收尘、降温、增湿、除雾沫及吸收等效果 4. 劳动条件好,可以减少有害烟尘对人体的危害 5. 能富集有价金属,如用于氯化冶金收尘时,富集铜、铅、锌等金属	1. 泥浆处理复杂,需增加浓缩及过滤,湿尘不便于直接返回火法冶金处理 2. 用水量较多 3. 污水排放时需经处理 4. 处理含腐蚀性的烟气时,设备和管路均需防腐 5. 在寒冷地区使用时需要保温

3.6.2 冲击式水浴收尘器

冲击式水浴收尘是洗涤式收尘器中结构简单、投资与运转费用低而收尘效率较高的一种湿式收尘方式。主要由水箱(水池)、进气管、排气管和喷头等组成(图3-23)。当具有一定进口速度的含尘气体进入进气管,经喷头以较高速度喷出,对水层产生冲击作用,改变了含尘烟气流的运动方向,而尘粒由于惯性继续按原来方向运动,与水粘附后便沉留在水中。另一部分微细尘粒仍

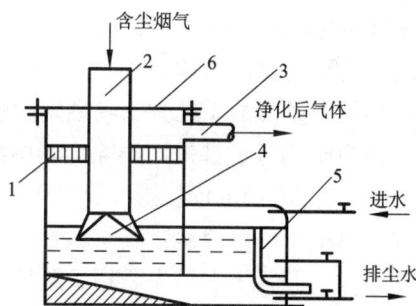

图3-23 冲击式水浴除尘器
1—挡水板;2—进气管;3—排气管;4—喷头;5—溢流管;6—盖板

随气流运动与大量的冲击水滴和泡沫混合在一起,池内形成一抛物线形的水滴和泡沫区域,使烟气得到净化。此时,含尘气体中的尘粒被水捕集,净化气体经挡水板从排气管排走。

在一般情况下,增大以下三方面,收尘效率将随之提高,但压损也增大:①喷出气体喷头的喷射速度;②喷头被水淹没的深度;③喷头与水面接触的周长与烟气流量的比值。但提高收尘效率的经济有效途径是改进喷头形式,工业上多采用图3-23中所示喷头。含尘气流是从环形缝喷出的。喷头埋水深度为0~30mm,喷射速度为8~14m/s,收尘效率为85%~90%,压力损失为1.5kPa。

水浴式收尘器结构简单、易于操作,可用砖石砌筑。缺点是泥浆处理困难,排气带水,

挡水板易堵塞，要注意维护。

3.6.3　旋风水膜收尘器

旋风水膜收尘器与干式旋风收尘器的区别在于，在分离器内部装喷嘴，将水喷出形成雾状水滴，对尘粒进行捕集，收尘效率明显提高。在旋风水膜收尘中，喷嘴喷出的水滴比喷雾塔更细，且喷雾作用发生在外涡旋区，气体螺旋运动所产生的离心力将携带尘粒的液滴甩向旋风水膜收尘器的器壁上，然后沿器壁落入泥浆斗。进水喷嘴也可安装在旋风水膜收尘器入口，但出口处通常需要安装除雾器。理论估算的最佳水滴直径为 $100\mu m$ 左右，实际采用的水滴直径为 $100\sim200\mu m$。

旋风水膜收尘器中气体采用切向进气，且用较高的入口速度，一般为 $15\sim45m/s$，而水滴从逆向或横向对螺旋气体喷雾，以便增大气液间的相对运动速度，借以增加有效惯性碰撞，提高旋风收尘的收尘效率。这种离心收尘器适用于净化大于 $5\mu m$ 的尘粒。对小于 $5\mu m$ 的尘粒，可把这种收尘器串联在文丘里收尘器之后，作为凝聚水滴的脱水器。旋风水膜收尘器的收尘效率一般可达90%以上，压力损失为 $0.25\sim1kPa$，特别适用于处理气量大和含尘浓度高的气体。在有色冶金工厂较常用 CLS 型旋风水膜除尘器，其装置如图 3-24 所示。

CLS 型旋风水膜收尘器在内部以环形方式安装一排喷嘴，喷雾沿切向喷向筒壁，使壁面形成一层很薄的不断下沉的水膜。含尘气体由筒体下部切向导入，旋转上升，靠离心力作用甩向壁面的尘粒被水膜黏附。这种收尘器收尘

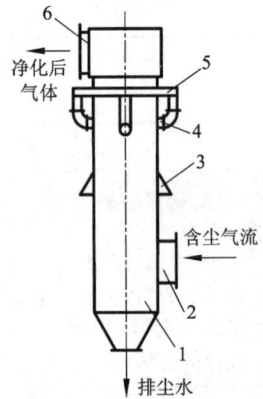

图 3-24　旋风水膜收尘器
1—筒体；2—进气口；3—支座；
4—喷嘴；5—水管；6—出气口

效率一般在90%以上，且是该类除尘器中结构最简单的一种。按其规格不同设有 $3\sim6$ 个喷嘴，喷水压力为 $30\sim50kPa$，耗水量为 $0.1\sim0.3L/m^3$，压力损失为 $0.5\sim0.75kPa$。该收尘器的净化效率取决于两个因素：第一，收尘效率随气流入口速度增大而提高，但气速不能太大。入口速度过大，不但压力损失激增，而且还会破坏水膜层，使收尘效率反而降低，同时出现带水现象，所以入口速度一般为 $12\sim22m/s$。第二，收尘效率随筒体直径减小，随筒体高度增加而提高，但直径不能太小，高度不能太高，筒体高度一般不大于 5 倍筒体直径。

在重有色金属冶金工厂的收尘中，旋风水膜收尘器常用作精矿干燥窑的第二级收尘和铅鼓风炉烟气快速收尘的气液分离器。烟气温度在100℃以下，烟气含尘量为中等，一般小于 $20g\cdot m^{-3}$，由于旋风水膜收尘器结构简单，耗水量少，阻力较小，因而多用于冶金原料准备工序。

3.6.4　湍球塔

湍球塔用一定数量的轻质小球作为气液接触的媒体，并将流态化床的原理应用到气液传质设备中，使小球处于流态化状态，因而收尘得到强化。

图 3-25 为湍球塔结构示意图。湍球塔由栅板、轻质小球、除雾器、喷嘴等组成，塔内筛板上放置一定数量的小球。吸收液由喷淋器自上向下喷淋，润湿小球表面，气流从塔下部

通过栅板穿过球层，使小球呈悬浮状态，小球互相碰撞、旋转并剧烈湍动，完成吸收过程。由于气、液、固三相接触，小球表面液膜不断更新，增强了气液两相之间的接触和传质，有利于气体吸收。确定塔内气流速度甚为重要，流速的大小应使小球处于悬浮状态。当喷淋密度为 $25 \sim 100 m^3$（液体）$/(h \cdot m^2)$（断面）时，空塔气速取 $2.5 \sim 5 m/s$。

当湍球塔塔径大于 200mm 时，塔径与球径之比应大于 10，常用 $\phi 38$、$\phi 30$ 和 $\phi 25 mm$ 的球。当塔径小于 200mm 时，该比值应大于 5，可用 $\phi 20$ 和 $\phi 15 mm$ 的球。小球的密度一般为 $0.15 \sim 0.65 kg/m^3$。小球的材料要求耐磨、耐温、耐压。目前使用较多的是聚乙烯和聚丙烯球。

湍球塔的特点是气流速度高、处理能力大、塔的重量轻、体积小、气液分布比较均匀、阻力小，不易被固体及粘性物料堵塞。但由于球的湍动会在每段之内有一定程度的返混，故适用于塔板数不多的情况。另外由于球多用塑料制成，不能承受较高的操作温度，球也容易老化变形，且更换小球麻烦。要注意选用质量好的小球，否则小球易损坏和湍动不好。

与其他洗涤塔相比，湍球塔有如下优点：

（1）湍球塔结构简单，生产能力大，气、液接触良好和传质系数大；

（2）空塔气速较大（$1.5 \sim 6 m/s$），与其他塔相比，处理量相同时，湍球塔塔径可显著缩小；

（3）由于球体上下湍动而具有"自洁"作用，不易堵塞，适宜于收尘兼吸收的操作。

湍球塔的缺点：

（1）由于空塔气速较一般填料塔大，气液接触时间短；

（2）由于球的磨损和渗液而失效，影响正常操作，因此要注意选择和更换小球；

（3）对净化含煤焦油的烟气，因小球易粘结成坨而失效。

3.6.5　文丘里收尘器

研究表明，在湿法收尘中，减小雾化液滴的直径，提高液滴与尘粒间的相对速度，可以提高对微小尘粒的捕集效果。文丘里收尘器就是根据这一原理设计的一种高效收尘器，广泛用于有色、化工、冶金等部门的工业除尘。文丘里收尘器设备结构如图 3-26 所示。

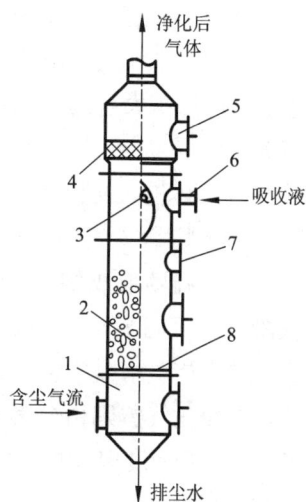

图 3-25　湍球塔

1—塔体；2—小球；3—喷嘴；4—除雾器；
5—入孔；6—进水口；7—视镜；8—栅板

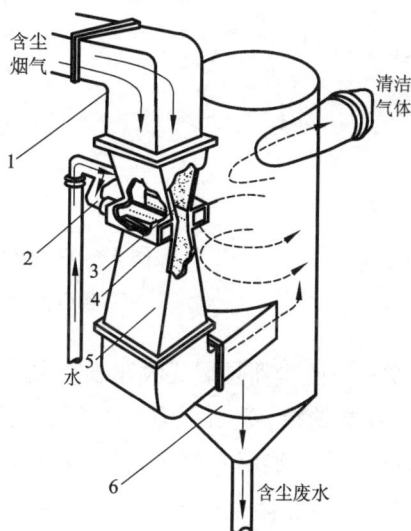

图 3-26　文丘里收尘器

1—进气管；2—喷水装置；3—收缩管；
4—喉管；5—扩散管；6—分离器

　　文丘里收尘器的主要部分是文丘里管（又称文氏管），它由收缩管、喉管和扩散管组成。含尘气体是先进入收缩管，由于管的直径逐渐缩小而使气体速度沿管逐渐加大。再经喉管再入扩大管，气体沿扩大管的流速逐渐降低。气体在喉管的速度可达 $60 \sim 120 \mathrm{m} \cdot \mathrm{s}^{-1}$，除尘即利用此高速气流。

　　水或其他液体进入文氏管的方式有多种，因而雾化情况也不相同，如图 3 - 27 所示。以图 3 - 27(c) 为例，含尘气体由收缩管一端引入，水或其他液体在一定压力下由喉管处喷入，被高速运动的气流喷散成细沫，气体速度愈大，液滴愈小，雾化程度愈高，除尘效率愈大。尘粒与液滴接触因润湿而互相粘合，使颗粒增大而易除去。气液混合后在扩大管中流速逐渐降低，最后进入旋风水膜收尘器，借离心力的作用，水与润湿的固体颗粒被抛至分离器的内壁面而下流，净化气体则由分离器的中央管排出。文丘里收尘器的收尘效率与喉管气流速度、液气比、尘粒密度以及烟气密度、烟气粘度等因素有关。加大喉管气流速度对收尘效率的增大有较大的影响。

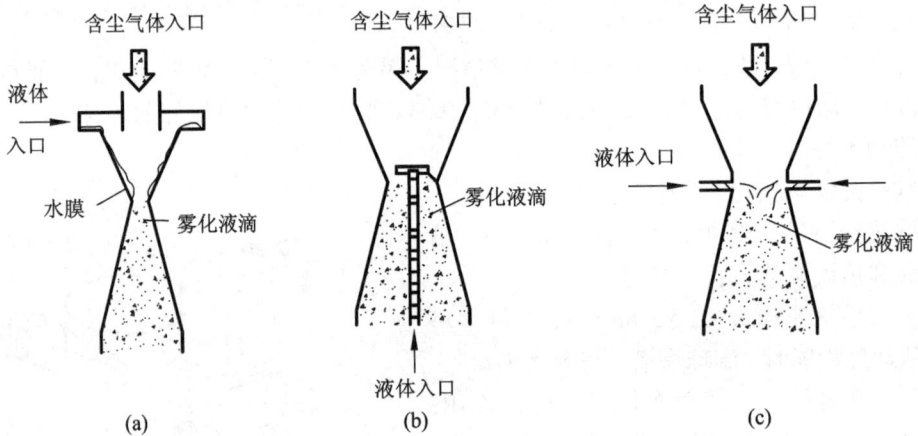

图 3 - 27　液体进入文丘里管方式及雾化情况

a—溢入式；b—盘式液体分布器；c—喉部喷入

　　文丘里收尘器是湿式收尘器中效率最高的一种收尘器。它的优点是收尘效率高，可达99%，结构简单，造价低廉，维护管理简单。它不仅可用于除尘（包括净化含有微米和亚微米粉尘粒子），还能用于除雾、降温和吸收有毒有害气体、蒸发等。它的缺点是动力消耗和水量消耗都比较大，阻力一般为 1470 ~ 4900Pa，水量的液气比为 $0.7 \mathrm{kg/m^3}$ 左右。

　　文丘里收尘器，又称文丘里洗涤器。它虽体积小，但能处理的气体量大，这是由于处理速度快的缘故。如果要清除的尘粒都是小的，它可用作单一的初级收尘器；如果用在一个系列收尘器中，可以对细小颗粒烟尘作最后一级的处理。因此，被广泛用于硫酸工业二氧化硫烟气净化，在有色、钢铁冶金中也有较多应用。表 3 - 17 为冶金工厂文丘里收尘器应用实例。

表 3-17   冶金工厂文丘里收尘器应用实例

厂　别		1	2	3	4	国外某厂
炉窑名称		铅鼓风炉	锌流态化焙烧炉	汞流态化焙烧炉	氧气顶吹炼钢转炉	锌浸出渣挥发窑
收尘器型式		文氏管-旋风水膜收尘器	文氏管-旋风收尘器	文氏管-旋风收尘器	文氏管-弯头脱水器	文氏管-旋风水膜收尘器
文氏管	喉管尺寸/mm	$\phi460 \times 360$	$\phi220$	$\phi292 \times 146$	$\phi400$	$\phi360 \times 285$
	收缩角	26°	23°	20°	23°	约31°7′
	扩散角	6°	7°	6°	7°	约6°10′
	总长/mm	6160	1950	2935	5796	4000
供水装置	型　式	溢流、双排外喷及一个内喷	外喷	溢流及内喷	溢流及内喷	双排外喷
	喷嘴孔径/mm×个数	上排外喷:$\phi6 \times 24$ 下排外喷:$\phi6 \times 22$	$\phi3 \times 24$	$\phi2.5 \times 18$	$8^{\#}$碗型喷嘴	上排:$\phi6 \times 24$ 下排:$\phi5 \times 18$
	水量/(t·h^{-1})	34	4.8	17.8	溢流:10 内喷:20~30	—
喉管风速/(m·s^{-1})		68.4	30.7	40	50	49~55
阻力/Pa		3460	2000~2500	1930	3860	—
温度	入口/℃	225	420~450	258	800~1000	200~255
	出口/℃	45	38~41	55~60	65~70	64
烟气含尘	入口/(g·Nm^{-3})	16.25	0.40	0.5~0.8	80~100	30
	出口/(g·Nm^{-3})	0.757	0.04	—	0.3~1.8	0.065~0.128
收尘效率/%		94	90	77.5(汞蒸气冷凝效率)	>90	99

注: 此表引自《重有色金属冶炼设计手册 冶炼烟气收尘通用工程常用数据卷》第193页。

3.6.6　泡沫收尘器

泡沫收尘器又称泡沫洗涤器,简称泡沫塔,也是一种高效收尘设备,其设备示意图见图3-28。液体或水由泡沫收尘器塔上部喷入,含尘气体由下部进入收尘器。当含尘气体进入后,较大的尘粒预先在筛板下部碰到湿的筛板底面被液体所捕获,其余微细尘粒进入泡沫层中,绝大部分在泡沫层中被除去,净化后的气体从塔体上部排出。液体分两路排出:小的固体颗粒随同液体由设备侧面的溢流管排出,大的固体颗粒随同液体(或泥浆)由筛板的孔眼下自锥体底部排出。

工作原理是含尘烟气以一定速度冲向泡沫层,并迅速在水泡中改变流动方向,这种运动随着泡沫的翻动而加剧。烟尘因惯性作用随烟气而撞向液膜,当其动能足以击破烟尘质点表面的那一层气膜时,烟尘则粘附于液膜上,而被捕集。在泡沫层中,由于气液两相接触表面增大,烟尘颗粒撞击到液膜表面的机会增多,因此增大泡沫层高度对提高收尘效率有利。

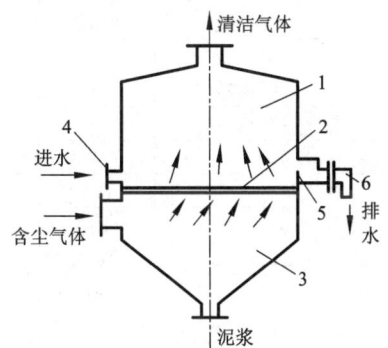

图 3-28   泡沫收尘器

1—外壳;2—筛板;3—下部锥体;
4—进液室;5—溢流挡板

　　泡沫收尘器有淋降式和溢流式之分。按操作条件和净化要求可用单层筛板或多层筛板。两种不同供液方式的泡沫收尘器的构造示意图如图3-29。

　　淋降式泡沫收尘器采用顶部喷淋供水，筛板上无溢流堰，筛板孔径5~10mm，开孔率为20%~30%。气流的空塔速度为1.5~3.0m/s，含尘污水由筛孔漏到塔下部污泥排出口。

　　溢流式泡沫收尘器利用供水管向筛板供水。通过溢流堰维持塔板上的液面高度，液体横穿塔板经溢流堰和溢流管排出。筛孔直径4~8mm，开孔率20%~25%，气流的空塔速度为1.5~3.0m/s，耗水量0.2~0.3L/m³。

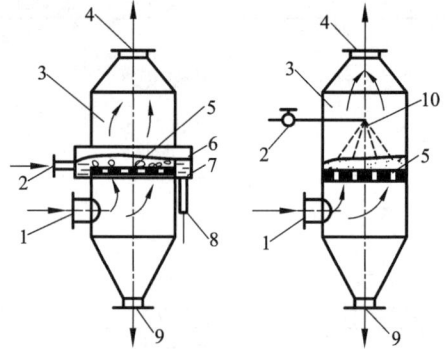

（a）溢流式泡沫收尘器　　（b）淋降式泡沫收尘器

图3-29　不同供液方式的两种泡沫收尘器的比较

1—烟气入口；2—洗涤液入口；3—泡沫洗涤器；
4—清洁气体出口；5—筛板；6—水堰；
7—溢流槽；8—溢流水管；9—污泥排出口；10—喷嘴

　　泡沫收尘器的收尘效率主要取决于泡沫层的厚度，泡沫层越厚，收尘效率越高，但阻力损失越大。当烟气含尘颗粒在5μ以上时，收尘效率可达99%。表3-18为泡沫收尘器在冶炼烟气制酸工艺中的应用实例。

表3-18　泡沫收尘器使用实例

	厂　　别	1	2	3	4	5
	炉窑名称	气流干燥管	流态化炉	流态化炉	转　炉	转　炉	黄铁矿流态化炉
	直径/mm	400	400	809	3070	3700	2650
	高度/mm	3247	2394	3557	7000	11040	7488
筛 板	型　式	淋降	淋降		淋降	淋降	淋降
	板参数	6/12	6/12	6/14	6/12	5/12	6/12
	型　式	淋降	淋降		溢流	溢流	溢流
	板参数	6/12	6/12	6/14	5.5/11	5/12	5/11
	型　式			溢流	溢流	溢流	溢流
	板参数			6/14	5.5/11	5/12	5/11
	空塔气速/(m·s⁻¹)		1.97		1.8	2	2.2
	喷淋量/(m³·h⁻¹)		14.5	7	100	120~150	85~90
	阻力/kPa	1.5	3~3.1	1.5	2~3	1.8~2.4	1.4~1.45
烟气 温度	入口/℃	81	110~120	65~70	80	<90	70~76
	出口/℃	21.5	35	45	<50	<50	30~36
烟气 含尘	入口/(g·m⁻³)	30			0.3~0.8	0.059~0.006	入口>100
	出口/(g·m⁻³)	0.5~1.0	0.051			0.030~0.003	0.05
	收尘效率/%	97~98	95		85		
	备　　注		95%为1# 干洗塔和1# 泡沫塔的效率	稀酸洗涤	喷淋液为76%的H₂SO₄	四层塔板；浓酸洗涤	用于文-泡净化流程

注：此表引自《重有色金属冶炼设计手册　冶炼烟气收尘通用工程常用数据卷》第200页。

撰稿人：张训鹏　杨士跃　张新颖

审稿人：林世英　任鸿九

4　冶炼烟气制酸

4.1　概述

4.1.1　有关硫酸的基本知识

硫酸是由三氧化硫(SO_3)和水(H_2O)化合而成的。从化学意义上讲,硫酸是三氧化硫与水的等摩尔化合物,即 H_2SO_4 或 $SO_3 \cdot H_2O$。然而,在工艺技术上,硫酸是指 SO_3 与 H_2O 以任何比例结合的物质。当 SO_3 与 H_2O 摩尔比 ≤1 时,称为硫酸;当它们的摩尔比 >1 时,称为发烟硫酸。无水硫酸就是指 100% 的硫酸,又称纯硫酸。

硫酸的浓度通常用其中所含硫酸的质量百分数来表示。习惯上把浓度 ≥75% 的硫酸叫做浓硫酸,而把 75% 以下的硫酸叫稀硫酸。

浓度百分之百的硫酸是一种油状、粘稠的无色液体,是同体积水质量的 1.84 倍,它具有强烈的腐蚀性。浓硫酸的吸水性很强,它又是一种氧化剂。它可以破坏木材、棉织品及很多物质,如滴落在皮肤上会使皮肤灼伤,所以使用时必须小心。硫酸与水掺和时,会产生大量的热,必须注意,应把硫酸慢慢倒入水里,切不可将水倒入硫酸里。因为将水倒至硫酸里,会产生大量的热,使硫酸四溅,容易引起人身事故。

75% 以下的稀硫酸腐蚀钢材(在生产时各设备中要用铅衬里或用耐酸磁砖衬里),而75% 以上的浓硫酸与发烟硫酸则对钢材的腐蚀较弱,所以设备可用钢材或用铁桶与铁槽车装运浓硫酸。

不同浓度的硫酸有不同的冰点。例如 93% 的硫酸的冰点为 -35.03 ℃,而 98% 的硫酸的冰点为 0.1 ℃。因此在冬季里,浓硫酸的生产与储运都不能用 98% 的,而要用 93% 的硫酸,以免冻结。

4.1.2　硫酸生产的工艺过程

目前,可直接用接触法制酸的冶炼烟气主要是锌、铅、铜、镍等重金属硫化矿火法冶炼过程(焙烧、熔炼及吹炼)中产生的含二氧化硫浓度在 3.5% 以上的高浓度二氧化硫烟气。接触法硫酸生产的基本工艺流程如图 4-1 所示,其主要工序包括烟气的净化、气体的干燥、二氧化硫的转化和三氧化硫的吸收。

经过除尘后的烟气,依次通过冷却塔 1、洗涤塔 2、第一级电除雾器 4 和第二级电除雾器5 进行净化。冷却塔和洗涤塔都设有稀硫酸循环系统。烟气在冷却塔内与循环稀硫酸相遇,进行绝热冷却,烟气温度迅速降低到接近出口气体的绝热饱和温度。烟气在洗涤塔内进一步被循环酸洗涤净化和降温除热。在冷却塔和洗涤塔中,烟气中所含的微量三氧化硫,从硫酸蒸气形态变成酸雾；砷、硒和其他一些金属的氧化物则成为固体粒子，从气相分离出来；它们一部分与烟气中残存的微量矿尘一起被洗涤除去，另一部分随气体进入电除雾器，在高压静电作用下被清除干净。为了保证达到高的净化效率，通常采用两级串联的电除雾器。

电除雾器的冲洗水，一般送入洗涤塔酸循环系统。洗涤塔酸循环系统多余的稀硫酸移入冷却塔酸循环系统。冷却塔酸循环系统多余的稀硫酸，经沉降槽除去固体杂质后，送去回收利用或经中和排放。

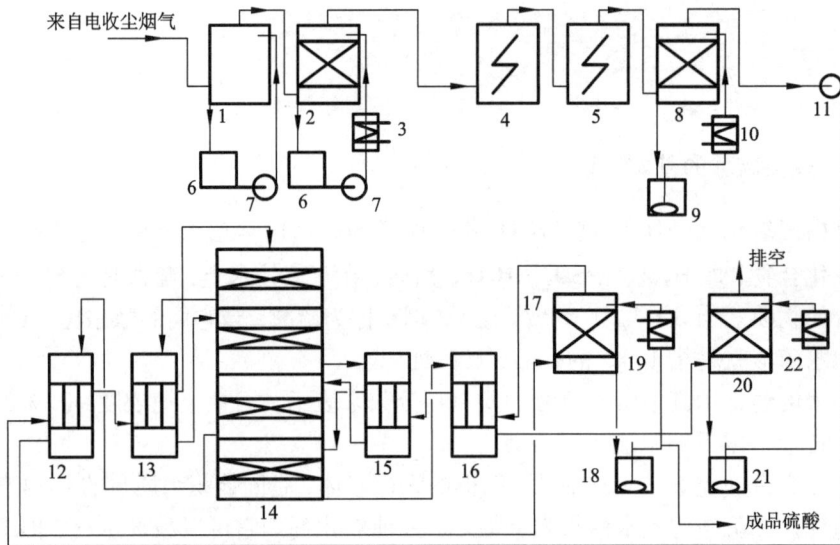

图 4-1　以冶炼烟气为原料的接触法硫酸生产工艺流程

1—冷却塔　2—洗涤塔　3—稀酸冷却塔　4—第一级电除雾器　5—第二级电除雾器　6—循环塔　7—稀酸泵
8—干燥塔　9,18,21—循环槽及酸泵　10,19,22—酸冷却器　11—二氧化硫鼓风机
12,13,15,16—气体换热器　14—转化器　17—中间吸收塔　20—最终吸收塔

经过净化的气体，在干燥塔 8 中被循环淋洒的浓硫酸干燥。干燥酸的浓度一般维持在93%左右。由于在气体被浓硫酸干燥的过程中放出大量热量，所以在干燥塔硫酸循环系统中设有酸冷却器 10，用冷却水把热量移走。为了减少气体夹带硫酸雾沫对设备造成的腐蚀，通常在干燥塔顶部装设丝网除沫器。

经过干燥的气体进入二氧化硫鼓风机 11，提升压力后，送往转化工序。

从二氧化硫鼓风机出来的气体，首先经过换热器 12 和 13，依次被转化器 14 第三段和第一段出来的三氧化硫气体加热，于大约 420 ℃ 的温度下，进入转化器的第一段。气体中的部分二氧化硫，在钒催化剂的催化作用下，与气体中的氧气进行反应，生成三氧化硫并放出反应热，使反应后的气体温度升高。为了使未反应的那部分二氧化硫进一步转化，从第一段出来的气体在换热器 13 内进行冷却，然后进入第二段，继续进行二氧化硫的转化反应。从第二段出来的气体，在换热器 15 中被冷却，然后进入第三段进行转化。从第三段出来气体中，绝大部分二氧化硫已经转化为三氧化硫。为了达到更高的最终转化率，从第三段出来的气体在换热器 12 中被冷却并在中间吸收塔 17 内用浓硫酸将气体中的三氧化硫吸收除去。

从中间吸收塔出来的气体，已基本上不含三氧化硫，只含有少量未转化完全的二氧化硫。为使气体达到催化氧化所需要的温度,气体通过换热器16和15,依次被从第四段和第二段出来的气体加热,然后进入转化器的第四段,进行二氧化硫的最终转化。经过第四段转化,二氧化硫总转化率可达到99.7%以上。从转化器第四段出来的气体在换热器16中被冷却,然后进入最终吸收塔20,将气体中的三氧化硫全部吸收除去。在一般情况下,从最终吸收塔出来的气体,可以达到环境保护规定的排放标准,通过烟囱排入大气。

中间吸收塔和最终吸收塔都设有酸循环系统,用浓度为98%的硫酸进行吸收。在酸循环系统中,设有酸冷却器19和22,用以移出吸收反应热。为了除去气体中夹带的硫酸雾沫,在中间吸收塔和最终吸收塔的顶部通常装有纤维除雾器。在吸收塔酸循环系统和干燥塔酸循环系统之间,设有串酸管线,不断向干燥酸循环系统补充从吸收酸循环系统来的浓硫酸,使干燥酸保持规定的浓度。多余的干燥酸,移入吸收酸循环系统。为了提供由三氧化硫生成硫酸所需要的水分,须不断向吸收酸循环系统中加水。由于三氧化硫不断被吸收生成硫酸,所以吸收酸循环系统的硫酸数量不断增加。增加的部分被引出循环酸系统,作为成品。

在需要生产发烟硫酸的情况下,可在中间吸收塔前装设发烟硫酸吸收塔和发烟硫酸循环系统,用以生产含游离 SO_3 20% 或浓度更高的发烟硫酸。

4.1.3 目前我国冶炼烟气制酸的发展状况

硫酸是重要的基本化工原料,广泛应用于各个工业部门。硫酸主要用于生产化学肥料、合成纤维、涂料、洗涤剂、致冷剂、饲料添加剂和石油的精炼、有色金属的冶炼以及钢铁、医药和化学工业。近年来,随着我国各行各业的快速发展,硫酸工业也得到快速发展,产量呈逐年增加趋势,1995年全国硫酸产量19770 kt,2001年增加到27650 kt,成为仅次于美国的世界第二大硫酸生产国。1995~2001年我国硫酸产量及主要原料所占比重见表4-1。

表4-1 1995~2001年我国硫酸产量及主要原料所占比重

年 份	硫铁矿		冶炼烟气		硫 磺		磷石膏		合计 /kt
	产量/kt	比重/%	产量/kt	比重/%	产量/kt	比重/%	产量/kt	比重/%	
1995	14500	82	2880	16	250	1	140		17770
1996	14290	80	3300	17	550	2	108		18560
1997	14320	71	4290	21	1080	5	233	1	20030
1998	13670	66	4370	21	2090	10	298	1	20620
1999	13250	58	4500	20	4500	20	250	1	22500
2000	11220	46	6710	27	6180	25	440	2	24550
2001	12030	44	7010	25	8180	29	430	2	27650

我国硫酸生产的主要原料有硫铁矿、硫磺及冶炼烟气。近年来,由于有色金属工业的发展,有色金属产量不断增加,有色冶炼企业采用先进的冶炼技术和富氧工艺,提高了烟气二氧化硫浓度,高浓度二氧化硫烟气可直接制酸。同时引进了非稳态法和托普索WSA制酸工艺,取得了利用低浓度二氧化硫烟气制酸的成功经验。2001年我国有色冶炼行业总共有90多套制酸装置,冶炼烟气制酸产量达到7010 kt,占全国硫酸总产量的25.3%。1999年,按有色金属产量和矿石含硫量统计,我国有色系统硫回收率在77%左右,其中最好的企业是金隆

铜业有限公司，全硫利用率超过97%。就几种产量大的有色金属而言，锌冶炼硫回收率最高，铜、镍次之，铅最低，这与发达国家相比有很大的差距。20世纪90年代初，日本、加拿大和西欧各国冶炼厂烟气二氧化硫回收率就已达95%，日本三菱法铜冶炼厂硫捕集率99%，美国犹他冶炼厂硫回收率超过99%。

冶炼烟气制酸系综合回收硫资源和保护环境的重大项目，越来越得到我国政府和企业的鼓励和重视，且有生产规模大，成本低等特点，因而有强大的市场竞争力。

4.2 二氧化硫烟气的净化

4.2.1 烟气净化的基本原理和主要方法

4.2.1.1 烟气净化的目的和要求

冶炼烟气经电收尘器收尘后，还含有一些固态和气态的有害杂质。固态杂质主要是硫化金属矿的氧化物微尘和脉石粉粒，通称矿尘；气态杂质通常有 As_2O_3，氟化物，SeO_2、SO_3、H_2O(气态)，还可能含有 CO_2、CO，烟气净化的目的就是尽可能除掉这些有害杂质。

(1) 矿尘　冶炼烟气经过电收尘器收尘后，含尘量一般在 $500\ mg/m^3$ 左右。其危害首先是会堵塞管道设备；其次，它会覆盖触媒表面，使触媒结疤，活性下降，阻力增大，转化率降低；再次，矿尘会增高成品酸中杂质含量，颜色变红或变黑，影响成品酸质量。

(2) 砷和硒　砷和硒在烟气中以氧化物形态存在，As_2O_3 和 SeO_2 是危害触媒最严重的毒物，同时也影响成品酸质量。

(3) 氟　烟气中的氟大部分以氟化氢的形态存在，小部分以四氟化硅的形态存在，由于氟化氢与二氧化硅会起化学反应生成四氟化硅：

$$4HF + SiO_2 =\!=\!= SiF_4 + 2H_2O$$

四氟化硅遇水后又会反应生成氟化氢：

$$SiF_4 + (x+2)H_2O =\!=\!= SiO_2 \cdot xH_2O \downarrow + 4HF$$

所以氟是腐蚀塔内瓷砖、瓷环填料和破坏触媒载体的严重毒物。因此，对烟气中的氟的除去应该是越干净越好。

(4) 水分　在制酸系统中，烟气都经干燥除水后进入转化系统，并严格控制烟气中的水分含量指标，这主要有几个原因：首先，水分会稀释进入转化系统的酸沫和酸雾，会稀释沉积在设备和管道表面的硫酸而造成腐蚀；其次，水分含量增高还会使转化后的 SO_3 气体的露点温度升高，在低于 SO_3 气体露点温度的设备内，都会有硫酸冷凝出来，温度高和浓度不定的硫酸对设备有强烈的腐蚀作用。以上两点形成的腐蚀物，对触媒有严重的损坏作用。此外，SO_3 会与水蒸气结合成硫酸蒸气，在换热降温过程中以及在吸收塔的下部有可能生成酸雾，不易捕集，绝大部分随尾气排出，不但增加硫的损失，更重要的是污染环境。

(5) SO_3　烟气中的 SO_3 含量一般在 $0.03\% \sim 0.3\%$ 之间，在湿法净化过程中，应尽可能除掉酸雾。这是由于随着烟气温度的降低，SO_3 会与水蒸气结合生成硫酸蒸气，继而冷凝生成酸雾，在机械力的作用下，酸雾沉积在管道及设备壁上，凝聚成较大的颗粒——酸沫，从而产生腐蚀；其次 As_2O_3、SeO_2、矿尘等杂质常成为酸雾雾滴的核心与酸雾一起进入触媒层，引起触媒中毒或覆盖其表面，使触媒结疤，阻力增大，转化率下降。

（6）氯、CO_2 及烃类气体　氯的某些化合物对触媒有害，并会浸蚀铅材和陶瓷材料。CO_2 对触媒无直接作用，但它含量高则表明冶炼原料中含有较多的烃类或碳，在冶炼中消耗较多的氧量，故对 SO_2 转化反应不利。烃类气体在干燥塔内会被浓硫酸碳化，而使循环酸着色并夹有黑点。另外，烃类气体还会使触媒活性降低。

我国关于主鼓风机出口气体中有害物质含量的暂定指标是：

水分		<0.1 g/m³（标）	尘（湿法净化）	<0.002 g/m³（标）
酸雾	一级电除雾	<0.03 g/m³（标）	砷	<0.001 g/m³（标）
	二级电除雾	<0.005 g/m³（标）	氟	<0.003 g/m³（标）

4.2.1.2　烟气净化工艺选择的原则

烟气中的杂质在高温下，一般以气态和固态两种形态存在，当温度降到一定程度后则以固态、液态和气态三种形态存在。烟气净化主要是指将固态或液态悬浮颗粒从气体中分离出去。烟气净化的原则通常遵循以下三点。

（1）烟气中悬浮颗粒分布很广，大小相差很大，有的颗粒直径达 1000 μm，有的在 1 μm 以下，在净化过程中应分级逐段进行分离，先大后小，先易后难。

（2）烟气中悬浮颗粒是以气、固、液三态存在，质量相差很大，在净化过程中应按颗粒的轻重程度分别进行，要先固液，后气（汽）体，先重后轻。

（3）对于不同大小粒径的粒子，应选择相适应的分离设备，以提高设备的分离效率。

4.2.1.3　烟气净化原理

1）烟气中的杂质在净化过程中的行为

在生产中，通常首先将烟气中的矿尘分离掉。这是因为：一是烟气所含杂质中矿尘含量最多，不首先除净将会影响其他杂质的净化；二是从烟气中各种杂质的粒径来看，矿尘的颗粒比较大，大量的矿尘属于机械破碎的较粗粒子，由热过程和化学过程所产生的小于 1 μm 的细矿尘只是少量。

如果烟气中不含有或较少含有砷、氟等杂质或触媒能耐砷、氟等杂质，同时成品酸能允许含有较多量的砷、氟等杂质时，则烟气可在高温和干燥的条件下经过一系列的除尘设备使矿尘含量达到一定指标后直接进入转化器，这便是所谓的干法净化流程。

由于冶炼烟气往往含砷、氟较高，而对成品酸质量中的砷、氟含量控制日趋严格，加上耐砷、氟的触媒目前还未完全过关，并对砷、氟含量有一定的限制，所以，目前国内外仍较多地采用烟气进行洗涤净化的流程。这种方法不需要预先把矿尘消除得很干净，因此在洗涤 As_2O_3、氟化物等杂质的同时，还能进一步把残存的矿尘除掉。由于在洗涤时烟气温度骤然下降，SO_3 气体便会与水蒸气结合成硫酸蒸气并形成酸雾。As_2O_3 和 SeO_2 也会在洗涤时因突然冷却分离，绝大部分被洗掉，剩余微量的 As_2O_3 和 SeO_2 以微小晶体颗粒形态悬浮于烟气中。

烟气中的氟化氢在洗涤过程中特别容易被水和稀酸吸收而被除去。

酸雾、As_2O_3 和 SeO_2 等它们各自发生凝聚的温度会因它们在烟气中原始含量的高低而不同。酸雾的凝聚温度还与烟气中的水分含量有关，实际过程非常复杂，当酸雾首先出现时，由于酸雾颗粒极小，数量极多，表面积很大，As_2O_3、HF 和 SeO_2 等会有相当的数量直接从气态溶解于酸雾中，当 As_2O_3 和 SeO_2 等结晶首先出现时，它们便会与烟气中的细小矿尘一起成为酸雾的凝聚核心，而被溶解在酸雾中，与此同时，会有相当部分的 SO_3、As_2O_3、HF 和 SeO_2 被洗涤液吸收而溶于洗涤液中。因此，不管具体过程如何，在烟气中未被洗涤液溶解的杂质微粒,最终几乎都要溶于酸雾之中。至此,消除 As_2O_3、HF 和 SeO_2 的任务,以及去除矿尘的任务,便同清除酸雾的任务结合在一起,而且主要集中在清除酸雾上,这就是烟气湿法净化的重要特点,也就是烟气中的杂质在净化过程中的相互关系。

2)酸雾的产生和清除

在硫酸生产中,当在一定温度条件下,硫酸蒸气的过饱和度达到并超过了临界值,即形成酸雾。初形成的酸雾,颗粒较小,粒径一般在 0.05 μm 以下,但由于有下列三种原因,会使它迅速地发展变大。

(1)烟气中残存的 SO_3 会继续与水蒸气相结合成硫酸蒸气,并进一步在酸雾表面凝结(几乎全部转变成酸雾)。

(2)烟气中的水蒸气大量存在,在过饱和条件下,水蒸气会很快在酸雾颗粒上凝结并将酸雾稀释;最终使酸雾浓度稀释到与气相中的水蒸气分压相平衡的浓度(即酸雾的饱和水蒸气分压与烟气中水蒸气分压达到相等)。

(3)酸雾粒间相互碰撞发生凝聚现象,使小颗粒变成大颗粒,再不断地碰撞凝聚,细小颗粒就逐渐变成了大颗粒。

在实际生产中,为提高除雾效率,把酸雾尽量除得干净,需要把酸雾粒子长大。当烟气通过第一洗涤塔及第二洗涤塔洗涤后,酸雾颗粒逐步凝聚长大,再通过两级电除雾器,可使酸雾得到比较彻底的清除。

3)烟气的冷却和除热

在湿法净化流程中,烟气带入干燥塔的水分大体上等于出电除雾器烟气的饱和水蒸气含量,温度愈高含水量愈多,温度愈低含水量越少。因此,要控制带入干燥塔的水含量,就要控制好出电除雾器烟气的温度。

烟气降温方式有两种:一种是只降温不移去热量,也就是烟气温度虽降下来,但热量仍存在于烟气中,称为绝热降温或叫绝热蒸发(例如,不装冷却设备的第一洗涤塔)。绝热蒸发虽降低了烟气温度,提高了湿含量,热量形式由能从烟气温度显示出来的"显热"转变成温度显示不出来的"潜热"。这种烟气降温方法是有一定限制的,当烟气中的水蒸气达到完全饱和的时候,烟气温度就再也降不下来了。另一种是除热降温,通过循环酸冷却器等换热设备把洗涤液中热量移走,以达到除热降温的目的。

4.2.1.4　烟气净化的基本方法

根据烟气净化的原理,烟气湿法净化的基本方法有以下两种:①利用烟气通过液体层或用液体来喷洒气体,使烟气中的杂质得到分离。②利用烟气通过高压电场,使悬浮杂质荷电并移向沉淀极而分离。

4.2.2　烟气净化的工艺流程

净化工序有 4 个任务:①除尘:清除气体中一些固态悬浮物;②除雾:清除气体中悬浮的液态微粒;③吸收:清除气态有害物质,如卤化氢等;④除热:对原料气降温除热。

净化工序是由洗涤设备、除雾设备和除热设备组成。这 3 类设备可有多种选择。例如:

洗涤设备——空塔、泡沫塔、文氏管、喷射洗涤器、动力波洗涤器、冲挡式洗涤器等。

除雾设备——电除雾器、文丘里管等。

除热设备——间接冷凝器、稀酸冷却器等。

　　各种设备在流程中可以有许多不同的组合和排列方式。一般情况,净化工序按气流方向的主要设备,由两级洗涤设备加上一级或两级除雾设备串联组成。除热设备设在第二洗涤器的洗涤液循环回路中,或在第二洗涤器后。因而,净化工序是硫酸装置中最有变化和最具个性的一个工序。其中图4-2所示的两塔两电净化流程和图4-3所示的动力波洗涤净化流程是可供选择的酸洗净化工序流程。

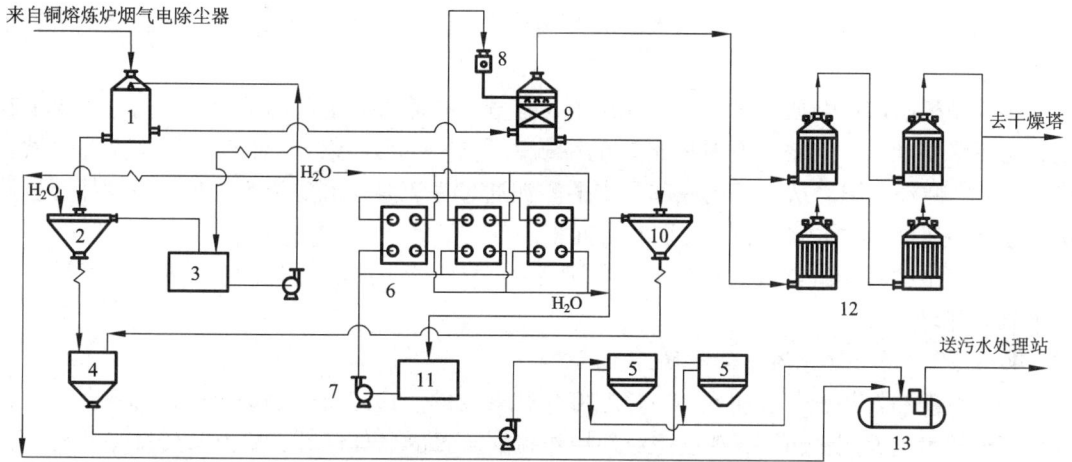

图4-2　两塔两电净化工序流程

1—空塔;2—空塔沉降槽;3—空塔循环槽;4—底流搅拌槽;5—压滤机;6—稀酸板式换热器;7—稀酸泵;
8—填料塔高位槽;9—玻璃钢填料塔;10—填料塔沉降槽;11—填料塔循环槽;12—电除雾器;13—中间泵槽

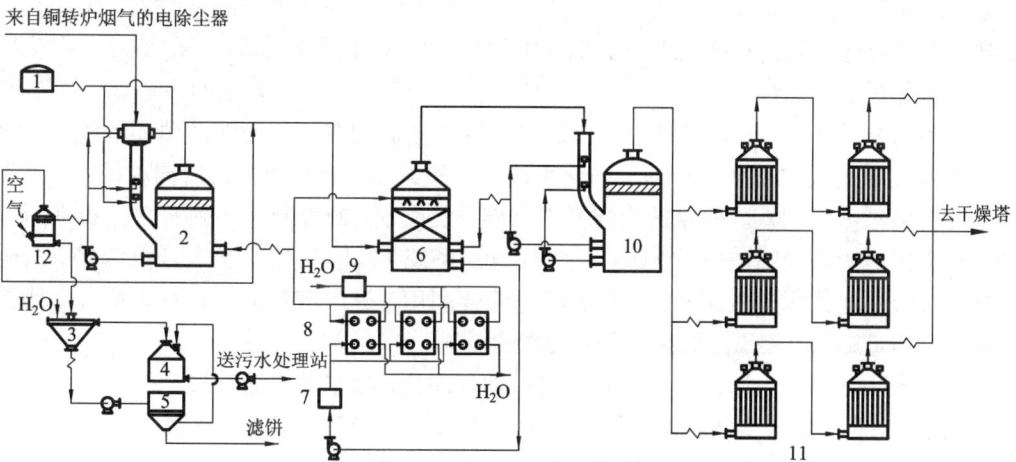

图4-3　动力波洗涤净化工序流程

1—事故水高位槽;2——级动力波洗涤器;3—沉降槽;4—上清液储槽;5—铅压滤机;
6—填料冷却塔;7—稀酸过滤器;8—稀酸板式换热器;9—高效自动反冲水过滤器;
10—二级动力波洗涤器;11—电除雾器;12—稀酸脱气塔

4.2.2.1　两塔两电净化流程

烟气净化采用并流式空塔—填料塔—两级电除雾工艺流程。排烟风机出口 $250 \sim 280$ ℃ 的含 SO_2 高温烟气首先进入空塔，与塔顶自上而下喷淋的 $5\% \sim 6\%$ 稀硫酸并流接触，稀硫酸中水分被绝热蒸发，使烟气降温、增湿，同时矿尘、砷、氟等杂质大部分被洗涤下来。随后，烟气进入填料塔，与自上而下喷淋的 $1\% \sim 5\%$ 稀硫酸逆流接触，杂质进一步被洗涤下来，循环酸中热量被板式换热器移出，烟气温度则被冷却到 40 ℃ 以下，烟气中的水分被冷凝而处于饱和状态。从填料塔出来的烟气进入两级电除雾器，酸雾除至 0.005 g/m³（标）以下，送到干燥塔。

为控制稀硫酸中杂质含量不超过规定值，塔循环槽稀硫酸由后向前串，工艺补水集中在填料塔沉降槽加入。空塔、填料塔出来的稀硫酸先进入沉降槽，上清液溢流到各自的循环槽，再上塔循环使用。从沉降槽底部出来的酸泥通过底流泵送到底流搅拌槽，经搅拌混合后送到压滤机压滤，滤饼综合利用提取有价元素。

净化多余的稀酸由空塔循环泵送到中间泵槽，与压滤机滤液及电除雾积液一并送到污酸处理站处理。

4.2.2.2　动力波洗涤净化流程

动力波洗涤器是杜邦公司在 20 世纪 70 年代开发的。1987 年，美国孟山都环境化学公司取得了该技术的使用许可证，现已广泛地用作硫酸装置的气体净化，据说与传统净化设备比较，投资节省 $30\% \sim 40\%$。图 4-3 为国内某铜厂转炉烟气制酸系列采用的动力波洗涤净化流程。

由收尘系统排风机出来的 $250 \sim 280$ ℃ 高温烟气进入一级动力波洗涤器，绝热冷却降温及洗涤除去杂质再进入气体冷却塔，进一步冷却降温除杂，然后通过第二级动力波洗涤器，进一步去除烟气中的砷、氟等杂质，同时在洗涤过程中增大烟气中的酸雾颗粒，确保在电除雾器中将酸雾除去。经过两级电除雾，烟气中的酸雾含量降到 5 mg/m³（标）以下，净化后的烟气送往干燥塔。

一级动力波洗涤器、气体冷却塔及二级动力波洗涤器均有独立的洗涤循环系统。气体冷却塔的循环酸通过板式换热器冷却。净化工段的串酸采用由稀向浓、由后向前的方式，新鲜水集中在二级动力波加入。外排的废酸量根据砷、尘及 SO_3 的控制指标确定。一级动力波引出的废酸送到脱吸塔脱稀酸中的 SO_2，脱吸气返回系统，脱吸后的废酸送入沉降槽，沉降槽底流通过底流泵送往压滤机压滤，得到的滤饼综合利用，提取有价元素；滤液及沉降槽的上清液进入上清液贮槽，用泵送到污酸处理站处理。

该流程采用动力波泡沫柱洗涤装置来进行烟气净化，根据其洗涤机理，具有下述特点。

（1）捕尘率高。由于泡沫柱洗涤器对粒度的关系曲线较其他洗涤器平坦，因此可有效地进行分级洗涤，以较低的能量获得较高的效率，对一个典型的三级洗涤系统，除尘效率可达到 99% 以上。

（2）允许气量波动范围大。气量可在 $50\% \sim 100\%$ 之间变化，对总的除尘效率影响不大。

（3）由于洗涤液喷嘴的孔径较大，这样循环液可在较高的含固量下运行而喷嘴不会被堵塞，从而污酸的排放量可相应地减少，减轻了污酸处理的负担。

（4）开孔喷嘴另一大优点是喷出的液体不发生雾化，因此排气中就不含有使气液难以分离的细小液滴，减轻了电除雾器的负荷。

（5）泡沫柱洗涤原理是不但充分有效地利用了气相能量，而且有效地利用液相能量来形成泡沫接触界面，在达到高效捕集细粒效果的同时，也达到了传热传质的目的。

（6）泡沫柱洗涤装置操作简单，由于喷嘴孔径较大，系统不会堵塞，系统泡沫接触区的设计使系统通过自身校正气液接触点来适应气体流量的变化，而不需要调节其他洗涤变量。

4.2.3　烟气净化的主要设备

1）冷却塔

简称空塔，在目前硫酸生产中应用还比较多，通常作为净化工序第一级洗涤设备使用。其结构为钢板卷制的外壳，内衬铅和耐酸砖，塔顶采用石墨或绿岩砌体球形拱顶，塔顶部布置稀酸喷头。其中并流式空塔气体从塔顶垂直进入，液体从塔顶用离心喷头（或裂缝式喷头）喷出（喷液压力为 147.1 ~ 196.1 kPa），喷头采用硬铅、石墨等材质制造，气液并流相遇对烟气进行降温除尘，除尘效率随气体中含尘性质及淋洒液密度的不同而有较大的差异，一般在 60% ~ 80% 之间，除雾效率在 60% 以下。

2）填料洗涤塔

填料塔是最早用来洗涤炉气的设备之一，尽管其他塔型的出现使其应用有所减少，但随着填料塔的结构和填料的不断改进，现在填料塔使用仍比较广泛。

玻璃钢填料冷却塔是其中比较典型的一种净化用填料洗涤塔。某厂 270 kt/a 系统玻璃钢填料冷却塔结构示意如图 4 - 4。

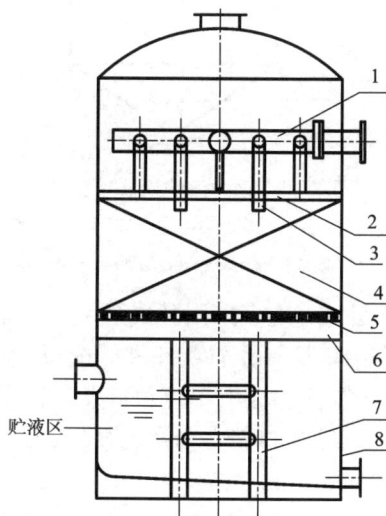

图 4 - 4　气体冷却塔

1—分酸管；2—分酸槽；3—分酸装置支撑梁；
4—鲍尔环填料；5—格栅；6—格栅支撑梁；
7—支撑梁；8—塔体

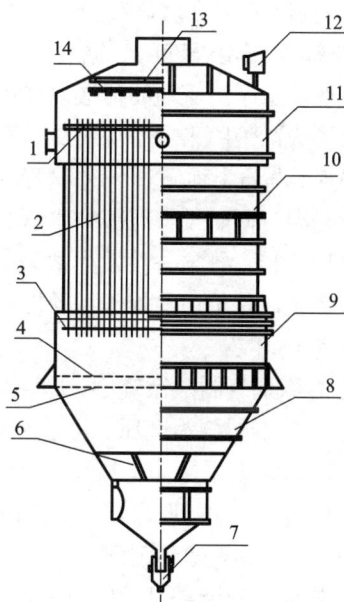

图 4 - 5　导电玻璃钢电除雾器

1—上部框架；2—阴极线；3—下部框架；4—第一整流板；
5—第二整流板；6—导流板；7—水封槽；8—下部壳体；
9—中部壳体；10—极室壳体；11—顶部壳体；
12—间歇洗涤管；13—连续洗涤管

该塔采用斜底结构，在气体冷却塔塔底堆填树脂沙浆，抹成斜坡，再在树脂沙浆层上糊制玻璃钢覆盖层，形成斜底结构，减少酸泥沉积，方便塔底清理及检修；采用机械缠绕成型的玻璃钢塔体，具有机械强度高、结构紧凑、外形美观的特点；运用管槽式玻璃钢分酸装置，分酸均匀和气体带沫少；以条形格栅做填料支撑，以 $\phi76$ mm 聚丙烯鲍尔环做填料，空隙率可达95%，有效减少烟气压力损失。

3) 电除雾器

我国现在使用的电除雾器，有普通型、高效型、高速高效型三类。电除雾器按材质分主要有铅制、塑料制、导电玻璃钢制三种。按沉淀极形状分为三种：管式、板式和蜂窝式。其中蜂窝型导电玻璃钢电除雾器是比较新的一种，主要由玻璃钢蜂窝阳极管、高效型芒刺电晕极、供电系统、冲洗装置等组成。结构示意如图4-5。

4) 动力波洗涤器

动力波洗涤器种类：动力波洗涤器有逆喷型、泡沫塔型以及已通过试验的带混合元件的动力波洗涤器。

逆喷型动力波洗涤器由逆喷管、喷嘴、集液槽等组成，其示意如图4-6。一般采用整体聚酯玻璃钢制造，其中逆喷管是动力波洗涤器的核心部件，根据烟气温度的高低可采用金属材质或玻璃钢材质制造，也有在玻璃钢逆喷管内内衬 Has-telloy G 来提高使用温度的。循环酸经泵送至喷嘴和溢流堰。送至溢流堰的稀酸以降膜方式在逆喷管内壁形成的液膜来保护管壁；送至喷嘴的稀酸向上喷射，与自上而下进入逆喷管的烟气接触进行除尘降温。同时设置有事故水管与溢流堰和事故水喷嘴联接，酸泵一旦发生故障，能自动启动事故水系统以保护逆喷管不致受损。

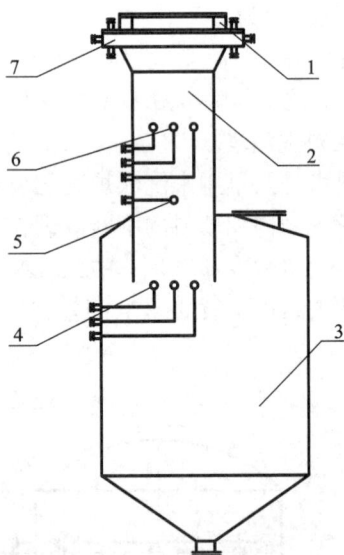

图4-6 动力波洗涤器示意图
1—过渡管；2—逆喷管；3—集液槽；4—二段喷嘴；
5—应急水喷嘴；6—一段喷嘴；7—溢流堰

5) 稀酸循环泵

现有冶炼烟气制酸系统中，净化用稀酸泵有立式和卧式，现多采用卧式泵。卧式泵根据过流部分材质不同分为金属和非金属两大类。一般依据冶炼烟气介质条件进行选择：烟气中含 As、F 较高时多采用非金属泵，反之采用金属泵。非金属泵主要有工程塑料泵、聚丙烯泵、陶瓷泵、氟塑料泵、衬胶泵等，国内以工程塑料泵比较典型，进口泵多为衬胶泵；金属泵多采用904L材质。稀酸循环泵现在趋向大型化，流量可达 $1200 \sim 1400$ m³/h。

卧式泵轴封的泄漏是较常见的故障，轴封的结构和材质要适应稀酸的腐蚀性和含有的固体颗粒。一般采用皮碗动力密封和填料密封。皮碗型动力密封通过皮碗两侧压差使皮碗唇口与轴套贴紧达到密封效果；采用填料密封则需要根据介质条件选择对应的结构和材质。

6) 板式换热器

板式酸冷却器可用于浓硫酸和稀硫酸的冷却，也用于回收低温位热能。通常稀酸采用板式换热器，浓酸采用管壳式阳极保护换热器。板式换热器当前我国有20多家制造厂，国际上也有多家企业生产板式换热器。

稀酸板式酸冷却器，板片材质多为 Hastelloy G 或 Inconel 625 以及 Aves ta 245 SMO 或 Hastelloy G – 30，Hastelloy G – 30 更适应较高的 F 含量，使用寿命较长。酸侧采用丁腈橡胶垫圈或焊接密封，水侧采用丁基橡胶垫圈密封。

4.2.4　烟气净化的操作及控制指标

4.2.4.1　工艺控制指标
①空塔(一级动力波)入口气温：250 ~ 280 ℃；
②空塔(一级动力波)出口气温：55 ~ 65 ℃；
③电雾进口气温：42 ℃左右；
④一级电除雾器出口含酸雾量 <0.03 g/m³(标)；
⑤二级电除雾器出口含酸雾量 <0.005 g/m³(标)。

4.2.4.2　烟气净化的操作
1)正常操作调节要点
(1) 干燥塔入口烟气温度的调节

在进入净化工序的烟气一定的条件下，干燥塔入口烟气温度的变化主要是由净化循环酸量、酸温等所决定的。具体调节办法是：

①调节第一、二洗涤塔的循环酸量，改变出塔酸带走的热量。一般情况下，增加循环酸量可使烟气温度下降，反之则上升。

②调节稀酸冷却器等冷却设备的冷却水量，通过控制循环酸的入塔温度来实现对烟气温度的控制。

③定期对冷却设备进行清洗，使冷却设备的传热系数保持在设计范围内，以获得较好的冷却效果。夏天或生产负荷较大时清理次数一般要适当增多，反之可酌情减少。

④调节脱气塔气体送入部位。在干燥塔进口送入，则干燥塔入口烟气温度会增高，在第二洗涤塔进口送入，对干燥塔进口的烟气温度就无甚影响。

(2)循环酸浓度的调节

为获得对 As、F 等杂质较高的净化效率，减轻循环酸对设备的腐蚀和磨损，对循环酸的酸浓度、含尘量、As、F 等指标要进行控制。通常把循环酸酸浓度作为较为直观的控制指标。影响循环酸浓度的因素，主要是进入净化工序烟气中的 SO_3 含量和净化稀酸排出量。在排出酸量不变时，循环酸浓度随进入净化工序烟气中 SO_3 含量的增加而增加，如果进入净化工序的烟气中 SO_3 含量是稳定的，在一定生产负荷下，循环酸浓度则随排出的稀酸量的增大而降低，随排出稀酸量的减少而上升。

此外，循环酸浓度的调节还要考虑入净化工序烟气中 As、F 矿尘等杂质含量的影响。在控制循环酸浓度时，要根据烟气中 As、F、矿尘等含量而定，通常总酸浓度随这些杂质含量增高而降低，总之，酸浓度可酌情提高。

调节循环酸浓度的办法有：

①根据原料变化，定期分析循环酸中 As、F 和矿尘含量，改变排出酸量，及时调整酸浓度。

②各塔循环酸浓度的调节，一般是浓度低的向浓度高的串酸，在浓度低的部位加入补充水，多出的酸量从浓度高的部位排出。各塔循环酸浓度靠调节串酸量来控制。如果各塔循环

酸浓度都低，应关小工艺补充水，减少排出酸量；如果各塔酸浓度有高有低，是串酸量调节不当造成的，应分别进行调节，浓度低的应减少串入量，浓度高的则应增大串入量。

（3）系统压力的控制

在一定的生产负荷下，正常时各设备、管道、阀门等处的压力应是一定的，然而事实上各处压力经常发生变化，引起压力变化的原因，主要是设备阻力发生变化，造成净化工序设备阻力变化的因素主要有：酸泥堵塞；喷淋量变大使设备内积液；设备、管道损坏漏气或孔盖脱落，进入空气；喷淋量减少。某设备阻力增大，则它前面的压力会下降，后面的压力会上升。反之，如果设备阻力变小，前面的压力会增加，而后面的压力会下降。具体控制压力的做法有：

①定时做记录，检查各处压力是否正常，发现问题及时解决。

②定期检查和清理各烟气管道、阀门和设备的进出口，避免在阻力增大时再来检查清理。

③定时巡检，发现有漏气或孔盖脱落的地方及时妥善处理，防止空气漏入系统。

④更换循环泵填料，调节泵的进出口阀门和循环槽液位，使上塔酸量维持在适当的范围内，防止循环量过大和过小造成设备阻力变化。

⑤在干燥塔前烟气管道设置安全封，防止前面的设备由于承受不住过高的负压而损坏。

上面讲到的是压力发生较大幅度变化的情况。压力的微小变化是经常发生的，它与烟气成分与温度有直接关系，但这种压力变化是正常的，不必管它。

（4）电除雾器的电压和电流的调节

在日常生产中往往因烟气成分、烟气量和含尘量等变化而使电除雾器电压和电流发生波动。阴极线松动，洗涤塔带液，设备阻力变化，绝缘瓷瓶和石英管漏电，绝缘箱潮湿和积液，电源电压和周波变化等都会使电除雾器的电压和电流发生波动。

调节的原则是：第一步，把电压、电流先降低一些，观察其波动情况；第二步，待平稳后将电压、电流逐步升高，直到波动峰值时再稍降低些；第三步，如上述方法的调节解决不了问题，应从净化操作上找出原因，将原因消除后再把电压、电流调整至正常范围；第四步，上述三步措施都采取了，电压、电流仍然波动，降低指标控制就可平稳。这种情况一般是阴极线可能有结瘤现象，或其他部位的绝缘不良所致，此时应对电极进行清理检查，检查和清洗绝缘瓷瓶，检查石英管和绝缘箱，待清理检修后再把电压、电流调到正常。

2）净化开车操作

（1）开车前24h开启电加热器预热电除雾器的绝缘管。

（2）开车前2h左右开启各洗涤塔循环泵，使各塔酸（水）循环正常。

①对于动力波洗涤流程的一级动力波可由事故水高位槽向设备加水，保持事故水高位槽及一级动力波洗涤器正常液位后，开启一级动力波循环泵，调节一级动力波洗涤器溢流堰流量至工艺设定值，调节一级动力波喷嘴压力至工艺设定值，观察喷嘴喷射高度是否合适。

②除一级动力波洗涤器以外的净化塔设备可根据现场工艺配置，由各塔补水阀向设备注水，至正常液位后，开启各塔循环酸泵，调节循环酸流量、压力至正常值。

（3）电除雾器安全封注水，注水完毕，使补水阀保持一定开度。

（4）检查系统联锁是否正常，正常后投入联锁。

（5）正式通气前10min左右，电除雾器开始送电。

（6）通气后（即开车后）要立即把电除雾器的电压、电流调至最佳值，并打开净化系统的循环冷却水。

（7）逐步提高各塔循环酸浓度，开始加水和串酸，使其达到和维持正常的操作指标。

（8）开车后要对全系统做一次认真检查，堵塞漏气，使进转化器气体中的 SO_2 浓度迅速达到指标。

3）净化停车操作

（1）确认净化系统将要停车。

（2）停车前将各循环槽液位稍降低并停止加水，以免在停酸泵时循环槽溢酸。

（3）转化系统停止抽气后，电除雾器停止送电，整流机组接地（如进入电除雾器内工作时还须在阴极挂上接地线）。开启自动冲洗水阀，冲洗电除雾器，待流出的洗涤水较干净时停止冲洗。

（4）开大稀酸引出阀，降低循环槽液位。待液位降到最低时（接近泵可抽出的最低液位），关闭稀酸引出阀，停运各循环酸泵。冬天气温较低时，为防酸管冻结还须排空泵及管道余酸。

（5）停用各冷却设备的循环冷却水。

4）净化应急事故及处理

（1）系统停电

①联系冶炼及相关岗位，要求作相应处理。

②检查净化各循环槽液位，有无冒槽。

③对系统作全面检查，待来电后，按规程启动相应设备，恢复正常生产。

（2）系统停水

①将泵的轴封水切换至备用水源。

②根据停水时间长短确定净化是否停车。

（3）空塔（一级动力波）出口气温高

①检查循环酸泵有无问题，淋洒酸量是否足够，是否中断，管线有无泄漏。

②循环槽液位是否太低，如太低需加大系统补水量或稀酸串入量，减少污酸开路量。

③如长时间污酸开路量不足，需加大污酸开路量。

④如属温度显示仪表的问题，需及时处理或更换。

（4）气体冷却塔出口气温高

①检查循环酸泵是否有故障，淋洒酸量是否足够，是否中断，管线有无泄漏。

②检查循环槽液位是否太低，如太低需加大系统补水量或稀酸串入量。

③检查稀酸板式换热器是否堵塞（观察阻力上升情况），如堵塞应及时切换至备用板式换热器。

④观察稀酸板式换热器循环水温及循环水量，如温度较高或循环水量不足应检查循环冷却水系统，及时调节至正常值。

（5）压力波动

一般处理方法如下。

①检查压力表是否正常，作相应处理。

②检查全系统压力的变化情况，判断系统抽气量是增大还是减少，从而确认压力应升高或下降。

③与相同负荷下的压力情况进行比较，找出差异，确定阻力增大的具体部位。在开车情况下能处理的应及时解决，不能处理的要停车检查。

处理压力波动，首先要查出何处压力波动最大，找出产生波动的根源。压力波动一般是由于塔或管道积液，接近形成液封时所产生的现象。在积液处，前后压力波动正好相反（即后面升高，前面下降；或后面下降，前面升高）。找出积液地点后，立即减少进液量或增大排液量，即可把压力波动问题解决。

若负压过大或发生塑料设备爆炸，铅设备吸凹等情况，应立即停车，待停车后再做进一步处理。

（6）安全封的水被吸空

安全封是根据系统设备、管道所能允许的安全压力设计成的一个装置。安全封的水被吸空，一般发生的原因主要是安全封前面设备阻力增加，转化岗位二氧化硫风机开得过大，安全封水量不够等。

处理方法：首先要把 SO_2 风机风量关小些，再用木板等物把安全封盖起来，打开加水阀，重新封住安全封，检查各处压力，如正常即可把 SO_2 风机调节到原来负荷。

如这样处理，安全封仍封不住，说明安全封前面的设备阻力增大，应立即分段查出阻力增加的具体部位，待阻力消除后才可重新向安全封加水和使 SO_2 风机风量复原。

（7）电除雾器窥视孔中观察到白雾

事故发生的原因通常有：一是电压、电流低，除雾效率差；二是停用的坏电极管盖板移动了位置，单管冒大烟；三是气体中原始酸雾含量太高。

处理方法：首先，要提高电除雾器的电压电流，改善除雾效率，如有停用的电极管，则需将电除雾器停下，检查坏电极管的盖子是否盖好。如气体中原始酸雾含量高，首先检查电除雾器前面的净化各塔运行是否正常，然后与冶炼岗位联系查找原因。

（8）泵不上酸并有咚咚或唑唑的响声

产生的原因可能是泵进口管线漏气，填函处漏气，叶轮掉了（轴头螺帽脱落，断叶片或轴颈断裂等）。

处理办法：如响声间断发生和不太严重，并还能打起一定量酸时，可能是进口管线和填函处漏气，可多加黄油，或把压盖螺丝紧一下，也可在填函处加水封闭漏气（临时性措施），如不行则倒换备用泵，更换填函填料后再开。如果是由于泵叶轮掉了而打不起来酸，应立即通知转化岗位停车，并迅速开启备用泵。

4.3　二氧化硫的转化

烟气在净化工序除去矿尘、酸雾、砷、氟等有害杂质后，再通过干吸工序的干燥塔除去水分，然后进入转化工序，在一定温度下，通过触媒催化，使烟气中二氧化硫与氧化合生成三氧化硫，简称二氧化硫的转化。

4.3.1　二氧化硫气体转化原理

4.3.1.1　二氧化硫气体的转化反应及该反应平衡的特点

二氧化硫催化氧化为三氧化硫，是一个放热的可逆反应：

$$SO_2 + 1/2\ O_2 \rightleftharpoons SO_3$$
$$\Delta H_{298}^{\ominus} = -98.9\ kJ$$

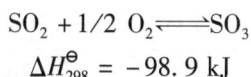

该反应具有如下四个特点：

（1）SO_2 转化反应是一个可逆反应。在 SO_2 转化反应中，同时进行着 SO_2 的氧化反应和 SO_3 的分解反应，当两个反应速度相等时，反应达到化学平衡状态。此时，气体成分保持相对稳定，SO_2、O_2、SO_3 的含量不再发生变化，已反应了的 SO_2 对起始 SO_2 总量之百分比叫做转化率。转化率是反映 SO_2 转化程度的一个重要指标，可定义为：在某一瞬间，参加反应的混合气体中，SO_3 分压与 SO_3、SO_2 二者分压之和的比率称为 SO_2 的转化率。其表达式为：

$$X = p_{SO_3}/(p_{SO_2} + p_{SO_3}) \tag{4-1}$$

式中：X——转化率，%；

   p_{SO_2}、p_{SO_3}——反应器的混合气体中 SO_2、SO_3 分压，kPa。

反应达到平衡时的转化率叫做平衡转化率，它是在反应条件一定时所能达到的最高转化率。平衡转化率越高，则实际可能达到的转化率也越高。其表达式为：

$$X_T = (p_{SO_3})_T \big/ \big[(p_{SO_2})_T + (p_{SO_3})_T \big] \tag{4-2}$$

式中：X_T——平衡转化率，%；

   $(p_{SO_2})_T$、$(p_{SO_3})_T$——反应平衡时，混合气体中 SO_2、SO_3 分压，kPa。

为了方便计算平衡转化率 X_T 值，将（4-2）进行推导，可得出下式：

$$X_T = K_p \big/ \big\{ K_p + \big[(100 - 0.5aX_T)/P(b - 0.5aX_T) \big]^{1/2} \big\} \tag{4-3}$$

式中：X_T——平衡转化率，%；

   K_p——反应平衡常数，在压力不很大时，一般仅随温度而变化；

   a——SO_2 起始浓度，%（体积）；

   b——O_2 起始浓度，%（体积）；

   P——气体总压力，大气压（1 atm = 101325 Pa）。

按此公式可用试差法求得平衡转化率。在实际生产工作中，SO_2 转化率一般通过化学分析进行测定，或根据 SO_2 浓度以及反应的绝热温升进行估算。

（2）SO_2 转化反应是一个体积缩小反应。

（3）SO_2 转化反应是一个放热反应。

（4）SO_2 转化反应是一个需要催化剂进行催化的反应。SO_2 的转化反应在一般工业生产条件下反应速度很慢，只有在催化剂的作用下才能加快反应速度，满足工业生产要求。催化剂又叫"触媒"或"接触剂"等。

4.3.1.2 SO_2 转化时的温度、压力及起始成分的效应

1）SO_2 转化时的温度效应

SO_2 转化反应是一个放热反应，降低反应温度会使平衡转化率提高。如表 4-2 列出了温度与平衡转化率的关系。

从平衡转化率与温度的关系来看，为了获得高的转化率，反应温度应该尽可能控制低些。因此在二氧化硫转化过程中一定要移走一部分反应热。但是在生产上不是把反应温度尽量降低，而维持一定的反应温度。这是主要由如下两点因素决定的。

表4-2 温度与平衡转化率的关系

温度/℃	400	425	450	475	500	525	550	575	600
平衡转化率/%	99.2	98.6	96.85	95.9	93.5	90.5	85.7	80.1	73.5

注：气体的成分为：$5\% SO_2$、$3.4\% CO_2$、$10.5\% O_2$、$81.1\% N_2$，1 atm（ = 101325 Pa）。

（1）随着反应温度的降低，平衡转化率虽然可以提高，但反应速度（即一定量的触媒在一定时间内能够转化的气体量）却下降很快。这是因为，反应速度与温度成正比关系。即反应速度随温度升高而加快，增快的倍数相当大，温度由400 ℃升到575 ℃时的反应速度增大了30多倍。这样，在单位时间内，对于一定的转化器和一定数量的触媒来说，提高反应温度可使二氧化硫的转化数量增加很多，从而大大提高转化设备的生产能力。

（2）当温度降低到某一限度时，触媒便不能继续起催化作用而使反应停止。这个使触媒不能起催化作用的最低限度的温度，叫做触媒的起燃温度。因此，触媒的起燃温度应当低一些好。起燃温度的高低与触媒特性及进入转化器的气体成分有关。我国钒触媒的起燃温度一般在380～420 ℃之间。

由上可知，温度对反应速度和转化率的影响是互相矛盾的，反应温度越高，反应速度越快，但平衡转化率越低；反应温度越低，反应速度越慢，但平衡转化率越高。在工业生产过程中选择转化温度指标时，不但要考虑有较高转化率，同时，还要考虑有较高的反应速度。在转化过程中，通过分段转化，控制不同的转化温度来实现较高转化率和较快反应速度。具体来说，反应的初期，二氧化硫和氧的浓度高，三氧化硫浓度低，距离平衡状态较远，宜使气体在较高的温度下转化，使具有较大的反应速度；反应的后期，气体成分的浓度正好相反，距平衡状态较近，宜使气体在较低的温度下转化，以获得最高的转化率。实现温度的调节，主要靠分段转化和各段换热器加入冷烟气冷激实现。

2）SO_2转化时的压力效应

由于SO_2转化反应是一个体积缩小的反应。在其他条件相同时，平衡转化率会随压力的升高而增大。温度及压力和平衡转化率的关系见表4-3。

表4-3 温度及压力和平衡转化率（%）的关系

温度/℃	压力/MPa					
	0.1	0.5	1.0	2.5	5.0	10.0
400	99.25	99.67	99.76	99.85	99.90	99.93
450	97.64	98.93	99.23	99.52	99.65	99.76
500	93.80	97.17	97.90	98.09	99.06	99.33
550	86.16	93.25	95.0	96.85	97.73	98.36
600	73.85	86.15	89.7	93.30	95.05	96.45

虽然加压能提高转化率，但是不宜提得太高。因为加压需增加动力消耗，还需要解决高压力下二氧化硫腐蚀压缩机和其他设备等问题。近20年来，随着科学技术发展，国际上不少国家开始积极研究采用加压流程，先后在一些大型硫酸厂采用"循环加压流程"或"非循环加

压流程"等。

3)SO_2 转化时的气体起始成分效应

由于 SO_2 的转化反应是一个可逆反应,由式(4-3)可以看出,在一定的温度和压力下,气体起始成分中的氧含量愈大和二氧化硫的含量愈小,则平衡转化率便愈高。气体起始成分和平衡转化率的关系见表4-4。

表4-4　气体起始成分和平衡转化率的关系

SO_2 含量/%	2	3	4	5	6	7	8	9	10
O_2 含量/%	18.14	16.72	15.28	13.86	12.43	11.00	9.58	8.15	6.72
平衡转化率/%	97.32	97.12	96.98	96.75	96.47	96.07	95.53	94.61	92.78

注:反应条件为烟气压力为 1 atm(=101325 Pa),烟气温度为475℃。

SO_2 气体转化反应的平衡是相对的,不平衡是绝对的。只要条件变化了,原来的平衡就会被破坏,重新建立新的平衡。在转化过程中,如果把生成物 SO_3 除去,逆反应速度必会大大减小,平衡状态立即被打破,反应就变得有利于向正反应进行,即提高了转化率,这就是两转两吸工艺流程的理论依据。

两转两吸工艺,就是把一次转化成的 SO_3 吸收掉,提高二次进转化器的烟气中的起始反应物含量,从而使平衡转化率得到提高。例如,在440℃和19.6kPa下经过两次转化,SO_2 浓度8.5%的烟气,实际生产状况下总转化率可达到99.5%以上,其平衡转化率接近100%。如果采用单转单吸工艺流程,其平衡转化率就只有97.26%,实际转化率就更低了,一般只能达到95%左右。随着富氧冶炼工艺推广,烟气 SO_2 浓度越来越高,而环保对 SO_2 排放控制越来越严,因而两转两吸工艺被普遍采用。

4.3.1.3　SO_2 转化反应速度和接触反应理论

1)SO_2 转化反应速度

化学反应主要是具有一定能量的反应分子互相碰撞的结果。但并不是所有碰撞的分子都能反应,只有能量达到一定数值的分子在碰撞中发生反应。分子发生反应必须具有超过全部分子平均能量的能量称为反应活化能。反应活化能愈高,具有或多于这一能量的分子愈少,反应速度也就愈慢。相反,反应活化能低,则具有或多于这一能量的分子愈多,反应的速度就愈快。

在反应压力和反应物浓度一定的情况下,加快反应速度有两个方法:一个是提高反应温度,使反应物分子能量提高,增加其中大于反应活化能的分子数,加快反应速度;另一个方法是采用触媒,使反应物分子先与触媒结合成过渡性的"表面中间化合物",然后再分解得到生成物和触媒。这个"表面中间化合物"的生成和分解反应,所需要的活化能都比反应物直接反应生成物的活化能小得多。触媒虽说参加了反应的过程,却没有进入生成物,实际只是使反应沿着一条活化能小的途径进行,因而在同样的温度条件下反应就大大加快。

SO_2 转化反应,在没有催化剂的条件下,400~600℃时反应速度仍然很慢,不能达到工业生产的需要。温度达到1000℃以上时虽然反应速度可以较快,但此时平衡转化率却很低,无法进行工业生产。为使 SO_2 转化反应能实现工业化生产,就只能采用触媒催化剂来加快反应速度，使反应在不太高的温度条件下能快速进行，并能有较高的平衡转化率。

2）SO_2转化接触反应的理论

SO_2转化反应使用触媒加快反应速度的机理，已经有了许多不同的理论，现代比较有影响的有两个理论：

（1）吸附理论。物质的分子被触媒吸附，吸附在触媒上面的分子彼此之间互相作用，或与从气相碰击来的自由分子相作用的时候，可以耗费较小的能来达到过渡状态。接触作用的机理是归根于相界面上一种特殊力的作用，使被吸附的分子"变形"，因而降低了反应活化能。但吸附理论却解释不了反应物质对触媒的选择性，即对某种反应物质呈现活性的触媒而对其他反应物质却完全是惰性。

（2）中间化合物理论。根据中间化合物理论，在触媒的表面上，能够生成和分解不稳定的中间化合物，从而使反应按另一种方式进行。SO_2转化反应的钒触媒接触转化过程，可以以钒的价数变换为基础的反应方式来表示：

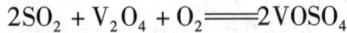

$$SO_2 + V_2O_5 \rightleftharpoons SO_3 + V_2O_4$$
$$2SO_2 + V_2O_4 + O_2 \rightleftharpoons 2VOSO_4$$
$$2VOSO_4 \rightleftharpoons V_2O_5 + SO_2 + SO_3$$

现在，这两种理论正向着互相接近的方向发展而渐趋统一。SO_2在固体触媒上转化成SO_3的过程，即触媒的催化作用，可以分以下四步进行：

①触媒表面的活性中心吸附氧分子，使氧分子中原子间的键断裂成为活泼的氧原子[O]；

②触媒表面的活性中心吸附SO_2分子；

③被吸附了的SO_2和氧原子间进行电子重新排列，化合成为SO_3分子：$SO_2 \cdot [O] \cdot$触媒$\rightarrow SO_3 \cdot$触媒；

④三氧化硫分子从触媒表面脱附下来进入气相。

4.3.2 二氧化硫气体转化用触媒

4.3.2.1 钒触媒的化学组成、特征和性能

钒触媒含有 7% ~12% 五氧化二钒（V_2O_5），这是具有催化活性的主体成分。单独的五氧化二钒的活性很低，需要加入一定量的碱金属盐，催化活性就能成百倍增长。碱金属盐通称"促进剂"或"助催化剂"。一般采用硫酸钾（K_2SO_4）作促进剂。触媒中除 V_2O_5、K_2SO_4 两种成分外，还有大量二氧化硅（SiO_2），它的作用主要是做载体，工业上一般采用硅藻土或硅胶。钒触媒的外表形状大体上有：圆柱状、环柱状、翅环状等。常见的工业钒触媒主要特征和性能见表 4 – 5。

温度对触媒活性有很大影响。当温度在 400 ~470 ℃ 范围时，随着温度的变化，触媒的化学组成和催化活性都会发生急剧的变化。只有当温度高于 470 ℃ 时，才表现出稳定的、强的活性和维持一定的化学组成。低于 470 ℃，触媒活性逐渐下降。触媒的活性能得到发挥的温度范围叫触媒的活性温度范围。触媒活性温度范围的下限（活性停止的温度）通称起燃温度。通常人们都希望触媒起燃温度低一些好，主要好处有如下三点。

表 4 - 5　国产钒触媒主要特征和性能

型号	S_{101}	S_{102}	S_{105}
形状	圆柱形	环形	圆柱形
颜色	棕黄	棕黄	棕黄
几何尺寸/mm	$5 \times (10 \sim 15)$	$5(2) \times (10 \sim 15)$	$5 \times (10 \sim 15)$
比表面/$(m^2 \cdot g^{-1})$	$3 \sim 6$	$3 \sim 6$	$6 \sim 8$
机械强度/MPa	>1.471	侧压 >2 kg/颗	>1.471
活性温度范围/℃	$415 \sim 600$	$420 \sim 600$	$400 \sim 550$
孔隙率/%	$50 \sim 60$	$50 \sim 60$	$50 \sim 60$
堆密度/$(t \cdot m^{-3})$	$0.5 \sim 0.6$	$0.45 \sim 0.55$	$0.5 \sim 0.6$
转化率/%(SO_2 7.0%)	四段转化器 >97	四段转化器 >97	四段转化器 >97
使用年限/a	$5 \sim 10$	$8 \sim 10$	$4 \sim 6$

（1）起燃温度低，气体进入触媒层前预热的温度较低，从而节省了换热面积，缩短了开车升温的时间。

（2）起燃温度低，说明触媒在低温下仍有较好的活性，这样可以使反应的末尾阶段能在较低温度下仍进行，有利于提高后段反应的平衡转化率，从而可以提高实际的总转化率。

（3）起燃温度低，说明触媒活性好，可以提高触媒利用率。

触媒活性温度的上限称做触媒的耐热温度。超过这一温度，或长期在这一温度下使用，触媒将被烧坏或迅速老化失去活性。在生产中为了安全，一般不允许钒触媒长期在温度超过 600 ℃的情况下使用。

4.3.2.2　气体中杂质对钒触媒的影响

在转化器进口的气体中，含有某些降低触媒活性的物质称为有害杂质或称有害毒物。在工业生产中主要有害杂质是矿尘、三氧化二砷、氟、水蒸气等四种，其影响见前面《二氧化硫烟气的净化》一节所述。

4.3.2.3　触媒在使用中颜色变化及原因分析

SO_2 转化过程中的钒触媒的催化反应是多相催化过程。在转化的操作条件下（一般为 420 ～ 600 ℃），钒触媒的活性组分呈熔融液态粘附在载体表面。由于这层熔融膜能溶解钒的氧化物而使触媒表面颜色发生变化。根据钒触媒颜色和强度的不同可以判断触媒活性高低。

1）触媒表面呈黄色或棕黄色

这是触媒的正常颜色，黄色表示五价钒（五氧化二钒）存在，触媒在使用前后和使用过程中呈现黄色或棕黄色都是活性正常的标志。

2）触媒表面呈绿色或蓝绿色

钒触媒中的钒只有处于五价（V_2O_5 形态）状态才具有活性。触媒表面出现绿色或蓝绿色，是四价钒（硫酸氧钒 $VOSO_4$）存在的标志。一般说来，这种颜色是无害的。只要通以高于 400 ℃的热空气即可转变为黄色而恢复活性。经验表明，四价钒化合物与五价钒化合物相比，与之相平衡时的水蒸气分压要低得多，即绿色触媒更容易受潮，所以触媒变成绿色或蓝绿色，贮存保管时要更加注意。但如果绿色或蓝绿色的旧触媒，因在空气中长时间吸潮或被水淋过，组分中的硫酸氧钒和碱金属钾盐会被水溶解而析出，这样就不宜再使用了。

3）触媒表面呈白色

下面三种情况，都会使触媒变白。

（1）由于进转化器的气体中含砷量过高，在550℃以上的操作温度下，钒触媒中的五氧化二钒即与气体中的砷化合物生成易挥发的 $As_2O_5 \cdot V_2O_5$ 化合物而逸失，致使活性降低。这种情况下，触媒表面没有五氧化二钒了，仅剩下 SiO_2 和钾盐，故呈白色。

（2）当气体中含有的四氟化硅和水汽的量过高，在高温下四氟化硅会与水起反应而生成水合二氧化硅，使触媒表面结灰成白色的二氧化硅硬壳，活性因而下降。

（3）由于触媒局部过热而发白，使活性降低。其原因有两种说法：一说是温度高于700℃（少量升华硫在表面燃烧）而又缺氧，或温度在400～600℃之间，接触的气体含氧极少时，V_2O_5 变成钒酸钙 $[Ca(VO_3)_2]$ 和钒酸铝 $[Al(VO_3)_3]$，转变成白色。仅因缺氧而造成的白色，可用高于400℃的热空气吹，使其恢复正常活性，颜色也可转黄。另一说法是由于触媒中的熔融活性组分中有部分五氧化二钒在熔点温度时（如675℃左右），大部分分解为四氧化二钒（V_2O_4），当700℃或更高的温度特别是在缺氧时，进一步生成三氧化二钒（V_2O_3）和氧化钒（VO）。而在挥发性碱金属熔盐存在时，在越来越缺氧时，VO 与 SiO_2 可能生成银白色的钒硅化物（V_2Si）。这个反应最佳条件是在600～1000℃的温度范围内，在熔盐中使反应物（VO）保持高度的饱和状态。当反应温度保持在比反应产物（V_2Si）的熔点稍低的情况下，则形成极细的白色粉状物，这些粉状物均匀分布在钒触媒的内部，使其变成白色或银白色。

4）触媒表面呈黑色

下面四种情况都会使触媒变成黑色。

（1）在500～600℃，气体中缺氧而有一氧化碳和大量二氧化硫存在时，使部分 V_2O_5 变成 V_2O_4，生成 $K_2O \cdot V_2O_4 \cdot V_2O_5$ 复盐，呈黑色。这时活性稍降低，也可用高于400℃的热空气吹触媒，使其恢复至正常活性后变为黄色。

（2）当气体中含氟化氢较多时，氟化氢与触媒中的二氧化硅起反应生成四氟化硅，这部分钒触媒在较低温度下氧化二氧化硫时，其中部分 V_2O_5 还原 V_2O_4，生成的 $K_2O \cdot V_2O_4 \cdot V_2O_5$ 复盐（黑色），与第一种情况相同。

（3）当有大量硫蒸气在触媒表面燃烧，温度高于700℃，这时 V_2O_5 被还原成黑色的 V_2O_3，活性显著降低。

（4）当转化器内部未衬耐火材料，而是钢板与触媒直接接触时，触媒成黑色或黑紫色是常见的。这是因为靠近钢板的部分触媒中的 V_2O_5 在冷却过程中被铁还原所致，不过它的活性并不降低。

5）触媒表面呈发亮的紫黑色

当大量硫蒸气在触媒表面燃烧，温度超过800℃，V_2O_5 被还原成 V_2O_3，同时触媒中的硫酸钾和硫酸钠分解成氧化钾和氧化钠并与载体中的二氧化硅熔融成为 $Na_2SiO_3 \cdot K_2SiO_3$（钾玻璃），包在触媒的外面，便呈发亮的紫黑色。这时触媒的物理结构被破坏了，活性几乎全部丧失而且无法恢复。

触媒颜色的变化是复杂的，特别是在不同的温度和气体组分的条件下，因此单从颜色来判断触媒活性只能作为参考依据并不可靠，确切的数据需要通过检测。

4.3.2.4　触媒的合理使用和维护原则

触媒性能对于 SO_2 转化反应起着关键作用，因此在触媒的使用和维护中要注意解决一些问题，防止对触媒造成不必要的损坏。

1) 注意防潮

新的或用过的钒触媒，其中都含有微量游离硫酸（新触媒由于经过二氧化硫的预饱和，残留下的三氧化硫生成游离硫酸）和大量碱金属硫酸盐，从空气中很容易吸收水分，使其机械强度和活性降低。因此在装填或筛换触媒时，要尽量缩短时间，潮湿天和阴雨天不宜进行装卸触媒的工作，以防吸潮。

2) 停工前要吹净

长期停工之前，应用高于 420 ℃ 的干燥空气吹触媒，将残留在触媒微孔中的二氧化硫、三氧化硫尽可能吹净，分析吹出气体中的三氧化硫加上二氧化硫的量小于 0.03% 时为止。

3) 新触媒开车通气时要进行"硫化饱和"防止超温

触媒在制造过程中虽已经过二氧化硫预饱和，用于工业生产不会因氧化钾和三氧化硫作用生成硫酸钾而产生大量的中和热，但是在转化开车时，当温度达到 400 ℃ 以上，通入二氧化硫气体时，触媒层温度总要突跃一下。这主要是由于二氧化硫、氧分子在触媒表面被吸附时放出的大量吸附热和生成焦硫酸盐的反应热。因此在开车升温中，刚通入二氧化硫气体时，要注意二氧化硫浓度应低一些，气量要小一些，以免发生热量过大而使触媒层超温烧坏触媒。根据一般经验，新触媒升温进入转化器烟气 SO_2 浓度控制在 4% 左右，气量控制在正常气量的 60% 以下为宜。

4) 不要轻易提高进气温度

操作温度越高，触媒活性衰退越快，升温操作一段时间后即使再降低温度操作，其活性也无法恢复到原有的水平。因此，正常情况下，一年内提高进气温度不得超过 5 ℃。一般第一段触媒应保证转化率 70% 以上，如果一段触媒在使用一段时间后转化率有所降低，但最终转化率无甚影响，则不要立即提高一段进气温度，以免缩短触媒寿命。

5) 筛换触媒要注意事项

在筛换触媒时要注意的一个重要原则是，只允许把曾在较低温度下用过的更换到较高温度的部位（即下一段移向上一段，逐段向上移），决不可相反。第一段上部温度较低，每次筛换触媒后，在第一段表面应补放一层新触媒（约占一段量的四分之一）作引燃之用。不要把用过的旧触媒放到第一段表面，以免开工时燃起温度高，使操作偏离最适宜温度而降低转化率和触媒利用率。

新触媒在出厂前是经过筛分的，没有碎末，但在运输过程中由于碰撞翻滚会产生少量碎末，因此装进转化器之前要用小于触媒直径的筛子过筛，装填时要用粉笔事先在转化器内划好的高度轻轻回放，再用木耙轻轻耙平。

触媒在使用中，由于受到杂质影响和气体冲刷的关系，会稍微粉化而增加阻力。粉化程度除与触媒的质量有关外，还与气体中氟化氢的含量和气体通过触媒层的流速有关。

一般说来，触媒包装桶内的塑料袋未破裂，触媒不与空气接触，可以保存数年，若塑料袋已在运输过程中破裂，包装桶又密封不好，那就不能长期贮存。

4.3.3 转化工艺操作条件和工艺流程

4.3.3.1 转化反应的温度条件

1) 反应的最适宜温度和分段转化

一定原始组分的烟气，在一定触媒上转化时，每一种转化率条件下都有一个使反应速度最快的温度，这个温度叫最适宜温度。在最适宜温度下，反应所需要的触媒量最少。或者说一定量的触媒，在最适宜温度下，触媒的生产能力最高。触媒不同，烟气成分不同，最适宜温度也不同。表 4 – 6 中列出某种钒触媒在不同原始组分的烟气、不同转化率时的最适宜温度。

表 4 – 6 二氧化硫在钒触媒上转化为三氧化硫时不同转化率条件下的最适宜温度/℃

气体原始组分/%			转化率/%										
SO_2	O_2	N_2	70	75	80	85	90	92	94	96	97	97.5	98	98.5
7.0	11.2	81.1	530	530	530	513	488	475	460	440	440	438	428	415
7.5	10.5	82.0	530	530	530	509	484	473	457	440	440	435	425	413
8.0	9.8	82.2	530	530	525	506	481	468	453	440	440	432	422	410

从表 4 – 6 中的数据可以看出，随着转化率上升，最适宜温度下降。这就是说，若要使转化过程进行最快，就应该在转化过程中，随着转化率上升，把反应温度按照最适宜温度逐步降下来。

在转化过程中，现在普遍使用的降低温度的方法是间断绝热反应、间断降温。让烟气在不移走热量的条件下，通过一段反应后升高温度，然后换热冷却或直接掺入冷烟气（或冷的干燥空气）降温，再反应一段再降温。这样连续几段下去，反应段的温度范围愈降愈低，最后达到较高的转化率。这样做，从反应段局部来看是升温，但从整个反应过程总体看则是按着最适宜温度的要求逐步把反应温度降下来，虽然不是完全按照最适宜温度在进行，但却接近最适宜温度的变化要求。这个过程也可以用图 4 – 7 来表示。图中平衡曲线表示平衡转化率与温度的关系（计算值），最适宜曲线表示理想温度与转化率的关系；绝热操作线表示各段的进出口温度，亦即实际的转化过程的分段情况。

从图 4 – 7 中可以看出，段数越多，不但可以达到更高的最终转化率，而且温度与转化率的变化更接近于最适宜曲线，触媒的利用率也就越高。

理论上当段数无限增多时，反应过程的变化就会沿最适宜温度曲线进行。不过，转化器的段数的增多，必然使设备和管路变得复杂，阻力增大，操作不易控制。所以，大多采用四段转化器。转化流程根据转化反应后换热或降温方式的不同而分为两大类。

第一类：利用热的转化气与冷的烟气进行热交换，达到既冷却转化气又加热烟气的目的，这类流程通称间接换热式。各段触媒间的热交换器装在转化器内的称为器内中间换热式，装在转化器外的称为器外中间换热式。

第二类：利用冷烟气或冷干燥空气直接掺入转化气降温，称为直接降温式或冷激式。其中用冷烟气掺入降温的叫"烟气冷激式"，用空气掺入降温的叫"空气冷激式"。

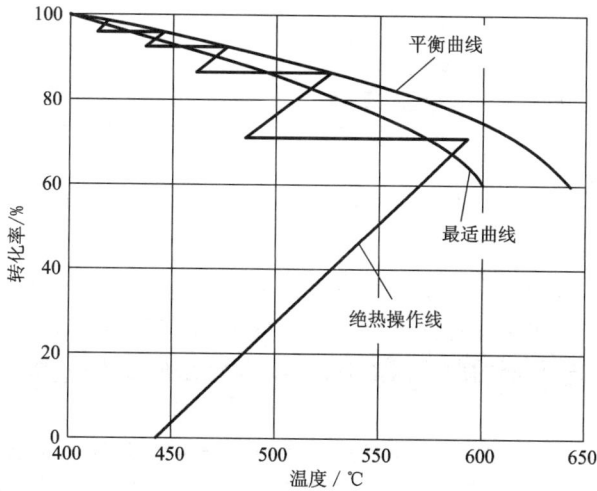

图 4 - 7 多段转化反应过程的温度与转化率的关系

2) 触媒层内的绝热温升和第一段进口温度

从表 4 - 6 中的最适宜温度变化的趋势可以看出,当转化率低到一定程度时,最适宜温度将会上升至超过触媒的耐热温度(600 ℃)。为了防止触媒超过它的耐热温度,同时依靠转化的反应热也无法将烟气预热到很高的温度,因此,实际的转化过程,显然不能一开始就按最适宜温度进行,而是从比触媒的起燃温度稍高一点的温度下进行的,触媒层迅速反应升温至接近最适宜温度。由于第一段反应中二氧化硫浓度较高,故反应进行得很快,尽管偏离最适宜温度较远,但对整个触媒用量的影响很小。

烟气在触媒层里反应放出的热量没有移走,这部分热量全部用于加热触媒和反应气体本身。每转化一定量的二氧化硫,所放出的反应热可看作是一定的。因此可以找出烟气的温升和转化率之间的关系,这个温升称为烟气的绝热温升。绝热的意思就是指在反应过程既没有从反应区移走热量,又没有从外部加进热量,这时过程是绝热进行的。绝热温升也就是指转化器在没有散热损失(转化器外壁保温)的情况下的温升。如果不考虑温度变化时气体热容的变化,那么转化的绝热温升 Δt ℃,可用下式计算:

$$\Delta t = \lambda \Delta X \tag{4-4}$$

式中:ΔX——转化率的增加百分数/分数(0.00 ~ 1.00);

λ——在绝热条件下,转化率每变化 1% 的绝热温升值,℃。

λ 值可按以下近似式计算:

$$\lambda \approx 10.1 a / c_p \tag{4-5}$$

式中:a——SO_2 的起始浓度,%;

c_p——反应气体在 500 ℃ 与 $X = 0.5$(转化率 50%)时的平均热容,1/4.18 kJ·m^{-3}·℃$^{-1}$。

根据公式计算出的不同 SO_2 起始浓度的绝热温升近似值如表 4 - 7 所示。

绝热温升可以用来判断转化器各段的转化率大致情况,只要知道某段进出口的温差,根据烟气的原始浓度,从表 4 - 7 中查得绝热温升后,用它去除某段的进出口温差值,就能得知该段的大致转化率为多少。

表 4 - 7　二氧化硫转化率每增加 1% 的绝热温升值

SO₂起始浓度/%	4	5	6	7	7.5	8	9	10
转化率增加 1% 的绝热温升/℃	1.17	1.45	1.73	2.00	2.13	2.20	2.52	2.73

由于转化器总有散热损失，因此温升数值实际是偏低的。偏低多少，与转化器保温情况和工厂所在地区气候条件有关。

用绝热温升计算转化率这个方法，结合不同原始浓度的烟气在 600 ℃ 时的平衡转化率，可以计算出在第一段出口温度不超过 600 ℃ 的情况下，不同原始浓度的烟气进入第一段的最高允许温度，当不考虑转化器的散热损失时，其计算结果如表 4 - 8 所示。

表 4 - 8　不同二氧化硫浓度下进转化器第一段的最高允许温度

烟气原始 SO₂浓度/%	5	6	7	7.5	8	9	10
一段进口最高允许温度/℃	499	470	453	445	441	428	421

一段触媒出口温度规定不超过 600 ℃，这除了平衡转化率的关系外，还因为转化器内部支撑触媒和分布气体的钢铁部件在高温下容易变形。特别是一些没有耐火砖衬里的转化器，对转化器本体的保护更为重要。

转化器其他各段的进出口温度，在设计时也是按照理想的条件计算确定的。

4.3.3.2　转化反应的进气 SO₂浓度

进入转化器的最适宜二氧化硫浓度是根据经济比较的结果来确定的。烟气浓度高时，存在着使触媒的投资以及制酸成本都增加的因素。但是另一方面，在同样的产量下，烟气浓度高气量就小，也是使设备（包括转化器、热交换器、干燥塔、主鼓风机等）、管道投资和制酸成本降低的因素。反之，烟气浓度低、氧含量高，需要触媒少，这是使触媒投资降低而使制酸成本下降的因素；但浓度低、气量大，又是使设备、管道投资加大和成本上升的因素。这两个因素的影响在不同烟气浓度条件下，作用大小不同。在烟气浓度很高时，触媒量太大，导致投资和成本增加的因素是主要的；随着烟气浓度降低，这一因素的影响逐渐减弱，而气量的影响逐渐上升；浓度低到一定程度时，气量增大，致使投资和成本增加的因素又成为主要的。因此存在着一个最经济的进入转化器的二氧化硫浓度。在冶炼烟气制酸中，通常进制酸系统的 SO₂浓度受冶炼系统的影响，呈现波动范围大，其浓度低的特点。现在，随着富氧冶炼工艺的推广，烟气 SO₂浓度可以高达 8% 以上，两次转化两次吸收流程最终转化率可达 99% 以上。

4.3.3.3　转化反应的进气量

进入转化器气量的多少，直接影响转化温度、转化率的变化，决定硫酸产量和系统的操作状况。主要影响因素有以下四个方面。

1）硫酸产量与通气量的关系

硫酸产量越大，需要的通气量就越大，可按下式进行计算：

$$V_{标} = G/98 \times 21.89 \times 1/X_T \times 1/\eta_a \times 1/C_{SO_2} \tag{4-6}$$

式中：$V_{标}$——通气量（标），$m^3 \cdot h^{-1}$；

　　　G——硫酸产量，$kg \cdot h^{-1}$；

　　　X_T——最终转化率，分率；

　　　η_a——吸收率，分率；

　　　C_{SO_2}——转化器进口SO_2摩尔分数。

2）触媒床层阻力与通气量的关系

触媒床层阻力随床内气体流速的增加（即通气量加大）而增大。对新筛过的触媒床层一般采用下列经验式来计算：

$$\Delta P = 6620 u_0^{1.7} \rho^{0.7} h \tag{4-7}$$

式中：ΔP——触媒床层阻力，Pa；

　　　u_0——气体表观流速，$m \cdot s^{-1}$；

　　　ρ——气体密度（一般在 0.49 ~ 0.57），$kg \cdot m^{-3}$；

　　　h——触媒床层高度，m。

对于新装填的触媒，气体阻力低，可以用较大的通气量。因为主鼓风机大多为离心式，风机的风量和升压是按其特性曲线操作的。系统的气体阻力下降，则风量上升，较大的通气量又使系统的气体阻力上升，与鼓风机的特性曲线达到新平衡点。由于通气量增加，使系统生产能力增加（SO_2浓度不改变时），在触媒量不变的情况下，转化率会稍有下降，所以通气量的增加，不但受鼓风机的限制，也受规定达到的转化率所限制，不能增太多。随着生产中触媒阻力的慢慢增加，通气量会逐渐减少，直到大修时过筛触媒为止。

3）转化系统热平衡与通气量的关系

对确定的转化系统，换热面积、保温已确定，在一定二氧化硫浓度下，随气量加大，反应热增多，而换热量不能成比例地增加。当旁路阀全关，而后面数段进口温度还降不下来时，转化率则有所降低，这时转化系统的换热负荷量已达到了最大程度，称该情况下的通气量为热平衡所限制的最大通气量。如果再加大通气量，一段进口温度必将低于规定的最低操作指标。这也就是说转化系统的最大通气量取决于转化系统的最大热负荷。

反之，当通气量减小时，反应热减小，换热的负荷量减小（需开大旁路阀调节），同时设备管道外壁散热使温度下降的影响增大了，使温度下降过多，当转化后几段温度已几乎低到触媒的起燃温度。这种情况下的通气量叫最小通气量。如果再减少通气量就会使整个系统"熄火"。

通常操作是在上述两种情况之间，旁路阀开一部分，转化器各段进口温度都维持在最佳范围之内，转化率达到规定指标。这时的通气量称为适宜的通气量。

4）转化率与通气量的关系

由SO_2氧化动力学方程可知，单位触媒在单位时间反应物质量只与温度、压力、组分浓度（在反应过程是变化的）相关。在进气SO_2浓度、触媒数量一定的情况下，增加通气量也就是增加了SO_2的进入量，减少了气-固反应时间。而转化的SO_2增加得不足以达到变化前的转化率，使转化率相应下降。这可由增加通气量前、后反应速度的变化来解释。增加通气量后，反应开始速度并未变化（因为进气浓度不变），由于通气量的增加，在生成SO_3速度不变的情况下，SO_2/SO_3比率增加了，亦即转化率有所下降。这个转化率的下降在反应后期对反应速度的增加起到明显作用。所以增加通气量后虽然生产能力有所增加，但转化率下降了。

同样道理，减少通气量可使转化率有所提高，但带来的是生产能力的下降，实际上，硫酸生产的尾气排放指标受国家环境保护规定的限制，所以要求达到一定的转化率，这决定了通气量的大小。

4.3.3.4 转化反应的工艺流程

1) 一次转化一次吸收流程

所谓一次转化一次吸收流程是指 SO_2 经多段转化后只经过一个或串联两个吸收塔（其中第一个塔为发烟酸塔），吸收其中 SO_3 后就排放。这种传统流程比较简单，但转化率相对较低，一般不超过 97%。因而尾气中排放的 SO_2 量较大，不能满足环保的需要。例如中国的排放标准，对新建装置最高允许排放量为 3.40 kg SO_2/t 100% H_2SO_4，相当于二氧化硫转化率 ≥99.5%。自从 20 世纪 70 年代以来，世界各国新建装置基本上放弃一转一吸技术而采用两转两吸技术。

2) 两次转化两次吸收流程

两次转化两次吸收流程常用一、二次转化段数和含 SO_2 气通过换热器的次序来表示。例如"3 + 1/Ⅳ、Ⅰ—Ⅲ、Ⅱ"流程是指第一次转化用三段触媒，第二次转化用一段触媒；第一转化前含 SO_2 气体通过换热器的次序为：第Ⅳ换热器（指冷却从第Ⅳ段触媒床层出来的转化气体换热器，其余类推）—第Ⅰ换热器；第二次转化前含 SO_2 气体通过换热器的次序为：第Ⅲ换热器—第Ⅱ换热器。目前冶炼烟气制酸系统的典型两转两吸流程主要为 3 + 1 四段转化。这一流程有以下五个特点。

(1) 最终转化率高

前面已讨论，由于一次转化后气体中的 SO_2 被吸收掉，气体中剩余的 O_2 和 SO_2 之比值很大，使第二次转化本身的 SO_2 平衡转化率明显提高，就有可能大大地提高最终转化率。如一次转化进气成分为 $SO_2$9%，$O_2$8.1%，$N_2$82.9%，$O_2/SO_2 = 0.9$，转化率为 92%。二次转化进气成分为 $SO_2$0.82%，$O_2$4.52%，$N_2$94.66%，$O_2/SO_2 = 5.5$。其平衡转化率与温度的关系如表 4 - 9 所示。

表 4 - 9 温度与平衡转化率的关系

温度/℃	400	420	430	440	450	460	470	480
一次转化进气 $SO_2$9% $O_2$8.1%	99.0	98.4	98.0	97.5	96.8	96.1	95.3	94.3
二次转化进气 $SO_2$0.82% $O_2$4.52%	99.1	98.5	98.0	97.5	97.5	96.2	95.4	94.7
总的平衡转化率/%[①]	99.93	99.88	99.84	99.80	99.76	99.70	99.63	99.58

注：①系指以一次进气浓度计算的累计值。

更重要的是，当 SO_3 被吸收掉后，重新转化时远离平衡，逆反应速率很小，总反应速率比吸收前快得多。两次转化法比一次转化法的平均反应速率要快 26 倍多，达到同样最终转化率所需触媒量要少得多。

由于两次转化的第一次转化率达 95%，最终总转化率可达 99.7% 以上。仅用一次转化，由于平衡的限制，在目前催化剂活性温度范围内，根本不可能达到这样高的转化率。

（2）能够处理较高浓度的 SO_2 气体

提高初始 SO_2 浓度（一般情况 O_2 浓度随之下降）带来平衡转化率下降，对反应是不利的。但由于一次转化后吸收掉生成的 SO_3，即便初始 SO_2 浓度较高，二次转化远离平衡，最终仍可达到较高的总转化率。

（3）减少尾气中的 SO_2 排放量

两转两吸流程若设计合理，尾气中 SO_2 浓度一般可低到 300 μg/g 以下，五段转化可达 100 μg/g 以下，不用再处理，可直接排放。免去了尾气处理的投资和操作费用。若用一次转化，尾气中 SO_2 含量在 3000 μg/g 以上，必须处理后才能排放。

（4）所需换热面积较大

由于增加了中间吸收，热量损失较大。气体又需再次从 80 ℃ 左右升高到 420 ℃ 左右，所需换热面积大。

（5）系统阻力比一转一吸增加 4~5 kPa。由于增加中间吸收塔和两台串联的换热器，故阻力增加。

图 4-8 为国内某铜厂转炉烟气制酸系统两转两吸流程，进转化器 SO_2 浓度 8.27%，总转化率 ≥99.7%，进转化烟气量（标）$1.6 \times 10^5 m^3/h$。采用"3+1"双接触转化工艺和"Ⅳ、Ⅰ—Ⅲ、Ⅱ"换热流程。

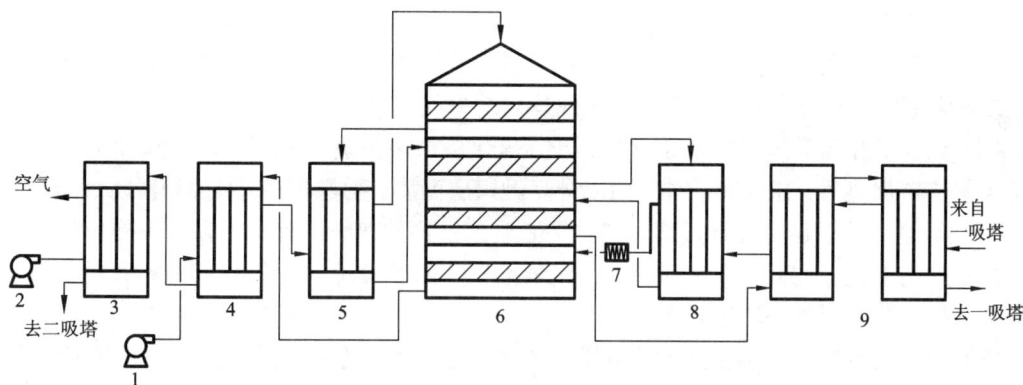

图 4-8 国内某铜厂转炉烟气制酸两转两吸工艺

1—SO_2 鼓风机；2—SO_3 冷却风机；3—SO_2 冷却器；4—Ⅳ换热器；
5—Ⅰ换热器；6—转化器；7—电加热炉；8—Ⅱ换热器；9—Ⅲ换热器

该流程的特点有：

①转化器采用碳钢结构（一段内衬耐火砖），增加了蓄热能力。

②为了确保总转化率 ≥99.7% 及尾气所含 SO_2 浓度 ≤960 mg/m³，转化触媒选用美国孟山都生产的 LP-110 及 LP-220 型环状触媒。转化器留有适当富余空间，可增加一定量触媒使尾气排放 SO_2 含量低于 571 mg/m³（≤200 μg/g）。

③选用国外稳定性好的风机单台配置，风机叶轮采用不锈钢材质，增强了抗腐蚀性，风机性能稳定不需备用风机，综合经济效益较好。

④转化工艺配管设计充分考虑到了大型装置管道刚性强，热膨胀引起的应力大，变形严重等问题。根据不同的情况，不同的部位设计了不锈钢波纹伸缩节、弹簧支座及拉杆结构。使设备、管道布置紧凑，管道系统弹性好，以防止设备及管道的拉裂。

⑤开工预热系统的设计充分地考虑了热能的利用。设计中采用由第二吸收塔供给较高温度（近70℃）的干燥气体经干燥塔—主鼓风机—Ⅳ换热器升温后再进入预热器升温到480℃后，一部分依次进入转化器一、二、三层，另一部分进入转化器第四层，加热各触媒层，使之达到所需温度。这样既可节省母酸用量，也提高了升温速度，同时节省燃料。

⑥采用了"3 + 1/Ⅳ、Ⅰ—Ⅲ、Ⅱ"转化换热流程，该工艺在国内外被广泛采用，生产稳定，操作灵活，为适应烟气SO₂浓度的波动，在二次转化气入口处设置了电加热炉，必要时采取补热以保证转化热平衡，同时缩短升温时间，确保生产正常进行。

4.3.4　转化的操作调节和不正常情况的原因分析及处理

4.3.4.1　转化工序的开车

二氧化硫气体转化成三氧化硫气体是在400～600℃温度范围内进行的，在转化开、停车时就有一个升降温过程。使用新触媒开车时，触媒还有个硫化饱和阶段（虽然目前所用的新触媒在制造厂已经进行过预饱和处理，但在开车时仍有较猛烈的硫化饱和现象，处理不当，温度就会迅速地超过600℃，有损触媒的活性），旧触媒过筛装回转化器后，开车过程中也有硫化饱和现象，温度也有突升阶段，不过没有新触媒那样强烈可不需要采取什么措施。所以使用新触媒和使用旧触媒的开车方法是有所有不同的，现分述如下。

1）使用新触媒开车

（1）在确认干吸开车运行正常，空气阀全开，风机进口阀或导叶全关，风机出口管道畅通，二氧化硫鼓风机符合开车条件后，按规程启动主鼓风机运行。

（2）当二氧化硫鼓风机启动正常后，开二氧化硫鼓风机进口阀，由空气阀抽空气经干燥塔送经预热器加热后，通入转化器，用以升高触媒层温度，触媒层每小时温升最大不超过30℃。为了不使一段触媒层温升过快，同时又能充分发挥加热炉的能力，应尽快提高整个转化器各触媒层的温度。在开始升温阶段，大风量操作。随着升温时间的加长和温升的需要，再逐步减少鼓风量来提高一段进口温度。

（3）当一段触媒入口温度达到400℃时，立即通知冶炼系统和净化、吸收等岗位做好通气准备工作。如一段触媒入口温度达到415℃以上，立即通知前后岗位开车并开始抽吸二氧化硫烟气。据多数厂家经验证明，在开始通烟气时，SO₂浓度控制在4%左右为宜，如用S₁₀₈触媒，可在400℃时通气。

新的升温方法，即"硫酸系统无污染开车法"，它是用外加热把一、二、三段触媒层温度（两次转化即把一、二、四段触媒层）升到415℃左右，才系统通气，改用SO₂烟气升温。初始转化率可大于90%，初始系统抽气量可达正常生产时气量的60%。这样，既可大大降低从吸收塔排出尾气中的SO₂含量（如有回收塔可完全做到排放标准），又可消除在系统通气中冶炼系统要较长时间压负荷的现象。此法虽升温时间要长些，但对环境保护很好，应逐步进行推广。

（4）通入烟气后，一段触媒层出口温度迅速升高，如升到570℃时还有继续猛升的趋势，这时应立即把二氧化硫浓度降低到2%以下，或立即停抽二氧化硫气体，防止一段触媒层温度超过 620 ℃。待一段出口温度开始下降，就说明一段触媒层已被硫化饱和完了，应通知冶炼系统、净化岗位停抽空气，把二氧化硫浓度提高至 7% 左右。

（5）当二段触媒已进行反应，出口温度达到 450 ℃ 以上时，便可在保证一段入口温度不降低的情况下，逐步增大走主线的气量。随着走主线气量的增大，反应热量的增加，要逐步减少走预热器的气量和降低加热炉的出口温度。

（6）当气量已开大到正常生产所需的程度、各层温度已能维持正常时，则可完全停止预热器的通气量，并逐步降低加热炉的温度，直到停炉。

（7）进一步调节转化器各旁路阀、调节气量、调节二氧化硫浓度，使转化器各层温度控制在规定的指标范围内，转入正常生产。

两次转化开车方法，基本上和一次转化相同。一般情况下，在开车升温过程中把两次转化切换成一次转化来开。这样可较好地利用热量并缩短开车时间，待开车完全正常后再切换成两次转化两次吸收的流程。也有的先升一次转化再升二次转化，也有的把一、二次转化触媒层同时进行升温，这些方法都是切实可行的，但热能的消耗是不相同的。从减轻污染考虑，在"硫酸系统无污染开车法"中是将一次转化的一、二段及二次转化的一段温度，同时用外加热升到 415 ℃ 左右，再通 SO_2 烟气升温。这样，初始转化率即可达到 90% 以上，通气量可达到正常生产气量的 60% 左右，可消除烟气外排。

2）使用旧触媒开车

使用旧触媒的开车方法，和使用新触媒的开车方法主要不同点是无硫化饱和阶段，确切地说硫化饱和阶段不如新触媒那样明显。故在升温操作上可不考虑先通入低浓度的二氧化硫气体，而直接通入较高浓度的二氧化硫气体来升温，一般情况下一段触媒层出口温度不会猛升超过 620 ℃ 的。如有可能超过 620 ℃ 时，可把烟气停一下，待 5 ~ 10 min 后再继续通入二氧化硫气体升温即可。其余升温操作步骤和新触媒的开车方法相同。

3）短期停车保温后开车

转化器停车保温时间较短，不超过四个小时的，在开车时一般即可一次开正常，不需采取什么措施。如保温情况不好，停车时间又较长，开车时需注意如下几点。

（1）首先要把各换热器的旁路阀门和各冷激阀门全部关死，保证开车时各换热器、各触媒层贮存的热量得到充分利用，各换热器的换热面积能得到充分的利用，使一段或前面几段的进口温度高于触媒的起燃温度。

（2）根据各触媒层、各换热器的温度状况，开车时要选择合适的气量。当气量过大超过了热平衡条件（即换热器、转化器内原贮存的热量和当时已反应的二氧化硫的反应热不足于把冷烟气加热到一段触媒进口所必须的温度范围），就会把转化温度吹垮。气量过小，因散热损失量相对来讲变大，随着时间的延长也会把转化温度拖垮。所以气量适当与否，是转化器短期停车后开车成败的关键。而到底在什么温度情况下开多大通气量适宜，没有一个统一标准，要由各厂的具体条件而定。

（3）开车过程中要特别注意进气中二氧化硫浓度不能低，也不能过高，保持在 7% 左右较好。但在实际生产中往往不容易做到，特别是冶炼烟气的制酸系统，在开车时因转化的气量不大，从冶炼系统抽的气量较小，相对来讲在净化部分损失的二氧化硫增多和沿途漏入的空气量增大，故到转化器进口烟气中二氧化硫浓度则往往是较低的。这时要千方百计地把冶炼系统烟气浓度尽可能地提高，并尽可能地消除漏气和减少二氧化硫在净化部分的损失。即使通气量适当，而所需要的二氧化硫浓度不能保证也会使转化器温度垮掉，这在实际生产上已屡见不鲜。当然，二氧化硫浓度过高，则因氧气不足而使二氧化硫转化较少，反应热量不多，也会使转化器温度被冲垮。

（4）在开车时增大气量不能操之过急，一定要待有增大气量条件时适时地开大气量，还要注意每次不能开得过大，要视温度情况逐步加大气量，这样可使转化迅速地恢复正常。相反视温度下降情况或见有下降而无回升的趋势时要果断地及时地减少气量，减小时一定要注意减够、减恰当。气量减得不够是起不了作用，不能制止温度继续下降，当然一次减得过多也是无益而有害的，气量一定要减得适当。

（5）以上指的都是不用加热炉的开车情况，如果停车时间长，温度比较低，需用加热炉帮助开车的，要在正式使用加热炉之前6个小时（电炉不需要）加热炉点火，开车时分两路走气，一路经预热器进转化器，一路经各换热器走主线进转化器。两路的气量要掌握适当，一般情况下走主线的通气量多于走预热器的通气量，要充分利用此两路的热量，迅速地把转化器开正常，然后再停用加热炉。

4.3.4.2　转化工序的停车

转化器停车，通常分两种情况，一种是短期停车（经一段时间保持温度后，不用加热炉能再开车的），另一种是长期停车（触媒层需降温、开车时需用加热炉升温的）。平时系统小修理停车及事故停车等，均属于短期停车。系统大修理停车及因停车三天以上者，则属于长期停车。

1）转化器短期停车

（1）根据停车时间的长短，停车前2~6 h要酌情提高转化器温度。提高转化器温度，首先要着眼提高整个转化器和后段触媒的温度。第二步，在接近停车前要集中提高一段触媒层的温度，提高的限度以一段出口温度不超过600 ℃为限。如停车时间不超过2 h，停车前可不必提高转化器温度，或略为提高转化器一段进口温度即可。

（2）停下二氧化硫鼓风机后，要立即关死二氧化硫鼓风机的进、出口阀门和各换热器的旁路阀门，防止转化器的温度下降过快。注意检查转化器各层温度情况，每小时记录一次。一般在停车后各段触媒层进口温度会比停车前升高、出口温度会有所降低，随着停车时间的延长，出口温度愈来愈接近进口温度甚至达到相等的程度。根据各厂的具体条件，停车后转化器每小时温度降低情况各厂是有经验数字的。事先温度提高多少能保温多长时间和转化器最长保温时间是多长等各厂都是清楚的。如发现温度降低有反常现象应及时找出原因立即给予解决。温度降低过快，通常的原因是由气体流动造成的，应设法切断各处烟气的进口或出口。

（3）停车保温后再开车时，要特别注意当时的温度状况，根据温度情况决定是否需用加热炉、通气量开多大，二氧化硫浓度需要多高等，严防通气量过大和二氧化硫浓度低，而使转化器温度急剧下降。需外加热源时，应启动加热炉，绝不能怕麻烦不用加热炉，避免在开车操作中因图省事而使转化器温度垮掉。

2）转化器长期停车

转化器长期停车，操作关键是如何把触媒中的三氧化硫、二氧化硫吹净，使触媒颜色不发黑和少受其害。其次，要注意温度降低不能过快，要逐渐下降，防止触媒碎裂、粉化和设备焊口开裂等。

（1）为了能够维持在较长时间的高温状况下把三氧化硫、二氧化硫吹净，停车前要尽可能地提高转化器各段触媒层温度（方法同短期停车的提温操作）。

（2）停车前6h点燃加热炉，在停车以后控制预热器出口热风温度大于440℃，吹入转化器一段触媒层，依次通过各层触媒，把残存在触媒中的三氧化硫、二氧化硫吹净。热风吹净阶段，各段触媒层温度要设法控制在400℃以上，吹净时间一般为6～8h。转化器末段出口二氧化硫含量经测定达到0.03%以下，或肉眼看不到白雾时，即可停止热风吹净而改用干燥的冷空气降温。

（3）随着温度下降情况逐步增大气量，并开动旁路阀门，控制温度每小时降低数不超过30℃。待一段触媒层温度降低到80℃以下时（接近二氧化硫鼓风机出口气流温度），即可停止降温交去修理。如转化器无须修理，各段触媒无须筛换，则可不进行冷空气降温，只进行热风吹净即可。一旦三氧化硫和二氧化硫被吹净，即停下转化器插死盲板让其自然降温。实践证明，这一操作方法对保护触媒和设备是有利的。

（4）降温过程中要注意控制温度的下降情况，并做好记录。降温完成以后，要注意收好各种仪表计器、用具、报表和记录本等，防止损坏，以便开车时再用。

4.3.5　转化不正常情况的原因分析和处理

4.3.5.1　转化温度不正常

转化温度不正常，是操作中经常碰到的。表现为转化器后段温度低，不起反应；转化器首段或一、二段温度低，反应后移；转化器某段温度偏高而另一段却偏低，出现忽高忽低现象；转化器各段温度都降低，严重者产生降温事故及转化器多数段温度偏高，少数段或个别段温度在指标之内等。

在仪表正常的情况下，造成转化温度出现这些不正常情况的原因和处理办法分述如下。

（1）转化器后段温度低不起反应

如果是临时性的，造成的原因多是二氧化硫浓度低，旁路阀开得过小或调节不当以及气量较小所造成的。此时只要正确判断出其原因，采取调节措施后，转化器后段温度即可恢复正常。如转化器后段温度低，长期不起反应，造成的原因可能是设备保温状况不好（保温层厚度不够或开裂脱落等），二氧化硫浓度指标偏低，气量不够大，触媒中毒活性下降，总换热面积不够和后段换热器传热面积过大而旁路过小等。

通过热量衡算，具体查出热损失大小，总的换热面积是否够用和分配是否合理。提出加厚或整修保温层的意见，提出增加换热面积和调整旁路管道阀门的意见；提出提高二氧化硫浓度和增大风量的意见。

换热面不够，新系统一开车时就可看出。如果开了相当长的时间以后才觉察，那就不是换热面积不够的问题，而是换热效率下降了。其原因可能是二氧化硫进气口方向的列管被酸泥堵塞，气体分布不好所造成的。此时应打开换热器进行检查，把酸泥尽可能清理掉，并设法扩大进气口的面积（如改环形进气口、扩散形进气口等）。其次可能是列管间被氧化铁皮所堵塞，这种现象易发生在高温换热器内。处理的办法是将换热器顶盖打开，从四根管子中拔一根，再用月牙铲刀清理掉管间的铁锈，清理后重新装上新管子。再有，可能是管内被触媒粉、氧化铁等物堵塞。一般先用压缩空气检查被堵塞的管子，再用焊上尖头钢棍的铁管子逐个捅通，若捅不通的管子超过总管根数20%时一般要进行更换。

如果是触媒中毒活性下降，在生产当中可以把加热炉点起来，借用外加热的办法把后段触媒层温度提起来，使之超过正常温度 $20 \sim 40 \, \text{℃}$，维持 $4 \sim 6 \, \text{h}$ 后，停下加热炉，让其自行下降到指标控制的范围内或略高于原指标 $3 \sim 5 \, \text{℃}$。这样做一般可以一次奏效。如一次不行，可再烧它两次到三次，若再不行只好待大修时通过检查，对触媒进行鉴定，确定是否全部更换还是部分更换。

（2）转化器首段或一、二段温度低反应后移

此现象一般是在短时间内迅速发生的，一段出口温度逐渐下降，甚至低于进口温度。严重者二段出口温度也会下降，而三段、四段出口温度却上升，进出口温差增大，总转化率降低。

造成这种现象的原因，主要是二氧化硫浓度过高和过低所引起的。二氧化硫浓度过高，含氧量就低，触媒起燃温度就相应要增加，而在原温度指标下就出现温度反常现象——出口温度下降。二氧化硫浓度过低，旁路阀关闭不及时或调节不当，造成一段触媒层入口温度过低，低于起燃温度使出口温度下降。

解决这一问题的办法，首先是要联系冶炼系统设法稳定进气二氧化硫浓度，减少波动，把二氧化硫浓度控制在指标范围之内。第二，要迅速地把旁路阀关死，提高一段入口温度。第三，如旁路阀已关死仍不能改变温度的反常状况，应减少气量。第四，如减小气量还不行，则需动用加热炉，从外部补充热量，提高首段温度，再逐步增大气量，恢复正常操作。一般情况下只要减少气量及时和减量适当，不动用加热炉是可以使温度恢复正常的。二氧化硫浓度过高引起的反常，要比浓度过低引起的温度反常容易调节，这是因后面数段温度较高所致。要特别注意二氧化硫浓度过低引起的温度反常，处理不及时和不适当就很容易扩大成降温事故。

（3）转化器温度某段忽高另一段忽低，不稳定

转化器操作得好，各段进口温度都会在指标范围之内，而且是稳定的，是不会出现某段忽高、另一段忽低的现象。出现温度忽高、忽低现象的原因，一般是旁路阀调节不当所致。所谓调节不当，主要是指经验不足，技术水平低，对旁路阀门开关大小所产生的效应心中无数，不了解旁路阀门主要作用和次要作用，动作不准确，操作无预见性，调节过于频繁所造成的。其次是调节不及时或没有进行必要的调节，对进气中二氧化硫浓度波动范围不加控制所致。

转化器温度出现忽高、忽低的现象，不是转化岗位工艺设备缺陷所造成的，也不是气量不适当和进气二氧化硫浓度波动过大所造成的，因此是比较好解决的。只要加强技术学习、认真总结经验、做到准确、及时地预见性调节，使转化器温度时刻不失去控制，即可解决转化器温度忽高忽低的不正常状况。

（4）转化器各段温度都降低，严重者产生降温事故

转化器各段温度都降低，一般都是首段先下降，其次末段下降，再是中间段下降。或是末段先下降，其次中间段下降，再是首段下降。这两种温度下降情况，不管哪一种，只要抢救不及时都会产生降温事故，被迫使用加热炉再进行转化升温。

造成转化器各段温度下降的原因，一般有三种：一是进气中二氧化硫浓度低，并且长时间提不起来，就会出现末段温度先下降，进口高于出口。随着时间的推移，中间几段的触媒层温度也会随之下降。最后，首段温度也随之下降而垮掉。二是气量过大，使气体单位换热

面积下降、接触反应时间缩短，就容易造成首段温度先下降，再是末段温度下降，最后中间段温度下降而垮掉。三是旁路阀开得过大，特别是直通首段触媒层的旁路阀开得过大，最易引起首段温度先降低，其他段温度随之下降，最后整个转化器温度全垮掉。

解决的办法：如属第一种原因造成的，应该及时地关小各旁路阀和适当地减少气量。把二氧化硫浓度提起来后，视温度上升情况再行加大气量和打开旁路阀门。若是第二种原因造成的，要迅速地减小气量使首段进口温度能尽快地回升到正常情况，并对分路阀作相应的调节。如果是第三种原因造成的，首先要关死直通首段触媒层的旁路阀门，并将其他分路阀门适当关小或关死。如这样处理仍不行的话，还要把气量适当地减小，待首段温度恢复正常以后再逐步把气量和旁路阀调至正常。

（5）转化器多段床层温度偏高

转化器多段温度偏高，常遇到的有两种情况，一种是短时间的，另一种是长时间的。总的来说都是热量富裕的表现。前一种多半是操作不当引起的，后一种多半是设备缺陷造成的。

转化器多段温度出现暂时偏高现象，主要原因一般有两个：一是进气中二氧化硫浓度较高，反应热量多，温度高。二是旁路阀未及时开或开得不够大，以及旁路阀调节不当等所造成的。由这两个原因造成的温度暂时偏高现象，是比较好解决的，只需联系冶炼系统把二氧化硫浓度降低些、把转化器的旁路阀重新进行调节并开大即可。

转化器温度长时间偏高，已经调节到进气中二氧化硫浓度因产量需要已不允许再降低，转化器各旁路阀已全开无法再调节，系统气量已不能再增大，转化器多数段的温度仍然降不下来，这说明转化器热量富裕，是换热面积过大所造成的。解决这问题的办法，一般采用改大旁路管线和新加旁路管线(加大不经全部换热器或不经某一、两个换热器的气体量)，也就是用减少部分换热面的办法把转化器温度降下来。另一个办法是，扒掉或减薄部分保温层，也就是用加大热损失的办法把转化器温度降下来。再一个办法是，利用大修理停车机把换热器列管堵掉一部分(一般用钢棍加工成 70~80 mm 高的圆台塞子，在换热器花板上匀称地或选择某一部分塞死部分管子)，也就是用直接减少换热面的办法把转化器温度降下来。

4.3.5.2 转化率低

转化率低是各厂在实际生产中经常需要投入力量解决的主要问题之一。转化率低有两种情况：一种是临时性的降低，另一种是长久性的降低。前一种多属操作上的原因，后一种多属于设备和触媒方面存有缺陷所引起的。

1）转化率临时降低

（1）转化温度控制不当，温度的不正常情况当然是影响转化率降低的重要因素。只要温度有波动，转化率就不会高，这是大家都熟悉的常识。在这讲的是指在已确定出适宜温度指标下出现了温度不正常情况时，能否准确、及时地选择适宜温度指标进行调节控制，也是影响转化率的一个重要因素。

由于各厂具体情况不同，在一厂合适的温度指标，引用到另一厂就不一定能获得高的转化率。就是在同一个厂，由于各系统具体情况不尽完全相同，一个系统合适的温度指标引用到另一个系统也不一定能获得高的转化率。这主要是设备结构、设备大小、旁路阀设置、热电偶位置、仪表等级、触媒量的分配、触媒层厚薄、触媒层阻力、触媒新旧程度、触媒型号批号、气量大小、烟气条件及运行时间长短等的不同而造成的。因此，在生产中要适时地选定出本系统各段最适宜温度指标从而获得高的转化率是非常重要的。切不要把温度指标视为一成不变的东西，生产一段时间后就要作相应的调整。现在国内外有的厂已采用电子计算机来不断寻求和自动维持转化器的最佳的操作温度条件，时刻保证转化反应在最佳的温度条件下进行，从而获得高的转化率。

（2）烟气浓度波动和偏高对进气中二氧化硫浓度的要求有两个：一要控制在适宜的浓度范围内，不使偏高或偏低；二要波动幅度小。

（3）气体浓度分析不准确，温度测量有误差，如果分析试剂、分析仪器、分析手段等有问题，转化器入口和出口的二氧化硫浓度就分析不准确，计算或查出的转化率当然就会出现虚高或虚低。二氧化硫浓度自动分析仪表有故障也会出现此种现象。温度测量仪表、热电偶、补偿导线等有问题，不能测出真实温度，控制的温度指标是虚假的，因而转化器温度不可能真正控制在适宜温度下，转化率一般是较低的。

概括起来说，浓度、温度检测不准确，有误差，也会影响转化率的提高。要想获得高的转化率，气体浓度分析、温度测量必须准确可靠，它是获得高转化率的最起码的条件。在生产中要注意进行定期的校正检查，不可疏忽大意。

2）转化率长期性降低

（1）触媒活性下降。在生产上一般是根据以下三种情况来判断触媒活性是否降低的：①在入口二氧化硫浓度和温度相同条件下，观察触媒层温升有无改变。如果温升降低，则触媒有活性下降现象。②在气量相同或略小的情况下，触媒层阻力逐步增加，也有的在短时间内阻力突然增加 $2.94 \sim 3.92$ kPa。阻力逐步增大说明触媒慢性中毒粉化，氧化铁累积堵塞，或触媒发生结疤现象。触媒层阻力突然有较大增加，这种现象多半发生在负荷重、气速大的转化器内，主要是烟气净化未达到指标要求，大量酸雾、水分和矿尘等被带入转化器内使触媒表面大量结疤。阻力逐渐增加或突然增加都说明触媒活性下降。③在操作较平稳状况下测定分段转化率，如测出的转化率比相同条件下为低，则说明该段触媒活性下降。

生产上由于一段触媒是和烟气首先接触的，又是在最高温度下运行的，因此容易中毒，微孔结构改变，比表面下降，钒损失较快，阻力一般增加最多。活性下降后反应后移，使二段温升增大。但是，二段转化率的提高一般并不能补偿由于首段转化率的降低而造成的对最终转化率的影响。

发现触媒有中毒现象时，首先要分析化验原料矿中的有害杂质如砷、氟、铅、锌、碳等是否超过规定标准，并在二氧化硫鼓风机出口取样分析气体中的砷、氟和矿尘的含量。如超出正常规定数值，应立即改换原料。

（2）冷热交换器（外部换热器）漏气。在转化温度、进气浓度和触媒层阻力没有什么明显变化的情况下，转化率一次性降低比较大（常大于2%）。这种现象往往是冷热交换器（外部换热器）漏气所造成。由于换热器列管的内外压力不一样（管外高于管内），管外未转化的气体混入管内，导致转化后气体中 SO_2 含量增高转化率下降。当怀疑有这种可能时，可以同时在该换热器的转化气进出口管道上取样分析，经多次分析，如转化气中的 SO_2 含量有差别即可证实该换热器是漏了。在换热器使用时间较长和水分、酸雾达不到净化指标时，特别是水分含量较高时，最易使冷热交换器在二氧化硫进气部位的列管受到腐蚀而漏气，其次是在下花板之上 1000 mm 高度处的管子，被腐蚀坏也是比较多的。因这部位温度较低，管内易有冷凝酸产生，管外也易聚集酸，故此部位的管子也易漏气。

换热器的管子如果坏得不多,在停车降温以后,可用铁堵头把它堵死。如果是花板处的管口坏了,可插入管径略小些的短管进行焊补。如果是花板之下或之上20 mm左右处的管子坏得较多,管子其余部分还较好(厚度在2.5 mm左右)可将此部分管子锯掉,花板位置平移,套住每个管子,重新胀管修复。修好以后的换热器,必须用压缩空气按规程进行试压。

除冷热交换器外,其余换热器因温度较高无冷凝酸生成,故不易腐蚀漏气,即使有些漏气,对最终转化率也影响不大,但如漏气较大和影响传热效果时,也应进行修理或更换。

(3)转化器隔板漏气和篦子板倒塌。转化器内部件因受热变形,腐蚀和膨胀等因素,多采用生铁或低铬铸铁铸件。由于翻砂质量和安装质量不高,触媒层之间隔板缝较大,常用白石棉绳填塞。运行一段时间,石棉绳容易烧坏脱落,漏气增大,虽有下段触媒层,但因温度不好控制,转化率仍比较低。对两次转化流程来讲,影响更为明显,两次转化之间的隔板一定要注意密封,否则将严重影响最终转化率。所以从20世纪70年代末以来,我国和世界许多国家都将隔板改用带有膨胀节的薄钢板(3~5 mm)焊死,收到良好的效果。

篦子板缝大或用一段时间后变形,触媒会慢慢漏到下面隔板上。触媒层形成大窟窿,气体走短路而使转化率降低。个别厂曾发生篦子板倒塌现象,转化率下降很大。如果发生上述问题,一般要待大修时或在降温后才可处理。

(4)触媒层被吹成洞,气体短路,或两次转化的升温副线、二氧化硫鼓风机出口至吸收塔出口副线的阀门漏气等,都会使转化率低。

4.3.5.3 压力不正常

为了掌握各设备阻力的变化,转化岗位设置的压力表是比较多的,平时对压力表要注意维护。现就几种常见的不正常情况的原因和处理方法分述如下。

1)鼓风机出口正压增大、进口负压减小

触媒粉化和结疤,冷热交换器进口酸泥堵塞,除沫器堵塞,鼓风机出口和旁路阀自动关小等,都能使阻力增加而引起二氧化硫鼓风机出口正压增大,打气量下降而使进口负压减小。另一种原因是冶炼系统和净化岗位突然漏入大量空气(如烟道盖子掉了,安全水封内水被抽光等),使二氧化硫鼓风机进口的阻力下降,打气量增加,反映在鼓风机进出口的压力上,是进口负压减小,出口压力增大。

遇到此种现象,首先要检查压力表是否准确可靠。然后检查鼓风机电流和气体流量计,确定气量是增大还是减小。如果是增大,要从二氧化硫鼓风机进口前的设备、管道上找问题;如果是减小,要从二氧化硫鼓风机出口管道、设备上找问题。最后,查清问题后,应立即进行排除。有些问题一时排除不了,如触媒粉化等,需待大修中解决。

2)压力波动大

正常情况下,转化系统的压力是比较平稳的,看不出有什么波动现象,但有时却波动很大,其原因如下。

(1)干燥塔、吸收塔、三氧化硫冷却器等设备内积酸增加,并已造成不同程度的液封现象,使气流不畅或不能均匀通过,在压力上就会表现出波动。如果是塔底液位过高,应立即减少上塔酸量;如果是三氧化硫冷却器内积酸过多,应立即把酸抽掉(或放掉),即可消除压力波动现象。

(2)阀门松动、阀芯位置固定不牢,气体不能均匀通过,导致压力波动。特别当使用蝶阀时,最易产生此现象。查出松动的阀门,先从外部采取加固措施,如解决不了,需安排停车计划加以修理。

（3）阻力大，超过二氧化硫鼓风机特性曲线的稳定范围，打气量不匀，压力波动。遇到这情况要设法减少系统阻力，使二氧化硫鼓风机在性能稳定区域内运行，就可消除压力波动现象。

（4）两台或多台二氧化硫鼓风机并联，各台之间的打气量调节不当，有的过大，有的过小，必然会使压力波动。遇到此种现象，只要把开度过大的二氧化硫鼓风机先关小些，再把开度过小的鼓风开大些即可解决。

3）二氧化硫鼓风机出口压力减少，进口负压增大

有两种可能，一种是二氧化硫鼓风机进口之前的净化岗位或冶炼系统的设备和管道有阻力增加的现象，如烟气管道阀门闸板掉落、灰或酸泥堵塞、升华硫粘结、塔内积液等，使二氧化硫鼓风机进口负压增大，气量下降，出压减小。另一种是二氧化硫鼓风机出口的管道、设备阻力下降，如阀门开大或触媒层穿孔等，使出压减小气量增加、进口负压增大。

联系净化和冶炼系统，分段检查各设备的进出口压力，并与正常情况下的压力进行比较，找出阻力增大的管道或设备。如果是设备阻力增大，还要进一步测量检查出是设备的那一部位有问题。原因确定后，能从外部处理的，如闸板、塔积液等就可立即排除掉。不能从外部处理的如干燥塔除沫器（除沫层）等被升华硫和矿尘堵塞时，需系统停下来才可进行处理。处理后二氧化硫鼓风机的进出口压力就可恢复正常。如果是二氧化硫鼓风机出口以后的毛病，若是阀门问题，把阀门位置恢复即可；若是触媒层穿孔，需待停车降温后才可解决。

4）鼓风机进出口压力同时增大或同时减小

这种情况说明打气量变化了，鼓风机进出口压力同时增大（鼓风机入口是指负压增大）说明打气量增加；同时减小说明打气量下降。引起的原因是鼓风机进口阀门或出口阀，由于受到震动而自动开大或关小。检查出来后，首先把阀门调节到所需要的位置，然后再加以固定。

以上所讨论的鼓风机进出口压力的变化规律，所指的是压力表安装在二氧化硫鼓风机进出口阀以外。如压力表是安装在鼓风机进出口阀门之间，就要考虑阀门对气流的节制作用和对压力的影响。

4.3.5.4　二氧化硫浓度过低

气体浓度过低的原因，一般是冶炼系统断料、烟道上人孔盖板脱落，或净化岗位安全水封内的水被抽完等所造成的。

处理的办法：与冶炼系统、净化岗位联系，进行检查，排除故障，迅速地把气体浓度提上来。如果短时间内不能把浓度提起来，要视转化温度情况再做进一步处理。

冶炼气制酸具有烟气二氧化硫浓度波动大，间断供气（间断出料、进料和故障停炉）等特点，在鼓风机出口与干燥塔间设置了一条气体打回流的管线。二氧化硫浓度过低时，当鼓风量已减至最小还不足以维持前一、二段触媒层温度时，即可打开回流阀门，关死去转化器的主线阀门，停止向转化器供气。这样可不必停下二氧化硫鼓风机，又不致使干燥塔循环酸浓度降低过多。采用这种办法一般不宜持续时间过长，一则转化温度不允许，再是白白浪费电，故它是一个短时间的应急措施。如果采用液力耦合鼓风机或变频调速鼓风机，进出料时自动调节抽气量，而不必采用上述的打回流办法。

4.3.5.5　二氧化硫鼓风机的故障

（1）轴承温度高

根据轴承温升情况要迅速查明原因，视情况作出处理。如果轴承温度是慢慢升起来的，比正常偏高，但又未超过 65 ℃，其原因多半是油量不足，油温偏高及油中含杂质等造成的。处理办法是把冷却水开大些，调大循环润滑油量，或更换部分新油。采取上述措施后即可把轴承温度降到正常范围。如果轴承温度急剧上升，并超过 65 ℃，则多半是轴承断油烧坏或轴承碎裂所引起的。处理办法，首先要紧急停车并开动辅助油泵，然后再联系有关岗位和部门，采取相应措施。

（2）鼓风机震动

鼓风机震动一般原因和处理办法分述如下。

①叶轮沾酸泥或聚结升华硫过多，以致失去平衡，而使鼓风机突然产生较大震动。这种现象一般在鼓风机停后再开时比较常见。遇到此现象时，需立即停车冲洗叶轮，不得延误。

②进口烟气管道中有异物吸入，风机叶轮损坏等，都易使鼓风机产生特别大的震动并发出可怕的响声。这时应紧急停车处理。

③断油，轴承烧坏，鼓风机除突然发生特别大的震动外，还在轴承处冒烟。发觉后应紧急停车，检修油循环系统和更换轴承。

④轴承破损，在该轴承处震动较大。如温度未超过 65 ℃并且温度是稳定的，不必立即停下鼓风机，还可以开一段时间，如轴承温度发生波动，说明轴承损坏已经比较严重，这时需采取相应处理措施。

⑤轴承间隙过大或轴衬垫损坏，会慢慢发生一般性震动现象。检查清楚后可短期停下调整轴承间隙和修补轴衬。

⑥联轴节(靠背轮)找正不好，电机和鼓风机都震动，靠近联轴节的一端震动较大，应停下重新找正后再开。

⑦地脚螺丝和轴承等处螺丝松动，震动程度随螺丝松动程度的发展而逐步增大，查出后应立即把螺丝紧固。

⑧鼓风机进口阀关得过小或出口阻力过大以及鼓风机出口阀开得过大等，使鼓风机在不稳定区域内运行。此时，除发生震动外，还发出喘气声或怪响，压力波动较大。经查明后应及时调节进出口阀门，使其在稳定区域内运行。

⑨电动机发生轴承损坏等故障也会影响鼓风机震动，须视情况检修电机。

（3）油压下降

油压下降可检查油位和油泵，并作相应处理。

（4）轴承处漏油

轴承处漏油是常见的事故，主要是检修质量不高所造成的。具体表现在：轴承间隙过大、装配不吻合以及轴承密封垫损坏等。解决的办法，要从严格检修质量抓起。若是密封垫损坏，要更换密封垫，并进一步查出使密封垫损坏的原因(如鼓风机震动、轴承座找正不好与轴不同心等)彻底解决。

4.3.5.6　突然断电、断水和跳闸

在生产中，由于外部原因引起转化岗位或全系统断电、断水和本岗位及其他岗位的单体设备跳闸等，是一般常见的事故。

断电的处理：首先检查电机的电源是否断开，如没有的话，要立即切断电机电源，防止来电后自动开车。第二，关死鼓风机的进口阀或出口阀门(罗茨风机还要打开回流阀门)。第三，要与供电部门取得联系，掌握来电时间并通知冶炼系统、净化、吸收等岗位。第四，要视断电时间的长短确定是否要关闭各旁路阀门。如预计断电时间超过一小时以上的，为稳妥起见，要把各旁路阀门关死。第五，来电要待净化、吸收岗位的各台泵开正常以后，按短期停车后开车手续开车。

断水处理：如断的不是净化等岗位的直接用水，而是间接使用的冷却水，则不需要紧急停车，只要工艺指标没超过警界线，电机外壳温度不超过 70 ℃、轴承温度不超过 65 ℃一般不碍事的。如果指标超过生产工艺允许的最高范围，设备超过上述温度，则需停下鼓风机，待冷却水来后把温度降下来才可再行开车。如果是生产直接用水中断则需紧急停车，待供水稳定后才可开车。停车后怎样处理，一般来讲和断电的情况一样，要视断水时间的长短而定。

跳闸的处理：单体设备跳闸，不管是发生在本岗位或其他岗位，凡是生产工艺不允许开车的，一律要作紧急停车处理。只有在设备恢复正常后或备用设备开起后，允许再行开车才可开车生产。具体开停车手续和停车后的处理，要视时间的长短而定，一般是按短期开停车的手续来进行。

4.3.6 转化设备

4.3.6.1 转化器

我国目前采用较多的转化器是轴向固定床转化器，也有径向固定床转化器、卧式转化器、沸腾床转化器、非稳态转化器等类型。无论采用何种型式转化器，都必须充分考虑以下 5 个因素：

①转化器设计应使 SO_2 转化反应尽可能地在接近于适宜温度条件下进行，单位硫酸产量需用触媒量要少。

②转化器生产能力要大，单台转化器能力要与全系统能力配套，不要搞多台转化器。

③靠 SO_2 反应放出的热量，应能维持转化反应的进行，不要从外部补充加热，亦即要求达到"自然"平衡。

④设备阻力要小，并能使气体分布均匀，以减少动力消耗。

⑤设备结构应便于制造、安装、检修和操作，要力求简单，使用寿命要长，投资要少。

某厂 270 kt/a 系统外换热式转化器基本结构如图 4-9。

转化器的内部构件有两种：一种是以铸铁和耐热铸铁为主要材料的构件；另一种是以耐热铸铁和少量不锈钢为主要材料的构件。

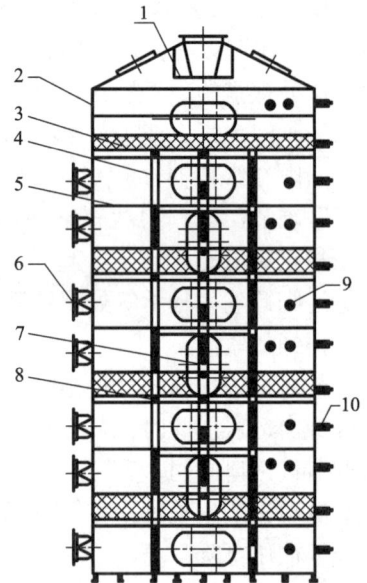

图 4-9 具有七根立柱的转化器简图
1—分布器；2—壳体；3—触媒；4—立柱；
5—隔板；6—气体进出口接口；7—人孔；
8—篦子板；9—测压点；10—热电偶接管

以铸铁件为主要材料的结构，设计为多根立柱，篦子板和隔板依靠立柱和壳体的支承，立柱和篦子板是铸铁件，而隔板则采用薄钢板，近期多采用不锈钢。

以铸铁和少量不锈钢材为主要材料的结构，较适用于小型的转化器。应特别注意第一层催化剂层的篦子板，因其操作温度达 600 ℃，普通铸铁在高温下的强度显著减弱，使用一段时间后，会引起中部下陷，严重时将产生篦子板塌落。

转化器内壁及内件应采取防高温腐蚀措施，壳体多采用纤维砖或耐火砖内衬，顶盖内表面、气体分布板、隔板、托板等表面，均应喷铝或采用不锈钢制成。

考虑到普通碳钢在高温下强度的减弱及产生蠕变，近年，一些新的转化器设计采用不锈钢代替传统的碳钢，不用或减少内砌砖。由于不锈钢在高温下的抗拉强度较高，不锈钢转化器的安全可靠性远大于普通碳钢。不锈钢转化器隔板焊接成整体，径向膨胀由隔板上的环形膨胀节吸收，保持隔板的整体性。由于不锈钢的膨胀量是碳钢的 1.3 倍，故不锈钢转化器壳体热变形量较大，底座多采用滑动式支腿，防止热膨胀时损坏转化器。

4.3.6.2　换热器

转化工序的换热器有各种形式，其中以管壳式用得最普遍。管壳式换热器外壳由 8 mm 至 14 mm 厚的钢板卷焊而成，管束是无缝钢管，常用规格(mm)有 $\phi38 \times 3$、$\phi51 \times 3.5$、$\phi57 \times 3.5$、$\phi76 \times 4$，管长一般不超过 8 m。一般用胀接法固定在上、下花板上。管束间设圆缺形挡板，使气流折流横向穿过管束，以提高传热效率。在壳体 1/2 ~ 1/3 处设有膨胀节，防止温度变化引起壳体变形或断裂，同时为减少转化气体对设备的腐蚀和便于清理，多采用 SO_3 气体走管内自上而下，SO_2 气体自下而上走管间，挡板弓形部分不排列管子，以使气体流动均匀，不产生死角并减小阻力。

管壳式换热器性能的强化，主要从管间(壳程)着手，通常采用适当提高气速以及将管子经特殊加工成异形管，以增加气体在管子表面的湍动程度，从而加大气体的给热系数；提高壳程传热效果是选择折流挡板的形式。

国内华南理工大学邓颂九等开发的空心环管网支撑缩放式传热管换热器，采用双面强化传热管与空心环网板管间支承构成。具有传热性能好，流体阻力低等特点。

国外 Browder 公司推出的是蝶环式带孔折流板式管壳式换热器。该换热器与常规的在壳程设置蝶环式折流板的管壳式换热器不同之处在于：折流板与管子间隙有较大间隙，允许部分气体由间隙处通过；折流板在管子按正三角形排列在中心，开有一定直径的泻流孔。当气体通过壳程时，除按折流规定的流向流动外，部分气体将由管隙处及泻流孔短路而过，使气体通过壳程的压降明显下降。由于泻流的影响，增加了气体的湍动程度，同时也改变了原蝶环型板造成的死区，从而有利于传热系数的提高。在壳程给热系数相同的情况下，壳程压降仅为常规换热器的 26% ~42%，是一种很有前途的新型高效换热器。

其他形式换热器还有"二蝶环式"换热器、"无折流板"换热器、热管换热器等。

4.3.6.3　电炉

电加热炉(简称电炉)不仅用于中小型硫酸装置的预热升温及停车吹扫，而且成为冶炼烟气制酸装置控制调节转化器进气温度的重要设备。电加热炉具有使用方便、升温快捷、热效率高等优点。电加热炉有"电阻丝加热式"、"远红外加热式"等种类。

（1）"电阻丝加热式"电炉

"电阻丝加热式"电炉又称裸电阻丝(带)电炉，是将电阻丝(带)上下布排在框架耐火材料上。

常用的电阻丝(带)电炉的炉体内安装有各自独立的若干组电热元件组合件,电阻丝(带)裸露在空间,便于对热传热。它具有以下特点:①检修方便;②空间温度分布均匀;③升温速度快;④阻力小。

(2)"远红外加热式"电炉

该型电炉为电热管式,发热元件系用远红外电热管。目前,"远红外加热式"电炉有 ZD-TA 型等种类,结构形式有插入式直型管、V 形管、W 形管。其具有以下特点:①操作、控制较简便;②升温速度快,灵活性大;③造价较低;④电热管元件价格不贵,货源易解决;⑤热效率高,仅有少量辐射热损失;⑥设备结构简单,容易制作。

4.3.6.4　二氧化硫鼓风机

目前我国硫酸行业上使用的鼓风机多数为离心式和容积式鼓风机两种。离心式又称为透平式鼓风机,容积式通常使用的有罗茨鼓风机。

冶炼制酸系统一般采用离心式鼓风机。常用的有 D 型系列离心式鼓风机(单吸入),现在多采用 S 型混合气高速鼓风机(双吸入)。

小型硫酸系统一般采用罗茨式鼓风机,还有一些小厂采用硬塑料做的叶氏鼓风机。

大冶冶炼厂 230 kt/a 冶炼制酸系统采用德国 3K 公司 SFO 14 − 70 型风机。机组包括电机、增速机、轴承箱、风机、润滑油站。风机采用单级悬臂式结构,以 IGV(进口导叶)进行气量调节。机组具有运行平稳,故障率低,自动保护可靠等优点。风机增压 442 mbar(最大)、432 mbar(最小),进气量 164340 m^3/h(最大)、136080 m^3/h(最小),电机功率 2200 kW。

4.4　二氧化硫气体的干燥和三氧化硫的吸收

4.4.1　二氧化硫气体的干燥

在转化操作温度下,SO_2 气体中的水蒸气对钒催化剂是没有危害的,但水蒸气与转化后的 SO_3 一起,在吸收过程中会形成酸雾且很难被吸收,可导致尾气烟囱冒烟,同时酸雾与水分综合作用,可造成干吸及转化工序中管道设备的腐蚀,甚至造成催化剂结块、活性降低、阻力加大等。因此,进转化工序前,气体必须进行干燥,浓硫酸具有强烈的吸水性能,常用作干燥气体的吸收剂,用高浓度的硫酸来喷淋干燥塔,可使原料气干燥后的水分含量(标)小于0.1 g/m^2。

4.4.1.1　二氧化硫气体干燥的原理

气体干燥过程中,物质由气相进入液相,填料塔内气体的干燥原理,可以用"双膜理论"来解释。"双膜理论"简单讲就是在气液两相接触时,存在着界面,界面两边又分别存在着一层稳定的气膜和液膜,一切质量和热量的传递必须克服气膜和液膜的阻力后才可进行,这就是"双膜理论"。气体干燥过程中,气体中的水蒸气通过气相主体以对流的形式扩散到气膜,然后以分子扩散的形式通过液膜,再以对流扩散的形式传递到液相主体,从而使气体得以干燥。

4.4.1.2　影响干燥效率的因素

影响干燥效率的因素主要有硫酸浓度、温度、循环酸量、设备结构和气速等。

1）硫酸浓度的影响

硫酸浓度对水蒸气的吸收速度有一定的影响。当喷淋酸的浓度增大时，增大了吸收速度系数，同时由于同一温度下，硫酸的浓度越高，硫酸液面的水蒸气平衡分压越小，可以增大吸收推动力。两者的结果都可以增大吸收速度。若吸收水分质量一定，还可减少干燥塔内的填料面积。从水蒸气平衡分压最小的观点来看，干燥塔喷淋酸浓度应该是越浓越好，但浓硫酸的浓度与酸雾的生成以及溶解于酸中的 SO_2 因串酸而损失均有关系。干燥塔喷淋酸的浓度越高，硫酸蒸气平衡的分压越高，就越容易生成酸雾。此外，SO_2 在 85% H_2SO_4 中的溶解度最低。大于 85% 的 H_2SO_4，SO_2 溶解度随硫酸浓度升高而增加；同时，干燥酸浓度越高，转移同样多水量的串酸量增大，随干燥酸一起串入吸收塔而释放的和随同成品酸带出的 SO_2 损失也增大。

硫酸浓度在 <93% 时，所需填料的总面积，随硫酸浓度的升高而显著减少；但当硫酸浓度 >93% 时，提高酸浓度对减少填料总面积的作用不大。因此，干燥酸应以选用 93% ~95% 的硫酸为宜。93% 和 95% 硫酸结晶温度分别为 -27 ℃ 和 -22.5 ℃，尤宜于在严寒地区硫酸的贮存和运输。

当采用阳极保护酸冷却器时，干燥酸浓度应在 93.5% ~95% 范围之内，浓度高一些，以避免发生腐蚀。

2）干燥酸温度的影响

硫酸吸收水蒸气的吸收速度系数，随温度提高而降低不大，酸温高则液面上的水蒸气压提高，减小了吸收推动力，不利于吸收，但影响不大。在一定范围内，酸温高低不影响干燥效率，而主要是影响干燥酸冷却器面积。酸温过低，必须降低酸冷器的温差，导致酸冷却器面积加大。但过高的酸温对设备和管道的腐蚀将加剧。虽然提高干燥酸温度可减少二氧化硫溶解损失和循环酸冷却面积，但干燥塔出口酸温以不超过 65 ℃ 为宜。

干燥所用的硫酸浓度和温度，一般根据以下四个因素来确定：①硫酸液面上的水蒸气分压要小，保证经干燥后的烟气含水量（标）小于 0.1 g/m³；②在干燥过程中尽量少产生或不产生酸雾；③在干燥过程中对水的吸收速度要快，需要的吸收面积要小（即所用的填料要少）；④对二氧化硫气体溶解要少，尽量减少烟气中二氧化硫的损失。

3）循环酸量的影响

为了确保干燥（吸收）效率，必须有足够数量的循环酸液作干燥剂（吸收剂）。若酸量不足，在干燥（吸收）过程中，酸的浓度、温度变化的幅度就会很大。当酸的浓度降低超过规定指标后，就会使干燥（吸收）效率下降。当酸的温度升高后，在干燥（吸收）过程中就会产生酸雾。作为填料塔，由于循环酸量不足，填料表面不能充分润湿，传质状态就会显著变坏。循环酸量过多，不但对提高干燥（吸收）效率无益，而且还会增加干燥（吸收）塔阻力，增大动力消耗。所以在干燥（吸收）过程中必须控制适当的循环酸量。

4）气流速度的影响

所谓气流速度，是指在单位时间内，气体通过塔截面的速度，单位为 m/s，习惯上称其为空塔气速也称操作气速。填料塔的操作气速由填料性能决定。在正常生产条件下，不要超过规定的操作气速范围。若是超过了，除引起动力消耗增大外，还会造成效率下降，严重时会产生液泛现象，造成气体大量带液。当然，气速过小也不好。因此，气速过高、过低都是要防止的。

5）设备的影响

为了达到较高的效率，选择填料塔时，应符合下列要求。

（1）要有足够的传质面积，填料堆放要符合技术规定。

（2）要求气体和喷淋酸在塔内的截面上分布均匀，特别是分酸设备的安装质量要高，防止漏酸和堵塞。

（3）选用性能优良的填料。

（4）要求在允许的操作气速范围运行。

4.4.2　三氧化硫的吸收

4.4.2.1　三氧化硫吸收的基本原理

三氧化硫的吸收是接触法制造硫酸的最后一道工序。在生产硫酸的吸收操作中，存在物理和化学吸收两种过程，习惯上称为三氧化硫的吸收，按下列反应进行：

$$n\mathrm{SO}_3(气) + \mathrm{H}_2\mathrm{O}(液) = \mathrm{H}_2\mathrm{SO}_4(液) + (n-1)\mathrm{SO}_3(气) + Q$$

该吸收过程以化学吸收为例大体按下述五个步骤进行。

①气体中的三氧化硫从气相主体中向界面扩散；

②穿过界面的三氧化硫在液相中向反应区扩散；

③与三氧化硫起反应的水分在液相主体中向反应区扩散；

④三氧化硫和水在反应区进行化学反应；

⑤生成的硫酸向液相主体扩散。

实际生产中，三氧化硫不可能百分之百被吸收，只有吸收气体中超过硫酸相平衡的那一部分三氧化硫，超过的越多，吸收过程的推动力就越大，吸收速度就越快，吸收率就越高。一般把被吸收的三氧化硫数量和原来气体中三氧化硫的总量之百分比称为吸收率。

$$n = (a - b)/a \ 100\% \tag{4-8}$$

式中：n——吸收率，%；

　　　a——进口吸收塔的三氧化硫数量，摩尔数；

　　　b——出吸收塔的三氧化硫数量，摩尔数。

对于两转两吸工艺流程，正常生产时其吸收率在99.95%以上。

4.4.2.2　影响吸收率的因素

影响吸收率的因素主要有：作为吸收剂的硫酸浓度、吸收温度和循环酸量、设备结构和气速等。

1）硫酸浓度的影响

从单纯完成化学反应的角度来看，水和任意的硫酸，都可以做为三氧化硫的吸收剂。但从生产上要求对三氧化硫的吸收要快、要完全，不生成或尽量少生成酸雾，还要保证能够得到一定浓度的硫酸成品（工业硫酸），所以使用水和稀硫酸显然是不适宜的。只有用浓硫酸吸收三氧化硫，才能达到以上要求，而且只有当浓度为98.3%时，吸收率最高。这是因为当浓度高于98.3%时，以98.3%的硫酸液面上三氧化硫平衡分压为最低，同时浓度低于98.3%时，其液面上的水蒸气分压为最低，故选择98.3%的硫酸作吸收剂，是兼顾了这两个特性。在此浓度下，大部分三氧化硫能直接穿过界面与酸液中的水分结合生成硫酸，少部分三氧化硫在气相中与水蒸气反应，生成硫酸蒸气后再进入酸液中。

当吸收酸浓度低于98.3%时，硫酸液面上的水蒸气含量随着硫酸浓度的下降而增加。气态三氧化硫与这种浓度的硫酸接触时，除直接被吸收的以外，还有相当一部分三氧化硫与水蒸气作用生成硫酸蒸气，由于水蒸气不断与三氧化硫反应，气相中水蒸气含量就将不断减少，气相中的水蒸气分压就会比酸液面上的水蒸气平衡分压低，因此酸液中的水分就得不断被蒸发。又因水的蒸发速度大于硫酸蒸气的吸收速度，故气相中硫酸蒸气的含量逐渐增多，甚至会超过其平衡含量，出现硫酸蒸气的过饱和现象。如果过饱和度超过了临界值，硫酸蒸气将会凝结成酸雾。酸雾颗粒运动速度比硫酸分子慢，不易穿过界面进入酸液中，极易被气流带走。带有酸雾的气体排入大气中，就能见到烟囱冒白烟。实践证明，用于吸收三氧化硫的硫酸浓度越低吸收三氧化硫就越不完全，尾气烟囱冒出的白烟就越多。

当酸浓度超过98.3%时，随着酸浓度的升高，液面上的硫酸和三氧化硫蒸气压力也相应增大，当通入转化气时，吸收推动力就减小，吸收率就会降低。当酸浓度高到一定程度，将出现酸液面上的三氧化硫平衡分压与进塔气体三氧化硫分压相当的情况，此时吸收过程就停止，吸收率等于零。因此，在吸收酸浓度超过98.3%时，其吸收率是随着酸浓度升高而降低的。

吸收酸浓度过高或过低引起的吸收率下降，可以从尾气颜色的变化上加以判断，如果尾气出烟囱口时颜色较暗，随着与烟囱距离的增大变淡而消失，通常是由吸收酸浓度过高引起的。若尾气出烟囱口时呈白色，随着与烟囱距离的增大而消失，往往是由吸收酸浓度过低引起的。

2）吸收温度的影响

吸收温度的影响主要表现在酸温和气温。任何浓度的硫酸，随着酸温的升高，液面上的三氧化硫、水蒸气、硫酸蒸气的平衡分压都跟着相应增加。在进塔气体条件不变的情况下，酸温的不断升高，推动力越来越小，吸收率越来越低。同酸浓度升高一样，酸温无限制地升高也会出现液面上三氧化硫的平衡分压和进塔气体中三氧化硫分压达到几乎相当的状态，这时三氧化硫的吸收过程停止，吸收率等于零。因此，要有较高的吸收率，酸温不能过高。

酸温的控制也不能过低，原因有两个。

第一，在实际生产条件下，进塔气体不是绝对干燥的，一般都含有一定量的水分（规定（标）<0.1 g/m³），尽管进塔气温较高，如果酸温很低，在传热传质过程中，不可避免地会出现局部温度低于露点温度，气体中的三氧化硫就会有一部分变成酸雾随气流带走，降低了吸收率。

第二，为保持低的酸温，需要庞大的冷却设备和大量的冷却水，这样会造成生产成本的升高。此外，过低的酸温在冬天还会造成输送困难，甚至冻结。生产中，三氧化硫在塔内被吸收的过程是绝热进行的，酸温随着吸收过程的进行逐步升高。因此，出塔酸温一定高于进塔酸温，如果不对吸收酸进行冷却，随着吸收三氧化硫的过程的进行，酸温将越来越高，必将引起吸收率下降，甚至使吸收完全停止，所以必须使进塔酸通过冷却器降温。

影响吸收温度的另一个因素是进塔气温。从气体吸收的一般情况来看，进塔气温控制得低一些对吸收率有利，但进塔气温不能太低，原因有三：①需要增大气体冷却设备和动力消耗；②低于露点时会产生酸雾，引起吸收率下降，同时所生成的酸雾腐蚀设备；③不利于热能的合理利用。

在操作上对影响吸收的因素进行控制，通常的办法是：①调节进塔气温；②调节进塔酸温；③调节喷淋酸量。

3）高温吸收工艺原理

为了避免吸收过程中酸雾的产生，目前有一些制酸系统如大冶冶炼厂转炉烟气制酸系统在吸收采用了高温吸收工艺。即用提高酸表面温度的方法，使塔底酸液面上的硫酸蒸气压力与进塔气体中硫酸蒸气分压接近，从而使气体中的硫酸蒸气能较缓慢地在酸液表面进行冷凝，避免在塔底部因硫酸蒸气过饱和度过大，产生空间冷凝而形成酸雾。

高温吸收工艺的特点如下。

（1）综合考虑了影响吸收温度的因素，提高了吸收温度，从而避免了生成酸雾，有利于提高吸收率。

生成酸雾的先决条件是烟气温度低于露点温度。整个或局部气体温度低于露点温度，就会发生硫酸蒸气的冷凝。冷凝量和酸雾的生成量，主要取决于三氧化硫和水蒸气含量的多少、冷却速度和其他工艺设备等各种条件。为了避免生成酸雾，要注意以下几点。

①尽量降低干燥后的气体含水量，从而达到有效地降低气体的露点温度；

②提高吸收塔气体的进塔温度，使进塔前的气体不发生局部冷凝成酸雾，并使塔内的吸收温度保持在露点以上；

③提高进塔酸温。从吸收温度上看，即使提高了进塔气体温度，若吸收酸温较低，吸收温度仍可能在露点温度以下，这样就会在塔内的局部范围产生酸雾，所以，在提高进塔气体温度的同时还要提高进塔酸温。

高温吸收工艺就是利用98.3%的硫酸在100℃左右时，液面上的三氧化硫分压和水蒸气分压仍然接近于零，以及酸雾生成条件的可控性，改变了两相温度的控制范围，提高了吸收温度，避免了酸雾产生，从而能获得比普通吸收过程还要高的吸收率。

（2）转化气以较高温度进入吸收塔，可以省掉三氧化硫冷却器，从而简化了工艺流程并相应地降低了能耗。

（3）出塔酸温度高，为90~110℃，由此增加了传热温差，可适当减小浓硫酸冷却器的换热面积。

（4）由于提高了进塔气温和吸收酸温，有利于解决两转两吸的热平衡问题。但是，采用高温吸收操作之后，也有一些问题，主要是吸收系统的设备腐蚀加大，对材料提出了更高的要求。

4.4.3　系统的水平衡和干吸工序的串酸

4.4.3.1　系统的水平衡

系统的水平衡是指进入干吸系统的水量与生产符合规格的成品硫酸所需要的水量相当的状态。进入干吸系统的水量与进入干燥塔的净化烟气和补充空气中水蒸气含量有关，而气体的水蒸气含量与其温度有关。因冶炼烟气特别是采用转炉烟气制酸，其烟气中二氧化硫浓度波动范围较大，能生产何种浓度的硫酸主要决定于进干燥塔前烟气温度。

如果进入干燥塔烟气中水含量大到一定程度时，吸收酸所需水分全部由93%酸串酸中得到满足，此时需停止外部的补充水。当烟气中水含量超过极限值时，干燥塔酸浓度降低到93%以下，干燥塔的操作就恶化，造成干燥后的气体中水分超标，可能会引起二氧化硫鼓风机、换热器管道腐蚀，以及吸收过程中酸雾增加，对正常生产构成威胁。同时，还会造成产品浓硫酸浓度达不到国家标准。

因此，维持干燥和吸收的正常生产，满足产酸浓度的要求，取决于系统内的水分转移和干吸系统的水平衡。气体带入干燥塔的水量超出产品酸所需的水量，就要调整产品酸规格和数量，才能保持干吸系统的水平衡。解决水平衡的方法通常是控制干燥塔进口烟气的温度、提高烟气 SO_2 浓度或降低成品酸的浓度。对冶炼烟气制酸，在烟气进干燥塔二氧化硫浓度低的情况下，有的厂家采用了"设置两个干燥塔"或"预干燥再浓缩"，较好地解决了系统的水平衡问题。

4.4.3.2　干吸工序的串酸

在干燥塔中，由于吸收烟气中的水蒸气，因而使喷淋干燥酸的浓度降低，为维持其酸浓度，必须串入98.3%的吸收酸。而在吸收塔中由于吸收了转化气中的三氧化硫，使喷淋的吸收酸浓度增加，需串入93%的干燥酸以维持酸浓度。如果进入干燥塔烟气中水分少，则不足以生产规定浓度的硫酸，需要在吸收塔循环槽中补充水。操作中应尽量避免在干燥塔循环槽中补充水，不然会造成串酸量的增加，大量含 SO_2 的干燥酸进入吸收工序，会使放空尾气中 SO_2 增多，既造成硫损失增大，又造成尾气排放超标。生产中，当吸收塔酸冷却器面积过小，酸温过高时，为了减轻吸收酸冷却器的热负荷，可在干燥塔循环槽中补充水，但这只是一种权宜之计。

干燥和吸收工序之间串酸的关系，实质上是将净化烟气中的水分输送给吸收塔的关系，串酸量多少取决于需要从干燥系统转移到吸收系统去的水分数量。如果在净化工序带入干燥塔的水分增多，则吸收塔必须增加串到干燥塔的酸量，相应的干燥塔也要增加串到吸收塔的酸量。如果气体带到干燥塔的水量大到一定程度时，吸收塔所需水分全部由93%的串酸中得到，而无需从外部补充工艺水。

4.4.4　干燥－吸收工序工艺流程

4.4.4.1　生产浓硫酸的两转两吸工艺流程概述

冶炼烟气经净化工序后，进入干燥塔与由塔顶喷淋下的干燥酸在塔内填料表面相接触，经干燥后烟气含水分（标）$<0.1\,g/m^3$，进入二氧化硫鼓风机。

从转化工序来的一次转化气进入中间吸收塔，与塔顶喷淋下的吸收酸在塔内填料表面相接触，转化气中三氧化硫被吸收酸吸收，吸收后的二氧化硫气体返回转化工序进行二次转化。

来自转化工序的二次转化气进入最终吸收塔，与塔顶喷淋下的吸收酸在塔内填料表面相接触，吸收三氧化硫后的尾气由尾气烟囱放空。对硫酸生产规模较大、人口集中、环境保护要求严格的地区，可考虑将尾气送入卫生塔，用碱性吸收剂进一步除去尾气中的二氧化硫后放空。

干燥、吸收塔的淋洒酸分别吸收了烟气中的水分和三氧化硫后，浓度分别下降和提高，通过相互串酸和补充工艺水，以维持干燥、吸收酸浓度不变。多余的酸作为产品送酸罐贮存。

4.4.4.2　干燥－吸收工序工艺流程分类

干燥－吸收工艺流程有泵前冷却流程和泵后冷却流程。根据串酸方式的不同，泵前冷却流程又分为酸先冷却后再串酸流程和先串酸混酸后再冷却流程；泵后冷却流程也可分为酸先冷却后再串酸流程和先串酸混酸后再经泵送去冷却的流程。

1）泵前冷却流程

泵前冷却流程即浓硫酸冷却器位于塔与循环槽之间，泵的入口之前。由于浓硫酸冷却器的酸是借重力流动克服阻力的，这类流程只适用于阻力小的酸冷却器，如排管冷却器，而难以采用流速高、传热系数高、阻力大的板式或管壳式酸冷却器。由于需要依靠液位差克服管道、阀门、酸冷却器的阻力，因此塔要放在较高的平台上。

2）泵后冷却流程

泵后冷却流程即酸冷却器位于泵和塔之间，泵出口之后。浓硫酸冷却器是加压操作。此流程适合采用板式换热器和管壳式酸冷却器场合。由于酸流速提高，可增大传热系数，从而节省传热面积，近年设计的板式或管壳式酸冷却器，都采用这两种流程。

随着冶炼烟气制酸规模的扩大和装备水平提高及大型化，国内外重金属冶炼烟气制酸其干燥－吸收工序流程普遍采用了混酸后泵后冷却干吸工序流程。图4－10和图4－11分别为国内某铜厂诺兰达炉烟气制酸系统和转炉烟气制酸系统干吸工序流程图

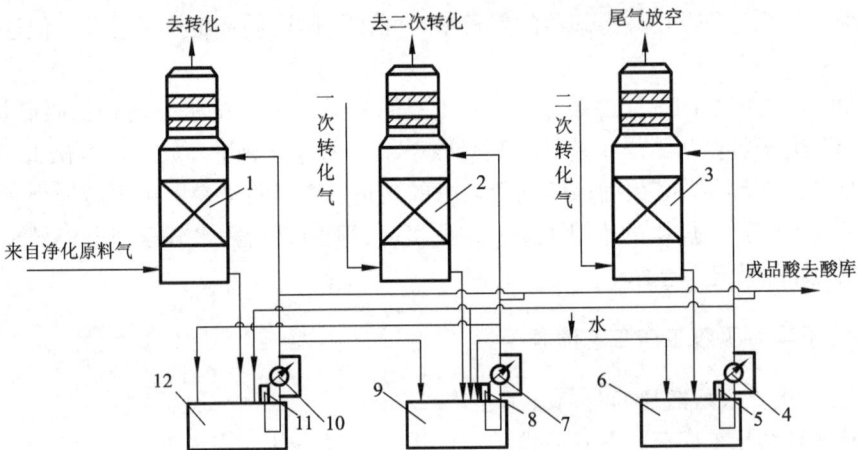

图4－10　国内某铜厂诺兰达炉烟气制酸系统干吸工序流程
1—干燥塔；2—中间吸收塔；3—最终吸收塔；4,7,10—酸冷却器；5,8,11—浓酸泵；
6—最终吸收塔酸循环槽；9—中间吸收塔酸循环槽；12—干燥塔酸循环槽

图4－10为传统的两转两吸干吸工序流程图，其特点是各塔、槽、酸冷却器相对独立，干燥塔和最终吸收塔之间的串酸是最终吸收塔可以向干燥塔串酸而干燥塔不能往最终吸收塔串酸，可以防止溶解在干燥酸中的二氧化硫随串酸进入最终吸收塔被脱吸后随尾气放空，既减少硫的损失，又可减少尾气中二氧化硫的排放浓度，保护了大气环境。

图4－11采用了孟山都公司的两转两吸低位高效干吸工序工艺流程，其特点如下。

（1）相对于传统设备来讲，塔的操作气速高，填料高度低，喷淋密度大幅度增加，减小了设备直径及高度，节省了设备投资。

（2）为了减少酸雾对后续设备的腐蚀和保护大气环境，除在干燥塔出口设置了丝网捕沫器外，在吸收塔出口设置了布林克高效除雾器。

（3）干燥和吸收循环酸冷却器采用阳极保护管壳式酸冷却器，干燥独立一台，而吸收采

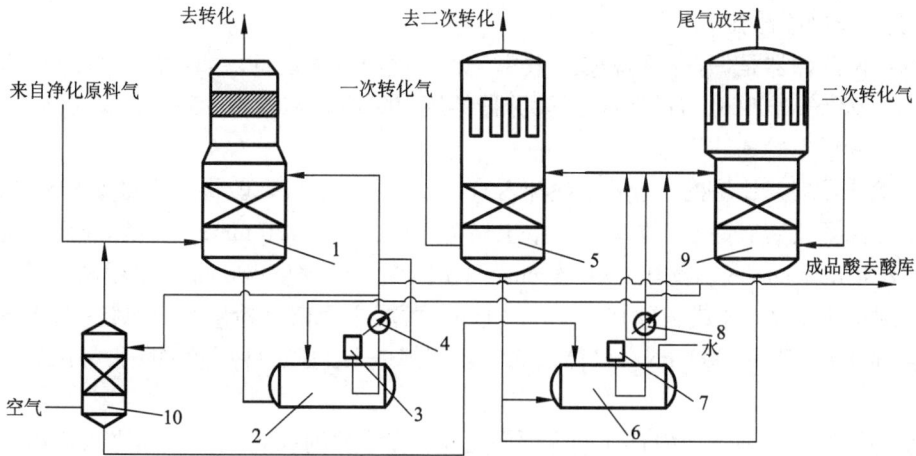

图 4-11　国内某铜厂转炉烟气制酸系统干吸工序流程

1—干燥塔；2—干燥酸循环槽；3,7—浓酸泵；4,8—酸冷却器；
5—中间吸收塔；6—吸收酸循环槽；9—最终吸收塔；10—脱吸塔

用中间吸收和最终吸收共用一台的方式，方便了生产管理，减少了占地，节约了投资和运行成本。

（4）采用球型的干吸塔塔底，泵槽为卧式槽型，塔底出酸由泵槽封头底部进入槽中，事故停车时可充分利用塔内容积贮存一部分酸，以减少泵槽容量，同时降低设备配置高度。干燥塔、中间吸收塔、最终吸收塔采用低位配置，均不设塔的支撑平台，节省了投资。

4.4.5　干燥和吸收工序的设备

4.4.5.1　干燥（吸收）塔

干燥（吸收）塔一般均采用填料塔，其结构基本相同，塔体为钢壳圆筒，塔壁内砌耐酸瓷砖衬里。目前已有部分厂家采用合金塔，不用内衬耐酸瓷砖。塔的下部有用以支承填料层的支撑结构，塔的底部多数为平底，也有用球形底的。塔的上部为槽式或管式分酸装置。为减少上塔气体的雾沫夹带，顶部设有除雾沫装置。

4.4.5.2　除雾沫设备

工业上较普遍采用的除雾、沫设备有纤维除雾器和金属丝网除沫器。纤维除雾器可以捕集 <3 μm 的雾粒，而丝网除沫器只能捕集 ≥3 μm 的雾沫。在硫酸工业中，丝网除沫器用于干燥塔出口气体的捕集效果很好，但用于吸收塔出口气体的除雾沫效率不太高。纤维除雾器专门用于捕集吸收塔出口气体的酸雾。

1）纤维除雾器

纤维除雾器可以分为两大类：布朗扩散型和碰撞型。孟山都公司向硫酸厂提供最多的是布朗扩散型除雾器。如布林克 HE（高效型）"Plus"，ES（节能型）和 FP（现场填充型）除雾装置，对亚微米级小雾粒具有很高的捕集效率。采用二次夹带控制层基本防止了雾沫的二次夹带。如果气体流量或雾沫含量因操作故障高于正常设计值，二次夹带控制层也能提供保护。碰撞型设备因采用较高的操作气速极易产生二次夹带，但是它们对大颗粒雾粒可达到较高的捕集效率。

　　2）金属丝网除沫器

　　金属丝网除沫器是一种压降较低、效率较高的气液分离设备。如粒径≥5 μm 的雾沫，其捕集效率达 98%～100%，而气体通过除沫器的压力降却很小(250～500 Pa)。在硫酸工业中广泛用作干燥塔上的捕沫设备。

　　由于除沫器气速比塔的气速高，除沫器直径比塔径小，故一般将除沫器置于干燥（吸收）塔顶部。除沫器安装有两层金属丝网垫，上层为疏网，厚度 150 mm；采用标准型丝网，钢丝尺寸：圆丝 ϕ0.23 mm 或扁丝 0.1×0.4 mm。下层为密网，厚度 100 mm，采用高效型丝网，钢丝尺寸：圆丝 ϕ0.19 mm 或扁丝 0.1×0.28 mm。两层之间留有检修距离 500～1000 mm。上层上部空间要有 500～1000 mm。气体由除沫器下部进入，通过两层丝网除去雾沫后，从顶部排出。

　　传统的结构形式在生产中存在的主要问题是，在维修时操作人员必须进入塔内工作，由于塔内有残留酸液或气体，工作条件恶劣，近年来，开发出一种新型丝网除沫器——抽屉式丝网除沫器。抽屉式丝网除沫器具有检修清理方便的特点，当装置处于低负荷运行时，可以在一个或几个元件上放上同样大小的盲板，使气速提高，从而不降低其除酸沫的效率。

　　4.4.5.3　分酸装置

　　分酸装置是硫酸干燥（吸收）塔的重要组成部分，它直接影响到填料有效润湿面积和传质效率，分酸均匀是保证干燥（吸收）塔达到预期干燥和吸收效率的重要前提。

　　在正常操作情况下，干燥塔出口气体不带酸沫，二氧化硫鼓风机进出口管道和风机流道是干燥的。当有酸沫夹带的不正常情况下，风机积酸，酸雾指标超标，冷热换热器 SO₂ 气体进口部换热管受酸沫腐蚀。气体雾沫夹带除与操作气速、喷淋量和捕沫装置等有关外，还与分酸器有关。目前采用较多的主要有管式分酸器和合金槽式酸分布器。

　　1）管式分酸器

　　管式分酸器由一根分酸主管和多根分酸支管组成，在分酸支管上开设许多出酸孔。管式分酸器分酸点分布密度可以达到 21 个／m² 以上。分酸点越多，越容易达到均匀分布，但对一定的酸量，分酸点多，对管式分酸器来说则意味着出酸口直径小，容易发生堵塞。

　　2）合金槽式酸分布器

　　合金制造的槽式酸分布器，克服了老式槽挂管分酸器的布酸点密度不足、大型化有困难等缺点，也克服了管式分酸器径向酸分布不均，沿塔周喷淋密度偏小的缺点，更主要是不存在增加酸分布点就要减少出酸口面积，增加堵塞危险等矛盾。合金槽式酸分布器的主要优点有：分酸均匀，防堵塞，少雾沫夹带，低气体压降，耐用，少维护，易安装、检查和清理，耐腐蚀等。因合金槽式酸分布器为溢流型，故酸流均匀、平缓、不溅沫。此外，分酸点布置灵活，可增可减。酸由总管流入各支管，再由各支管下面的底部开孔的“T”形接管进入各分酸槽，然后通过溢流管流入填料层内。根据不同部位溢流管上端开有大小不一的堰口，以保证分酸量均匀。该槽式分酸器把分酸点增加到 43 个／m²，填料高度可减少至 2.44 m。由于增加了布酸点密度，提高了填料表面润湿率，也提高了润湿填料上酸液流动的均匀性，从而减少需要的填料高度。

　　4.4.5.4　浓酸冷却器

　　浓酸冷却器有排管冷却器、板式换热器（见烟气净化章节介绍）、管壳式酸冷却器。

1）排管冷却器

排管冷却器由铸铁排管组成，结构管单，对冷却水的水质无特殊要求，但这种酸冷却器使用寿命短，可靠性差，传热系数低，需要的换热面积大，占地面积大。冷却水因汽化水雾到处弥漫，操作环境恶劣。当铸铁管件质量差时，易发生漏酸，检修频繁。因此排管冷却器已日渐被淘汰。

2）管壳式浓酸冷却器

带阳极保护的管壳式浓酸冷却器用于干吸浓硫酸的冷却，壳程走酸，管程走水，冷却介质可用工业循环冷却水、河水或海水。阳极保护管壳式浓酸冷却器主材质是 316L 不锈钢，壳体用 304 不锈钢，并附阳极保护装置。该酸冷却器设备具有结构紧凑，占地面积小，不易发生泄漏，运行安全可靠，维修量少，使用寿命长（10 年以上），操作方便，必要时还可以回收低温热能等优点。

为提高传热系数，将阳极保护管壳式浓酸冷却器装于泵后，酸侧压降≤0.1 MPa，传热系数 1000 ~ 1300 W/（m² · K），安装泵后的酸冷却器传热系数可比泵前的提高 25% ~ 30%。

阳极保护管壳式浓酸冷却器安装方式可以平卧，也可以竖放。在两转两吸工艺中，由于吸收酸浓度为 98%，故中间和最终吸收塔可以合用一台，而节省投资费用。

4.4.5.5　酸泵

酸泵有卧式和液下泵两大类。由于液下泵泵体浸没在酸内，故操作无泄漏，泵安装在酸槽的上盖，不占用地面。同卧式泵比较，液下泵操作安全，配管大为简化，故硫酸干吸工序基本上都喜欢选用。

浓酸泵的类型比较多，目前国内使用较多的有国内厂家生产的 LSB 系列耐高温浓硫酸液下泵及美国 Lewis 公司生产的耐高温浓硫酸液下泵。

4.4.5.6　酸循环槽

酸循环槽有立式和卧式两种。酸循环槽壳体由钢板焊制而成，壳体一般内衬耐酸砖，对于立式槽，在槽顶盖内还需包铅，并在顶盖上设有加水口、串酸口（或在侧面）、液位计口等。采用液下泵的，将液下泵安装在槽盖顶上，用槽钢加强并作泵支承底座。循环槽的容积取每小时循环酸量的 1/4 左右就能满足上述两个要求。

在采用两转两吸的工厂，两个吸收塔各设一个循环槽，也有的厂将两个吸收塔酸循环槽合并为一个较大的循环槽，或采用两个循环槽底部相连通的结构。国内某铜厂转炉烟气制酸系统采用将两个吸收塔酸循环槽合并为一个较大的循环槽的低位高效干吸工艺（见图 4 - 11）。此外还可在干吸塔底贮存一定硫酸，作为循环酸，缩小循环槽容积，节省投资。

4.4.6　干燥和吸收工序的操作控制

4.4.6.1　操作控制指标

干燥塔循环酸浓度 93% ~ 95%；

干燥塔出塔酸温 < 65 ℃；

干燥塔出口烟气含水（标）< 0.1 g/m³；

吸收塔循环酸浓度 98.2% ~ 98.8%；

吸收塔循环酸温度 45 ~ 60 ℃

（采用高温吸收工艺的 75 ~ 82 ℃）；

吸收塔进塔气温 130～180 ℃；

（采用高温吸收工艺流程＞180 ℃）；

吸收效率≥99.95%。

4.4.6.2　开、停车操作

1）开车

下面以新建系统或老系统大修后的开车为例，阐述整个开车操作。

（1）进酸

进酸就是把循环酸进入干燥和吸收塔的循环槽和冷却器内的操作。

①进酸前要检查各处酸管、阀门是否接妥和开关无误。

②在酸贮罐内准备好足够进酸用的98%硫酸。

③将酸贮罐出口阀、循环槽进酸阀，循环槽出口阀及其冷却器的进出口阀打开。为防止把酸打到别处去，其他无关的阀门应全部关死。

④按规定检查各酸泵电机的绝缘状况并盘车。绝缘符合规定要求即可启动进酸泵，打开泵出口阀，调节至正常流量。

⑤待循环槽面高度距槽顶300 mm 左右（或达到规定高度），停止进酸（关死进酸泵的出口阀），停下进酸泵。

⑥启动循环酸泵，打开泵出口阀，使干燥和吸收塔进行酸循环。

⑦开泵后，待循环槽液面下降至槽高的三分之二左右时，再开动进酸泵，继续将酸贮罐内的存酸进入循环槽，当循环槽液面高度稳定在槽高的三分之二左右时，即可停止补充进酸。用同样方法依次将干燥塔、98%酸吸收塔（中间吸收塔和最终吸收塔）的酸全部进好，使各台循环泵正常运转，达到所需扬量。

对于新建系统，要对设备进行酸洗1～2 次，一般需循环24 h 换一次酸，用过的污酸经产酸阀门放入计量槽或用输酸泵抽送到指定的酸贮罐内，做废酸单独处理。

⑧在进酸过程中和开泵进酸循环后，要注意检查各处酸管、阀门等处有无漏酸的地方。待酸泵电流不再波动并达到指标后，则可停止各台循环酸泵，等待系统开车。

（2）系统开车

①配合转化器空气升温，在启动二氧化硫鼓风机前1 h 左右，将干燥塔和吸收塔循环酸泵开正常。升温过程中，93%硫酸浓度不能低于91%。可通过串入98%硫酸或全部换成98%硫酸的办法来维持干燥的酸浓度。

②待转化采用二氧化硫气体升温前1 h，将98%硫酸吸收塔循环酸泵开正常。

③当循环酸温度超过40 ℃时，开用冷却水。

④随着转化供入的三氧化硫的气量的增加，各吸收塔循环酸浓度迅速增高，各循环槽的液面高度逐渐上升。可根据各循环酸浓度和循环槽液面高度，及时适量地进行串酸和加入一定量的水，并根据产品需要引出一定量的循环酸作为产品，此时即转入正常操作。

2）停车

（1）短期停车

①系统二氧化硫鼓风机停止运转后，立即关死各加水阀、串酸阀、产酸阀和冷却水阀。

②根据检修需要，停下某台酸泵或排尽某段酸管内或冷却器内的存酸，并关闭相应的阀门。必要时需加盲板隔断酸路。

（2）大修停车

①在系统主鼓风机停止运转后，立即关死各加水阀、产酸阀及冷却水阀。

②转化降温结束后，打开各塔上部的人孔门，操作人员穿戴好防护衣帽、防毒面具、胶鞋、防酸面罩，进入塔内检查分酸设备、酸管线等有无破损和其他不正常情况。

③依次停下各台酸泵。停泵步骤是：先关死出口阀，再停下酸泵。

④将循环槽、冷却器及酸管内的存酸放净。

⑤关死各处阀门，在可能来酸的连通酸管上盲板并挂牌示意，对多系统的生产车间，上盲板对保证检修安全有着特别重要的意义。

4.4.6.3　正常生产的操作调节

1）循环酸浓度的控制

为了获得较高的干燥效率和较高的三氧化硫吸收率，同时为了保证成品酸的质量和防止酸浓度波动引起的对设备的强烈腐蚀，须要对循环酸浓度进行控制。

影响循环酸浓度的因素和控制方法如下。

（1）转化气中的三氧化硫浓度。在一定的风量下，由转化工序来的三氧化硫气体浓度是影响98%硫酸浓度的主要因素。当三氧化硫浓度高时，被吸收的三氧化硫量多，酸浓度增长得快，反之，酸浓度增长得慢。生产过程中，影响三氧化硫的浓度的因素很多，即使是正常操作也可能在一定范围内波动。所以，吸收的操作调节必须及时地进行。由三氧化硫浓度变化引起的酸浓度变化，主要是通过加水量，其次是通过改变串酸量来调节的。

（2）串酸量。在转化供气量和气体中三氧化硫浓度比较稳定的情况下（加水量也是稳定的），93%酸、98%酸浓度变化主要是由串酸量不当引起的。因此，必须及时地检查各塔循环槽液面高度和分析各塔循环酸的浓度，对串酸量进行适当的调节。

（3）加水量。正常操作中，要向98%酸循环槽内适当加水。通过加水量的增减来调节循环酸的浓度。但是，对于指标范围内轻微的波动，不宜急于用加水量的办法调节，而采用串酸量来调节。

2）循环酸量的控制

为保证干燥塔和吸收塔的喷淋密度，以获得较高的干燥和吸收效率，生产中必须严格控制各塔的循环酸量。一般的控制方法如下。

（1）按规定控制好各循环槽液面高度。控制液面高度的目的就是使离心泵有较稳定的和较大的扬量。如果液面低了，离心泵的扬量就会自动减少。所以，要及时通过产、串酸量的增减调节控制各循环槽液面高度。

（2）尽量减少串酸量。控制循环槽液面高度，虽然对离心泵的能力发挥有利，但并不能完全说明上塔酸量的多少。比如，在串酸管和产酸管装于泵后的情况下增大产酸量和串酸量时就会引起上塔酸量的相应减少，所以，操作中要尽量减少串酸量。正常情况下，各项工艺指标的执行都应该是稳定的。因此，须强调平衡操作，防止过猛、过快大幅度调节，做到均衡地控制产酸量和串酸量，从而保证足够的稳定的上塔酸量。

（3）按规定检查各台循环泵电机的运行电流，使其保持平稳，以保证泵扬量的稳定。具体是通过调节阀门控制泵电机的电流，从而实现对扬量的调节。此外，为保证泵在规定的流量范围内工作，各厂对泵的运行电流都规定了具体指标。操作中若发现由于填料函处漏气、出口阀门开关不适当等原因，使电流低于指标或高于指标而发生波动时，必须立即检查出原因，并进行相应处理，使离心泵维持平稳的指标流量。

3）酸温的控制

循环酸温度主要是通过调节酸冷却器旁路、冷却水温、水量和冷却器效能来控制的，其次是调节循环酸量和系统负荷。

正常操作中，首先采用的是调节酸冷却器旁路来控制入塔酸温，在酸冷却器旁路调节至极限酸温还是不能控制时，再调节冷却水温和水量。冷却水温通过冷却塔冷却风扇进行调节，水量随季节变化而增减。夏季时为控制上塔酸温在 45～60 ℃（采用高温吸收工艺，控制在 75～82 ℃），必须全开冷却风扇或加大冷却水量，冬季时则要停运冷却风扇或关小冷却水量。生产负荷变化时，也要及时调节冷却风扇和水量。比如，在冬季停车或烟气量减少的情况下，要及时停止冷却风扇或关小（或完全停用）冷却水，严防因酸温过低造成酸冻结事故。又比如，夏季时冷却水已全开用了，酸温还是降不下来，就要检查冷却设备有无缺陷，冷却器上是否结垢，水源压力是否够等。若冷却器上无结垢，冷却水量也无法再加大时，酸温仍较高，应联系降低风机负荷或降低二氧化硫气体浓度进行减负荷生产。一般情况下尽可能通过冷却风扇来调节冷却水温和循环酸温，尽量不用调节冷却水量来调节循环酸温。

4）干燥－吸收塔操作的自调

干燥吸收操作自调主要指酸浓度、循环槽液面高度的自动调节。由于调节过程中酸浓度和液面高度变化是互为影响的，所以在自调装置中，必须兼顾两者的关系。目前国内用于生产的自调装置主要有两种形式。

一种是应用循环槽液面高度的变化讯号，自动调节 93%、98% 硫酸串酸管上的自动阀门（气动或电动），从而实现对循环槽液面高度的自动控制。酸浓度计装在上塔酸管上，把酸浓度计发出的酸浓度变化讯号传送给 93%、98% 硫酸循环槽的加水自动阀，通过自动改变加减水量来控制酸浓度。

另一种是在基本稳定加水量的情况下进行串酸量的自动调节。把酸浓度计也置于上塔酸管上，将酸浓度计发出的酸浓度变化讯号传送给装在 93%、98% 硫酸串酸管上的自动阀门，使这些阀门依据酸浓度的变化自动进行串酸量的调节。此法不仅控制了酸浓度，而且也基本上能自动调节稳定循环槽液面高度。

4.4.6.4 事故原因分析和处理

1）全系统断电或其他因素引起的突然停车

当得知全系统断电或紧急停车时，立即做好下述处理。

①立即通知冶炼系统紧急转出。

②立即关死各循环酸泵的出口阀，接着关死各串酸阀、产酸阀和加水阀。

③找到断电原因（或停车原因），若与本岗位有关，要迅速排除故障，待供电正常后，按正常开车步骤将本岗位各台泵开起来。

④待系统主鼓风机启动后，通知冶炼系统转入生产，将串酸阀、产酸阀、加水阀逐步调节至正常。

2）冷却水或循环酸加水突然中断

①立即与有关方面联系，若确能在短时间内恢复生产，可以继续维持生产。

②若冷却水断水时间较长，循环酸温已超过 82 ℃ 则系统减负荷或系统停车。若为循环酸加水中断，由于酸浓度升高，吸收率下降，吸收塔已严重冒烟时，也要联系冶炼系统停车。

③待水量恢复供应后,即可通知冶炼系统开车。

④属于加水中断后的开车,加水量可比正常操作时稍大,但不可太大。待浓度恢复到接近指标时,要及时减少加水量,逐步转入正常控制状态。

3)98%硫酸吸收塔冒烟

(1)经检查确系由于循环酸浓度忽高忽低造成时,应将酸浓度调节到指标范围之内。

(2)经检查确系因循环酸量少引起时:

①若是串酸量过大,则适当减少串酸量。

②若酸泵电流低,先检查循环槽液面高度是否低;若不低要立即倒换酸泵。若换泵后,电流还低,要检查泵出口管线及阀门是否畅通和泵本体是否有故障,并迅速进行相应处理。

③若循环槽液面低,要立即关小或关死产酸阀门。

(3)经检查确系干燥塔效率低(或者主鼓风机进口管道设备有漏气),烟气含水分高,应采取相应措施,使水分指标合格。

(4)经检查确系吸收温度过低或过高,应调节酸温和气温,使其保持在规定的指标范围之内。

4)93%硫酸浓度提不起来

①若因干燥塔进口气温超标,应在净化岗位检查原因,进行相应调节迅速降低烟气温度。

②检查加水阀门有无失灵和有无从外部漏入水的地方。

③检查烟气带沫量是否增大,由净化岗位查清原因并进行相应处理。

④若为98%硫酸串入量太少,则应适当增加串入量。若为串酸阀门或串酸管道问题应及时进行相应处理。

5)98%硫酸浓度提不起来

①若为93%酸串入量过大,则要相应减少串入量。若为串酸阀门或串酸管道问题应及时进行相应处理。

②若为加水量过大,则应立即关死加水阀。

③若为进塔气体中三氧化硫浓度太低,则应联系冶炼系统给予配合和加强制酸系统的查堵漏,提高二氧化硫浓度和转化率。

④若为转化主鼓风机开得较小,则应减少串酸量和加水量,或增大风机负荷。

6)酸管线冻结

(1)局部冻结。冬季时,当98%硫酸的输出管线里有存酸,而且管线无保温或保温不良时,即可发生局部冻结。为尽快恢复生产,可将冻结酸管分段拆开用水处理。也可不拆开,用蒸汽或热水从酸管外慢慢加热熔化,但切忌用火烧。为防止局部冻结,最稳妥的办法是将酸管加设蒸汽伴管保温,其次是将管内的存酸排尽。

(2)大面积冻结。发生大面积冻结,往往是循环酸浓度超标,造成该浓度下的酸凝固点温度接近或低于当时的气温。比如,98%~98.5%的硫酸,凝固点温度为 -0.7 ℃~1.8 ℃,假若操作不慎,将酸浓度提高到100%时,凝固点温度就会升高到10.4 ℃。正常生产情况下,酸温不可能到10 ℃左右,若在系统停车或减负荷的情况下,加上气温低于凝固点温度,酸温就会低下来,严重时就会造成酸管大面积冻结。为防止酸管冻结应注意下述几点。

①要严格按操作指标控制好循环酸浓度。

②在冬季长期停车时，要把冷却器内存酸全部排尽。

③98%硫酸输送管线、酸贮罐要设置蒸气保温。

④短期停车时，要事先把冷却水关掉，将酸温提高些，使酸温保持在凝固点温度之上。

⑤酸管线内酸速不得低于0.4 m/s，否则在流动过程中也会冻结。

7) 发生漏酸

①应迅速将漏酸现场危及的其他物品转移到安全的地方。

②根据现场情况，断绝酸的来源并抽尽漏酸设备内的存酸。

③用绳子或其他物品将漏酸现场拦起来并设立"硫酸危险"标志。

④直接参加处理漏酸的人员，要按规定穿戴好防酸衣裤、胶靴、防护眼镜、安全帽和胶皮手套等用品。

⑤对漏酸现场地面，要用大量水冲洗。被稀释的硫酸应集中用石灰或碱中和处理后排放。

8) 某循环槽液面下降

原因：

①串酸量不适当，串入量少，串出量多或产酸阀开得过大。

②酸管线发生大量漏酸。

③系统负荷下降或二氧化硫浓度低。

④发生垮塔，塔内填料等堵塞塔底出酸口、管道或塔底与循环槽连通管，造成塔内窝酸。

处理：

①检查有关串酸阀开启程度并针对问题进行调节，如系产酸阀开得大，要关小产酸阀。

②立即检查现场如确系漏酸，要立即按规定进行处理。

③调节串酸量，减少产酸量。

④塔底开孔并断开塔槽之间的连通管进行检查，若发生垮塔需要停车大修处理，若是管道问题则更换管道。

9) 某循环槽液面上升

原因：

①串酸量不当，串入的多，串出的少或产酸阀开得过小。

②二氧化硫浓度超指标或系统气量增加。

③干燥塔进口气温高，带入水分增加，加水量未及时减少。

④酸温过高。

处理：

①检查串酸阀门并做适当的调节，如系产酸阀开得小，要适当开大产酸阀。

②联系冶炼系统尽可能稳定供气浓度或调整供气量。

③关死93%酸加水阀。调节净化指标，降低进干燥塔气温。

④检查三氧化硫冷却风机是否停止运行，冷却水是否减少或中断并做好相应处理。

10) 98%硫酸酸浓度偏高

原因：

①加水量少或断水。

②串酸量不当。

③系统负荷变大，98%酸加水(或93%酸串入量)调节不及时。

处理：

①增加水量或联系水源供水及提高水压。若为长时间断水并已影响到正常操作时，要进行紧急停车。

②兼顾酸浓度变化，调整有关串酸量。

③适当增大98%酸加水量或加大93%酸串入量。

11) 产酸量不稳定

原因：

①二氧化硫气体浓度波动，转化率不稳定。

②干燥塔进口气温波动大。

③操作调节过猛过快。

处理：

①加强同冶炼系统的联系，要求稳定二氧化硫气体浓度从而稳定转化率。

②控制好净化操作调节，要求稳定干燥塔进口气温。

③稳定操作，主要包括减小调节幅度，避免误操作。

12) 循环酸外观不好

原因：

①酸发浑呈乳白色，多为系统中产生升华硫或因开停车引起酸泥溶解于循环酸中。

②酸呈黄色或黑色，多为有机或无机杂质溶于酸中。

处理：

①联系冶炼系统，要求调整操作避免产生升华硫。如系开停车引起的酸发浑，须将污酸单独贮存处理(待生产一段时间酸色正常后，再按照成品酸贮存)。

②长、短期停车后的开车初期，易发生这种现象，污酸要和好酸分开单独处理。

13) 循环酸浓度和产品酸浓度误差较大

原因：

①酸浓度计失灵。

②酸浓度计和比重计缺乏定期校对。

处理：

①联系仪表进行检修。

②按规定对酸浓度计和比重计进行定期校对，消除误差。

4.5　烟气制酸系统检测仪表及生产过程自动化

4.5.1　概述

硫酸生产自动化系统是现代硫酸装置的重要组成部分，系统服务于硫酸生产操作，同时促进工厂的生产技术水平提高。硫酸生产过程自动化主要包括以下功能：

①生产过程工艺参数的检测和监视；

②生产过程的自动控制和调节；

③生产过程的联锁;

④生产过程的管理;

生产过程工艺参数的检测是监视工厂生产运行必需手段,是过程自动化的基础。除硫酸生产中已广泛应用的温度、压力、流量、检测仪表外,烟气制酸装置中还采用二氧化硫浓度分析仪和硫酸浓度分析仪等。

生产过程的自动控制和调节系统使生产按预定方案受控运行,如冶炼烟气的调度调节,硫酸浓度的自动调节,转化温度的自动调节等。

生产过程的自动联锁是生产过程中各工序和设备之间协调动作的一个重要环节。联锁的一个重要功能是保证工厂人员安全和设备安全。如冷却塔或高温动力波洗涤器烟温和循环酸压力对二氧化硫鼓风机的自动联锁,冶炼系统与制酸系统之间的联锁,重要设备自身的联锁等。

生产过程的管理功能除自动控制系统的数据采集、记录之外,还具有历史数据管理,查询系统运行过程事件的功能,按需要完成各种管理报表并具有远程事件的追忆功能,并具有远程通信功能,以方便上级单位对工厂的了解和管理。

20世纪90年代前,我国大多数制酸系统仅装备就地和集中显示、记录生产过程中的温度、压力、液位、浓度、流量等工艺、设备参数的仪表,仅由危及关键设备安全的设备运行参数对单体设备联锁,逐渐发展到对关键工艺参数进行单项的自动控制和调节,如干吸循环酸浓度和液位的自动调节。

随着近年烟气制酸系统的技术改造和装置的大型化,新装置基本趋向于装备集散系统(DCS),实现系统的操作调节自动化和遥控。全系统只设一个主控室进行生产的监视、控制调节和管理,并对系统重要工艺指标和设备参数进行安全联锁,极大地提高了生产技术水平和管理水平。

制酸系统生产是以连续运行为主要特征。生产的主要工序净化、转化、干吸不具备独立运行的能力。其中任何工序运行不正常均会影响整个硫酸生产的正常运行,甚至造成系统的停产。

对于具有周期性操作的冶炼系统,其烟气量、烟气成分必然周期变化。除对各冶炼生产进行合理的组织,还需对冶炼烟气进行调度调节,对制酸系统要根据烟气变化进行调节是冶炼烟气制酸的重要特征。

硫酸生产过程中工艺介质具有较强的腐蚀性,而且环境中有腐蚀气体。对于仪表设备及与腐蚀性介质接触的部件应采取相应的防腐措施。

硫酸装置生产自动化程度大体可分为三类:

(1)生产以人工操作为主。在装置中仅配置了一些简易的测量仪表,如温度、压力、液位等测量仪表。按工序设置就地操作仪表盘。操作人员操作生产设备,要在现场密切观察设备运行情况,随时作出相应反应,如开闭阀门等。人员劳动条件差。生产过程中一般没有在线分析仪和自动调节回路。在早期建设的小型的硫酸装置,这种情况较为常见。

(2)生产实现局部自动化。即生产过程中配有较多的仪表设备,配有各种测量仪表,包括在线分析测量仪表,配有自动控制系统和自动联锁系统。工厂设有仪表控制室,操作人员可在控制室对生产过程进行监视和遥控调节,但仍有相当数量的工作须到现场操作。

(3)实现生产过程自动化。生产过程采用全厂集中控制,配有DCS控制系统,操作人员可以在控制室中的操作站利用显示器屏幕和键盘对生产过程实现有效的监控，并对生产过程中的关键设备操作进行联锁，以及对全厂开停车过程的操作顺序进行控制。目前，国内生产规模在200 kt/a及以上的大型硫酸装置都采用这种控制方案。采用DCS控制系统的大型硫酸装置取得了良好的经济效益。

4.5.2 生产过程工艺参数的自动测量和常用仪表

生产过程工艺参数自动测量是观察生产过程运行状态的基本手段，是构成闭环控制系统的基础。自动测量过程在实质上都是被测参数与设定参数进行比较的过程，而测量仪表就是实现这种比较的工具。不论采用哪一种测量原理，它们都是将被测参数经过一次或多次的信号能量的转换，最后由指针或数字等形式显示出来。硫酸生产过程所发生的物理变化和化学反应一般可用一个或几个工艺参数来表征。与生产过程密切相关的工艺参数有温度、压力、液位、流量和成分。这类测量仪表品种规格齐全，在工业上已得到广泛的应用，并趋向系列化、标准化。现代硫酸工业生产装置除了应用常见的测量仪表之外，还采用了各种在线自动分析仪表。下面对硫酸生产所使用的测量仪表作一简介。

4.5.2.1 温度测量

温度是与各种化学和物理变化过程密切相关的特征参数，也是在硫酸生产中使用最频繁的被测工艺参数，约占硫酸工艺测量参数一半以上。

温度测量仪表按温度传感器类型分为接触式与非接触式两大类。接触式感温元件与介质直接接触，达到热平衡后感知介质温度，测温准确度高，便于多点测量和自动控制，但对感温元件的结构、材质性能要求苛刻。非接触式感温元件利用物体的光、热辐射随温度变化测量介质温度。理论上测温无上限，并反应迅速。冶炼烟气制酸温度的测量对象有温度60 ℃至600 ℃的二氧化硫烟气、40 ℃至120 ℃的硫酸、生产冷却水和各种设备的温度参数。

制酸设备温度的测量是由于设备控制水平的提高，除设备测量点安装就地测量显示温度检测仪表外，还需安装电阻温度计对设备测点温度远传至控制系统进行监视、记录和控制。工艺介质的温度测量一般采用热电阻或热电偶。热电阻按材质不同分为铜热电阻、铂热电阻。铜热电阻的测温范围为 –50 ℃至150 ℃，铂热电阻的测温范围为 –200 ℃至600 ℃

热电阻主要应用于制酸生产中的温度较低的净化、干吸工序温度测量点。

热电偶是由两种不同的导体连接在一起构成的感温元件。常用的热电偶有镍铬 – 镍硅（K型），测温范围0 ℃至1300 ℃；镍铬至康铜（E型），测温范围0 ℃至800 ℃；铂铑10至铂（S型），测温范围0 ℃至1600 ℃；铂铑30至铂铑6（B型），测量温范围0 ℃至1800 ℃。K型热电偶使用在电收尘转化工序，具有测温精度高，稳定性好、维修方便、价格较低的优点。

热电偶和热电阻是接触式的测温一次元件，由它们得到的温度信号可由电缆远传至控制柜或操作室，可在相应的二次仪表上显示或进入DCS系统处理。

制酸生产温度的就地显示使用水银温度计、双金属温度计等。由于设备点检的需要，非接触式温度计——手持式光电测温仪也在点检人员中配用。

由于被测介质硫酸、制酸烟气的腐蚀性，所以测温热电偶和热电阻的铠装材料要选用合适的材质，其中用于转化工序干的高温烟气的热电偶保护管选用普通不锈钢即可达到耐热蚀的效果。用于干吸工序硫酸测温的热电偶、热电阻的保护管则要按测量点硫酸的浓度、温度、流速选择合适的材料，达到经济适用的目的。另一个情况发生在净化工序，耐稀酸的材料往往被腐蚀，这经常是因净化循环稀酸中含氟造成的，在选材时应注意氟含量的影响。

4.5.2.2　压力测量

硫酸生产中压力测量有负压、正压和压差等。

常用的测压方法有液柱测压法、弹性变形法和电测压法。

（1）液柱测压法应用流体静力学原理。最典型的有 U 形管压力计和单管压力计，其测量范围为 0～266.6 kPa，由于结构简单，使用方便而受欢迎。制酸装置多用于较低的压力或压差测量。

（2）弹性变形法是当被测压力作用于弹性元件，使之产生相应的变形而测知被测压力的值。常用的弹性元件有薄膜式、波纹管式、弹簧管式。制酸生产中常用膜式压力表，其测压范围为 $0～9.086×10^7$Pa，结构简单、维修方便。

（3）电测压是通过转换元件将被测压力变换为电信号。有压电型、电容型和扩散硅型压力变送器。这些压力变送器具有多种量程可供选择，因其反应灵敏、性能稳定、远传性能优良而在冶炼烟气制酸装置中广泛使用。

制酸系统压力测量存在工艺介质对测压装置的腐蚀与堵塞，要采取相应措施：

（1）电收尘、高温风机至净化入口、转化工序烟气中含有粉尘，容易使取压管堵塞，可采用吹气测压法解决，用仪表恒流装置向取压管补充微量的干燥仪表压缩空气，使取压管不与介质接触，达到防腐、防堵的效果。

（2）净化工序烟气中含有酸雾、水蒸气等，具有极强的腐蚀性。净化、干吸工序稀酸和浓酸介质的压力测量也要避免介质的腐蚀。一般采取选用合适材质的膜片、合适材质的过程连接件、加装隔离器件——隔离膜盒、隔离膜罐的方法解决。

4.5.2.3　流量测量

冶炼制酸系统仅需要流体流量检测，常用的有节流装置（如孔板）与压差变送器配套测量流体流量和用电磁流量计测量流体流量两种。

冶炼制酸流体流量主要有二氧化硫风机出口气量，水、循环酸流量，成品酸的生产计量等。

（1）二氧化硫风机出口气体流量的测量，不宜采用孔板流量计，因孔板会造成较高的阻力损失，增加风机能耗。现一般使用阿钮巴插入式流量计或涡街流量计。这类仪表运行阻力小，维护工作量也少。

（2）各种酸的计量采用电磁流量计，电磁流量计与介质接触元件均根据介质的腐蚀性选用相应的材料。对于成品酸的产出计量，可用流量测量结合成品酸罐液位测量，计量酸罐容积，加以对比校调。

4.5.2.4　液位测量

烟气制酸生产的液位测量有各循环罐的液位测量与控制，成品酸计量槽的液位测量及成品酸贮槽的液位测量。

适用于制酸系统的液位测量仪表，主要有直读式、浮力式、压力式、超声波式及雷达液位计。对所用仪表的要求是具有耐腐蚀性能。

（1）循环槽液位的测量，对精度要求不高，允许液位有一定范围的波动，可用压力式液位变送器用于远传和控制，用翻板式液位计用于就地指示。

（2）成品酸贮槽液位指示一般在酸罐上安装浮球式液位计，也可选用雷达液位计远传。

（3）计量槽液位测量是产量计量，是制酸生产管理的重要数据，安装翻板液位计就地指示，同时安装受液位波动干扰小的超声波液位计远传，结合成品酸槽流量计量可较高精度完成产量的计量。

4.5.3 硫酸生产自动化分析测量仪表

4.5.3.1 二氧化硫浓度分析仪

二氧化硫气体浓度分析用于测定二氧化硫鼓风机出口气体和排放尾气的 SO_2 浓度，是生产过程中的重要控制参数。可采用热导式二氧化硫分析仪，或采用紫外线气体分析仪。尾气二氧化硫浓度是环境保护控制考核的指标，可采用紫外线气体分析仪进行测量。

热导式二氧化硫分析仪结构简单，价格便宜，工作原理基于不同的气体有不同的热导率，对于混合气体的热导率则随其组成成分变化而变化。检测气体热导率是通过一个不平衡电桥，再转换成电信号输出。该分析仪使用效果比较满意。

紫外线二氧化硫气体分析仪的仪表工作原理是基于各种气体对紫外线有选择性吸收现象。仪表结构由气体预处理和仪表本体两部分组成。该仪表比较先进，精度和稳定性都比较好，已在生产中取得了较满意的使用效果。

4.5.3.2 硫酸浓度分析仪

硫酸浓度分析仪用于干燥塔循环酸和吸收塔循环酸酸浓度测量。循环酸浓度与干燥效率、吸收率直接相关。若硫酸作为商品酸出售，酸浓度分析是产品质量的直接保证。

吸收塔循环酸浓度，可采用电导式硫酸浓度计。仪表测量值与人工测量值之间误差可小于 0.1% ，且仪表维护量小，已在使用中取得了良好的效果。

干燥塔循环酸浓度一般在 93% ～95% 。酸浓度测量所采用的分析仪品种较多，仪表工作原理有沸点法、电导法、密度法等。但实际使用情况均不够理想。安装使用微机化超声波硫酸浓度计，根据超声波在被测酸中的传播速度与酸的浓度和温度的相关性，采用单片机进行数据采集和数据处理。据介绍该浓度计的测量范围为 91% ～95% ，测量精度为 0.2% 。

另外，基于不同浓度的硫酸有不同的折射率的原理，国外近年还开发了一种临界角折射仪。据称在 90% ～96% 浓度硫酸范围内，精度可达到 0.2% ，仪表稳定可靠，并且基本上不需要维护工作。

4.5.4 烟气制酸系统的自动调节和联锁

烟气制酸系统的自动调节有制酸系统根据冶炼周期进行的调节、干吸循环酸浓度的调节、转化温度的调节等。

4.5.4.1 制酸系统与冶炼系统的联锁与调节

有色金属冶炼有许多过程为连续性冶炼工艺，相应能供应气量、成分较稳定的烟气；而周期性生产的冶炼炉烟气成分、烟量也周期性变化。以铜冶炼为例，铜锍熔炼具有连续性，因而烟气稳定；而铜锍吹炼在转炉中进行，分为加料——一周期吹炼—二周期吹炼—出铜等周期性的冶炼过程，故烟气量和成分也随各周期变化。

冶炼烟气制酸系统要根据冶炼炉排烟口负压情况调节制酸系统高温排烟机和二氧化硫鼓风机的负荷，目的是尽可能抽吸完冶炼炉产生的烟气但最小限度地吸入空气。

根据冶炼炉的周期，必要时操作二氧化硫风机进入"循环"状态，暂停制酸系统生产。

4.5.4.2 干吸工序硫酸浓度自动调节

干吸工序包含对烟气干燥和来自转化工序三氧化硫气体的吸收两大功能。干吸工序自动调节系统主要包括干燥塔要求的93%浓度、吸收塔要求的98%浓度的循环硫酸与循环槽液位的自动调节。循环酸浓度直接与干燥或吸收率相关。若酸作为商品酸出售时，酸的浓度则是重要的质量产品控制指标。

循环酸浓度调节一般有两个调节参数可供选择：调节加水或调节串酸量。串酸调节指调节加入另一种浓度的酸量来控制被调节酸的浓度。因有两种不同的调节参数可供选择，故干吸工序酸浓度、液位调节可构成多种不同的控制方案。

采用"串酸"与"加水"两种不同的变化必然会引起对另一个酸循环系统的液位与浓度的扰动。另外，以干燥酸向吸收酸"串酸"所带入的水分仅约为串酸量的5%，因此浓度调节过程中，容量的变化要比加水调节大，对酸槽液位调节干扰也大。同时，阀门还必须采用耐腐蚀的材料。

"加水"调节是用水作为调节参数。水是酸循环系统外的独立变量。在调节过程中与两种循环酸系统无直接关联，而且对液位的干扰也小。阀门选用一般材质的即可。

虽然"加水"调节比"串酸"调节简单，但"串酸"是生产工艺过程所必需的。首先，为了维持干燥酸的浓度，必须向干燥循环系统串入98%硫酸。对于只生产98%硫酸系统，干燥酸必须串入吸收酸循环系统，别无出路。93%硫酸生产量少时，必须将多余的93%硫酸全部串入吸收酸循环系统。

4.5.4.3 转化工序自动调节系统

转化工序的功能是将经净化干燥处理后含有二氧化硫的气体转化为三氧化硫气体。生产控制目标是提高二氧化硫的转化率，主要是转化器一、二、四段入口温度的自动调节。

例如：对转化器一段入口温度的调节方法是绕过冷、热换热器旁路的冷二氧化硫气体流量或旁路气体进入补热系统加热。转化器其他各段入口气体温度自动调节系统一般与一段温度自动调节相类似，调节系统的设置根据装置的生产自动化程度和规模来确定。

4.5.4.4 硫酸生产过程自动联锁

自动联锁系统是在化工生产中保证安全生产的一个重要手段。化工生产过程一般存在三种工况：正常运行，开、停车，紧急状况。生产中出现紧急情况，要操作人员及时做出正确判断和采取相应的措施，而且不得有任何失误，这是十分困难的。现代大型硫酸装置操作控制都是远距离的，有了自动联锁系统则可按照事先设定的要求，由控制设备自动完成从生产紧急状态过渡到安全状态，从而达到保护人身和设备安全的目的。开停车时，自动联锁常用于各设备之间的协调动作。

烟气制酸系统的自动联锁主要有如下各项：

(1) 系统压力联锁。净化工序至二氧化硫风机进口，所有设备均工作在负压状态，虽然设有安全水封，尚不能完全保证系统设备安全，根据净化工序负压超标信号，联锁二氧化硫风机停车。

(2) 净化冷却塔或一级动力波出口气体温度超标联锁事故水系统启动。如温度得不到控制则进一步停二氧化硫鼓风机。

(3) 循环酸泵停车造成相应的塔设备处于危险情况并可能出现重大尾气超标情况，联锁二氧化硫鼓风机停车。

（4）单体设备自身的运行参数超标，对设备本身联锁停车。设备不具备开车条件，联锁设备不允许开车。

自动联锁系统运行可分为系统触发、系统逻辑判断、系统动作三大部分。系统触发信号可来自联锁的故障检出元件或紧急停车按钮。故障检出元件直接安装在被监视的设备上。紧急停车按钮安装在相应的操作台或控制柜（盘）上，可由操作人员用按钮给出联锁触发信号；逻辑判断系统可以是电子元件构成的逻辑电路，或微处理机，或程序控制器（PLC）等各种控制设备。系统动作是指自动联锁被触发后，经逻辑运算，给出一个信号或一组信号，使控制设备作出相应的动作，如阀门关闭，或电机停转等。

4.5.5　DCS 系统简介

综合了控制、计算机、通讯三大工程技术的 DCS 系统，采用计算机记忆、逻辑判断和数据运算功能，实现对生产装置各分散控制对象进行分散的控制，同时达到控制对象参数的集中监视、操作和管理，装备 DCS 系统的生产系统自动化水平有质的提高，使制酸系统成为全盘自动化的工厂。

4.5.5.1　DCS 系统组成

DCS 系统一般由工程师站、操作站、现场控制站、通讯控制站、系统服务器及管理网络、系统网络、控制网络等组成。系统软件包括工程师站专用组合软件，操作站、现场控制站、通讯控制站、打印服务站、系统服务器专用实时处理软件，以及各站内实时多任务操作系统、系统软件、各站间通信软件等组成。

4.5.5.2　DCS 系统的主要功能

数据采集：对于用于监视的点和参与控制的点，可以定时周期采集数据。

控制运算：具备一般的运算功能、支持方案的在线修改。

控制输出：支持模拟量及开关量的输出。

设备状态监视：可在操作站上监视本级以下所有硬件设备的状态。

报警监视：可对现场采集的外部变量，内部计算处理的变量，由通讯接收来自其他系统的变量报警。

远程通信：系统可以通过通讯控制站或现场控制站主模块的多功能接口卡与其他系统通讯。

实时数据处理和显示：内容包括变量的实时趋势和历史趋势，系统的历史数据保存时间仅受硬盘容量限制。数据曲线可成组选点，平移、缩放显示。

历史数据管理：在历史数据服务器实现，周期采样存盘。

日志记录：有按时间顺序自动记录、存储和查询运行过程中各种随机突发事件的功能，包括所有的模拟量超限报警、开关量状态改变，开关量抖动，计算机系统故障、人工操作记录等。

图形显示：以模拟图的方式表现现场工艺流程和相关的动态信息，并具有对动态点进行操作的手段。

控制调节：用户可以利用模拟流程图中组态定义的调节器，模拟手操器，开关量手操器操作热点，显示和调整控制参数或手操干预。可以顺利实施对电动机、电动阀、电磁阀等典型测控设备的控制操作和调节阀门自动调节。

报表打印：用户可按需打印定时报表和实时报表，取代操作人员的抄表工作，并可定时驱动完成日报、班报和月报等。

DCS 系统具有控制功能分散、信息管理集中的特点。采用计算机技术和现代通信技术，便于优化和扩展，已在大型烟气制酸装置中得到了广泛的应用。

4.6　硫酸的贮运及生产安全技术

4.6.1　硫酸的危害性及预防措施

4.6.1.1　硫酸的危害

硫酸对人体有强烈的腐蚀作用和全身毒害作用。浓硫酸接触皮肤，组织即被破坏，使皮肤脱水，蛋白质凝固并形成溃疡，呈严重烧伤症状，伤口愈合很慢且常留下一大片疤痕。误服浓硫酸使消化道严重灼伤，重者可导致死亡，轻者即使痊愈也将对消化道造成永久性功能损害。硫酸溅入眼内，可立即引起角膜混浊，重者导致失明。发烟硫酸具有比浓硫酸更强的腐蚀性和毒害性。长期接触稀硫酸能引起皮炎和甲沟炎。

吸入硫酸蒸气造成的急性和慢性中毒症状与吸入三氧化硫（酸雾）相同。国家标准G16297—1996 规定生产场所硫酸蒸气的最高允许浓度为 $1 \, mg/m^3$。

4.6.1.2　预防措施

呼吸系统防护：可能接触硫酸蒸气或烟雾时，必须佩戴防毒面具或供气式头盔；紧急事态抢救或逃生时，建议佩带自给式呼吸器。

眼睛防护：戴化学安全防护眼镜。

防护服：穿防酸雨衣。

手防护：戴橡皮手套。

其他：工作后，淋浴更衣；单独存放被毒物污染的衣服，洗后再用；保持良好的卫生习惯。

4.6.1.3　急救措施

皮肤接触：脱去污染的衣物，立即用水冲洗至少 15 min。或用 2% 碳酸氢钠溶液冲洗。就医。

眼睛接触：立即翻开眼睑，用流动清水或生理盐水冲洗至少 15 min。就医。

吸入：迅速脱离现场至空气新鲜处。呼吸困难时输氧。给予 2% ~4% 碳酸氢钠溶液雾化吸入。就医。

食入：误服者给牛奶、蛋清、植物油等口服，不可催吐。立即就医。

灭火方法：用砂土，禁止用水。

4.6.2　硫酸的贮存和装卸

4.6.2.1　贮酸量

商品硫酸主要由公路、铁路外运，贮酸量一般相当于硫酸装置 12 ~15 天的产量；成品酸由水路外运时，要考虑台风季节不能运输，为了避免酸库贮满被迫停产，贮酸量可适当提高到装置约 20 天的产量；生产硫酸同时使用硫酸的工厂（如磷肥厂），贮酸量可减少到约 10 天的产量。

4.6.2.2 装酸

装酸是硫酸厂商品酸出厂的一道工序，包括铁路槽车、汽车槽车和小型耐酸陶瓷坛的灌装作业。

1）火车槽车的灌装

商品硫酸铁路槽车运输适用于有铁路支线的大中型企业。铁路槽车装酸作业有酸泵直接灌装、高货位装车等。

（1）高货位装酸

商品硫酸的贮存、计量和高货位灌装，适用于大型企业。产酸计量槽和送酸泵布置在生产区内，归车间管理。贮酸大罐和高位槽及灌装作业归供销部门管理。该流程的缺点是成品酸经两次泵打、两次计量，较为繁琐。该流程亦有它可取之处：成品酸的质量控制是在产酸计量槽中取样分析的，确认浓度偏低不合格时还可以送回吸收塔循环槽重新加工，能起到保证产品质量、维护工厂信誉的作用。有些流程利用干吸塔循环泵直接将成品酸送至贮酸槽，当发现酸浓度等指标不合格时，要打回吸收塔循环槽重新加工就比较困难。

（2）酸泵直接灌装

开动酸泵从贮酸大罐抽酸直接灌装槽车，流程简单，缺点是计量精确度差。一般使用带刻度的不锈钢标尺插入铁路槽车中测量液位进行复核，由于槽车长期在铁路运行、碰撞、变形不可避免，计量误差较大，需要增设称重计量设施以保证灌装准确。

2）汽车槽车的装酸

商品酸由汽车槽车外运，适用于中小型企业，但大企业亦有用汽车运输供应当地用量不大的用户。大多数采用高货位装车，操作简单。

3）零星商品酸的装坛

零星商品酸的装坛流程和设备虽简单，但要求计量准确、操作方便、安全和有较高的灌装劳动生产率。酸坛灌装应注意操作要点。

（1）灌装浓酸的小计量槽不宜用钢板焊制。浓酸吸湿变成稀酸后腐蚀钢材，使成品酸中铁含量增加，宜用不锈钢板焊制。

（2）计量槽容积很小，小贮酸罐基础不能过高，如果位差太大酸流入过急，很容易造成溢酸伤人。适当提高计量槽深度以防止溢酸。

（3）为了计量准确，计量槽的容量要预先进行标定（50 kg），并在液位计上用红漆作出标记。

（4）计量槽前后阀门选用陶瓷旋塞阀是很合适的。小计量槽进酸到达液位计指定刻度（50 kg）时，要求快速切断酸源，为了计量准确和防止溢酸，不能用截止阀取代旋塞阀。

（5）装坛计量槽设置两个，一个计量后放酸入坛，另一个在装酸，轮换操作以提高灌装效率。酸坛灌装后立即移走，特设置辊道，灌装时酸坛是放在辊道上的，以便安全、快速将酸坛推离装酸台。下道工序是封口、装木箱等流水作业。

（6）洗坛。陶瓷酸坛经使用后可能存在酸渣、杂物，为了保证商品酸的质量，就得用水清洗。如果用胶管灌水冲洗，不安全，劳动强度大，效率很低。洗坛装置一般设置两排，一排喷水冲洗，另一排将水沥干。整个洗坛装置是架设在耐酸排水沟之上的。装置十分简单，但劳动生产率是很高的。洗坛的微酸性水送污水处理站中和后排放。

4.6.2.3　卸酸

1）铁路槽车的卸酸

卸车作业是采用压缩空气将槽车的酸压出，经复核计量后用泵送入储酸罐贮存。

为了安全，我国铁路局规定槽车受压不得超过0.15 MPa（表压），卸车作业应该遵守铁路局的规定。

卸酸完毕之后槽车上的空气进口及酸出口要立即上紧法兰盖以防雨水和空气漏入，浓酸吸水后成稀酸，腐蚀槽车并产生氢气，遇火星会发生爆炸，这在操作上是至关重要的。

铁路槽车的卸酸除了采用压缩空气外，还可以采用虹吸卸酸方式。

2）汽车槽车的卸酸

汽车槽车卸酸是简单的，可用耐酸软管将酸卸入地下槽，计量后用地下槽泵送至贮酸罐中贮存。

4.6.3　冶炼烟气制酸中的有害物质

在冶炼烟气制酸中，包括中间产物以及最终产品在内的各种介质，或对人体具有刺激作用，或具有毒害性和腐蚀性，如处置不当，极易造成人身意外事故或慢性中毒。故硫酸生产者应对这些有害物质的危害作用和中毒症状有一基本了解，以利安全作业。

1）硫化氢

硫化氢系强烈的神经性毒气，且对粘膜有明显刺激作用，经呼吸道和消化道吸收，在血液中达一定浓度时，引起全身中毒症状。根据接触浓度不同，H_2S急性中毒有下列症状。

在较低浓度下，先出现眼结膜刺激症状，接着出现上呼吸道刺激症状。表现为畏光、流泪、眼异物感、流涕、鼻及咽喉灼烧感；当接触浓度为200～300 mg/m³ H_2S时，即出现中枢神经症状，表现为头昏、乏力、呕吐，同时引起上呼吸道发炎和支气管炎，引发咳嗽、胸闷等症状，眼刺激更为强烈，视觉模糊；当接触浓度在700 mg/m³以上时，中枢神经症状最为突出，先发生头晕、心悸、呼吸困难、行动迟缓，继之出现烦躁、意识模糊、呕吐、腹泻、腹痛和抽搐，并很快进入昏迷状态；当H_2S浓度大于1000 mg/m³时，可在数秒后倒下，呼吸停止。

人对H_2S的嗅觉阈值为0.035 mg/m³，浓度为0.4 mg/m³时，可明显嗅出，4～7 mg/m³时，感到中等强度难闻臭味，30～40 mg/m³时，臭味强烈，这是可能引起局部刺激和全身症状的阈值浓度，大于70 mg/m³出现眼及呼吸道刺激症状，吸入2～5 min即发生嗅觉疲劳而不易嗅出H_2S臭味，浓度越高，嗅觉疲劳发生越快。

H_2S系可燃易爆气体，燃烧时生成SO_2，在空气中的爆炸极限为4.3%～46%。

按国家标准《职业性接触毒物危害程度分级》G16297—1996规定，H_2S属高度危害毒物，生产场所H_2S的最高允许浓度为0.1 mg/m³。

2）二氧化硫

吸入二氧化硫后主要在上呼吸道，尤其是鼻粘膜的湿润表面被吸收溶解于体液中，因而对呼吸道及眼粘膜产生更强烈的刺激作用，既可引起支气管和肺血管的反射性收缩，也可引起分泌物增加及局部炎症，甚至腐蚀组织引起坏死。大量吸入可引起肺水肿、喉水肿、声带痉挛而致窒息。长期吸入低浓度二氧化硫，有头昏、头痛、乏力等全身症状，并常有鼻炎、咽喉炎、嗅觉和味觉减退等症状。接触液体二氧化硫可引起皮肤灼伤，溅入眼内可立即引起角膜混浊，浅层细胞坏死。

我国规定，生产场所空气中二氧化硫最高允许浓度为 15 mg/m³。

3）三氧化硫

由于强烈的亲水性，在空气中三氧化硫实际上以硫酸雾的形式存在。研究表明，三氧化硫对肺的刺激作用比等硫量的二氧化硫更为强烈，且其刺激性随酸雾的粒径增大而增强。吸入酸雾后经粘膜吸收产生强烈刺激作用，主要是使组织脱水，蛋白质凝固，形成局部灼伤和坏死。急性中毒表现为上呼吸道刺激，咽喉和胸骨后区有灼烧感，眼结膜充血，高浓度吸入能引起鼻粘膜出血，痰中带血，严重者发生喉头水肿甚至肺水肿。慢性中毒者可有鼻粘膜萎缩，伴有嗅觉减退或消失、慢性支气管炎、慢性肺纤维化，后遗症是支气管扩张和肺气肿，并发生牙齿酸蚀症，其症状是最初牙釉质失去光泽，继而出现褐斑，变黑，并损伤牙本质而出现龋齿和牙冠损坏。

人对空气中不同浓度的硫酸雾反应为：当浓度为 0.2 ~ 2.0 mg/m³ 时几乎无明显刺激，当浓度为 3.0 ~ 4.0 mg/m³ 时可引起咳嗽，当达到 6.0 ~ 8.0 mg/m³ 则感到明显不舒服并显著影响呼吸。国家标准 G16297—1996 规定生产场所最高允许浓度为 1.0 mg/m³。

4）粉尘

冶炼烟气制酸系统粉尘主要来自电除尘及净化前烟气管道内的含重金属烟尘和转化催化剂粉尘。正常生产时，设备都是密封的，没有危险，但在停车检修时，存在一定的危险。检修时裸露的含重金属烟尘和催化剂粉尘会对人的眼睛和呼吸道产生刺激，严重的还会使人发生中毒。

4.6.4 硫酸生产中的安全技术

硫酸生产是处理、加工和生产有腐蚀性和有毒品的过程，在生产中，除可能因有害介质的泄漏造成对人体的各种急性或慢性伤害外，还可能发生爆炸、高温烫伤等事故，因此必须对硫酸生产中的安全技术给予高度重视。只要严格按照安全规程进行操作，就可防止人身伤害事故的发生。要实现硫酸的安全生产，需要做到：①必须有技术熟练并经过系统安全教育的操作和维修人员；②设备必须处于良好状态，严禁带"病"运转，杜绝"跑、冒、滴、漏"；③严禁违章作业；④生产现场要配备必需的防护和急救设施；⑤操作、维修人员必须按规定穿戴好防护用品。

4.6.4.1 净化工序

对冶炼烟气制酸装置采用硫化钠法处理净化工序稀酸，并进一步将所得硫化砷加工为三氧化二砷的，因三氧化二砷属 Ⅰ 级毒物，对人体危害极大，故在作业中必须高度注意安全。装置应采用自动化密闭作业，作业场所应提供通风，操作人员必须穿戴好相应的防护用具，现场禁止饮水、进食。工作后必须沐浴更衣，工人应做定期体检。

三氧化二砷接触皮肤，应立即脱去污染衣物，并以大量水冲洗至少 15 min，不慎吸入三氧化二砷粉尘，迅速脱离现场至空气清新处并立即就医。误服三氧化二砷者先以大量水漱口，并应迅速催吐、洗胃，洗胃前先给解毒剂氢氧化铁（12% 硫酸亚铁溶液与 20% 氢氧化镁悬混液等量混合摇匀）。若无氢氧化铁，可服蛋白水、牛奶，立即就医。

4.6.4.2 转化工序

转化工序应注意的是防止钒催化剂粉尘的危害。在更换和过筛钒催化剂时，过去不少厂尤其是小厂常采用敞开式作业，在此种情况下，即使配置通风除尘设施，也难以完全消除催化剂粉尘的危害。故在进行此项作业时最好采用负压抽吸、风动输送、密闭过筛工艺,这方面早已有成熟的经验。采用该工艺不仅可消除催化剂粉尘的危害,同时也减轻了工人的劳动强度。

4.6.4.3　干吸工序

该工序安全生产的重点是防止硫酸烧伤事故。为防止硫酸烧伤事故的发生,塔、槽、酸泵及输酸管线必须杜绝泄漏,操作人员应按规定穿戴防护用品,进行检修时应穿戴耐酸服、胶靴、耐酸手套及防护眼镜。实践证明,许多硫酸烧伤事故的发生,往往是由于检修时未按规定穿戴防护用品所致。

由于稀硫酸与钢铁等金属反应会产生氢气,即使是浓硫酸容器也会因酸被稀释而使器内积聚氢气。氢是一种易燃易爆气体,其爆炸下限为 4.0%,上限为 75.6%。因此设备在动火前必须先进行充分排气置换并经气体分析合格后方能进行。此外,检修时切勿以金属工具等敲击设备,以免产生火花引起爆炸。

在稀释浓硫酸时,必须在搅拌情况下将酸徐徐注入水中,严禁将水注入酸中,以防硫酸溅出伤人。

在生产场所醒目处必须备有水量充分的供水设备以及包括软管、水池、事故冲洗喷头和洗眼器等在内的应急救护装备,供水设施应有可靠的防冻措施。

当不慎被硫酸灼伤时,应立即以大量水冲洗,必须彻底洗净酸液,此是减轻伤情的关键措施。一些文献提出,冲洗时间至少应达 15 min。冲洗同时脱除沾污的衣服、鞋袜,洗净酸液后立即送医。应注意的是皮肤沾上硫酸决不能用碱液中和,否则将因中和放热而加重烧伤。

若酸液进入眼睛,立即大量清水连续冲洗 15 min 以上,冲洗时应翻开眼睑,使眼睑、眼球都能得到彻底冲洗,冲洗完毕后作为应急措施,也可用 0.5% 潘托卡因滴眼止痛,并立即就医。

当酸液大量泄漏时,应先将人员撤离现场,并立即以砂土堵挡和吸附酸液,吸附酸液的砂土应以石灰等中和。

当吸入大量硫酸蒸气或酸雾时,应立即将伤员转移至空气清新处并送医。有的文献建议给伤员吸入 2% $NaHCO_3$ 气溶胶,并用 2% $NaHCO_3$ 溶液漱口。

当误饮硫酸时,不要设法催吐,如伤者清醒,可给予大量水漱口清洗。如有可能,令其喝混有鸡蛋清的牛奶,并迅速将伤者送医。

4.6.4.4　氨法尾气回收工序

1)氨的燃爆

氨法尾气回收和固体亚硫酸铵工段在正常生产时不可能发生爆炸,但是在修理中和槽、循环槽动火补焊时,曾有过多起爆炸事例。南京某厂年度大修补焊中和槽时,对槽内空气经取样分析证实槽内氨浓度仅为痕量,并取得安全技术科动火证,安全手续完备。然而点火补焊时发生猛烈爆炸,修理工当场死亡。原因是中和槽氨进口阀漏气,氨气是在取样分析之后漏入的,遇明火即发生爆炸。正确处理方法是在氨阀法兰处用盲板堵死,切断氨源之后取样分析,证明设备内无氨存在,并取得动火证之后才能进行动火修理作业。

2)机械性爆炸

南京某厂发生过混合槽机械性爆炸事故,混合槽 ϕ1250 mm 顶盖炸飞到 150 m 外的硫铵车间。爆炸原因是浓硫酸分解亚硫酸铵——亚硫酸氢铵溶液时反应十分剧烈，生成的硫铵溶液飞溅到 SO_2 出口管道上，水分蒸发后硫铵结晶堵塞气道，混合槽内压力上升导致发生爆炸。

后来的混合槽设计成卧式长形，硫酸和亚硫酸盐溶液进口在一端；SO_2 气体出口在另一端，尽量拉大距离，使硫铵溶液不致飞溅到气体出口管道上，管道直径也要适当加大。生产实践证明，这是防止超压爆炸的有效方法。

4.6.5 硫酸贮运的安全措施

1）贮酸罐的施工质量与安全

贮酸罐直径大，罐底由多块厚钢板拼焊而成，焊接过程热应力没消除容易造成变形，底板向上鼓起，这是常见的施工缺陷。当向贮酸罐送酸时罐底受到巨大压力，将向上鼓起的罐底压平，可听到贮罐发出沉闷的响声，当将罐内的酸抽空时同样可听到底板反弹时的沉闷响声，这是发出的危险信号。罐底忽上忽下地变形，最终焊缝由于金属疲劳而断裂，大量的酸从贮罐涌出，十分危险。除立即开动酸泵争分夺秒抽走部分硫酸以减少损失之外是无法挽救的。漏酸对周围的建筑物及贮罐基础的破坏是极其严重的。如发现上述情况必须停止使用贮罐，返工重焊整平罐底。

2）防止槽车爆炸事故

国内发生过多起铁路硫酸槽车爆炸事故。原因是硫酸用户从槽车卸酸之后没及时将压缩空气进口及酸出口的法兰盖封死，漏入空气之后，残余在槽车内的浓酸吸湿后成稀酸，稀硫酸中的氢被铁置换出来，槽车空间充满了氢气，装酸操作人员敲打槽车顶盖上的螺栓等构件，产生火花引发槽车内氢气爆炸。

用酸单位卸酸后应立即封死酸出口和压缩空气进口管上的法兰盖，使槽车与空气和雨水隔绝。装酸操作人员不得用铁器敲打槽车上的各种构件，避免产生火花。

槽车内存在氢气积聚的危险，装酸地点要严禁烟火，并设置警示牌。照明要求采用防爆灯具。

3）防止其他机械安全事故

铁路槽车的装、卸，车辆开到指定货位之后要将槽车停稳，刹车机械要可靠，防止火车运行途中松动脱落。

装酸人员要经过安全教育及技能训练，并穿戴好个人防护用具。

4）装坛、洗坛作业

（1）加强安全教育非常重要。装坛、洗坛作业的操作人员必须加强安全教育。灌输硫酸对人体伤害的知识和防护措施知识显得格外重要。必须经过考试及格，持证上岗。

（2）装坛、洗坛操作人员必须穿戴好耐酸衣、耐酸胶靴、橡胶手套和防护眼镜。

（3）现场必须有充足洗涤水供应，设有紧急冲洗水龙头和洗眼器等安全防护设施。

（4）为了生产安全，装坛、洗坛作业区的厂房要求有宽敞的面积，使运送酸坛的车辆有回旋余地。运送空坛和酸坛的车辆行车路线要有严格规定。人流与物流分开。切忌空坛与酸坛在同一个大门进出，拥挤容易碰撞，造成陶瓷酸坛破裂溅酸伤人。

撰稿人：曹龙文　夏志文　左宏宜　刘祖鹏　方照坤　陈志华　邓文彬
审稿人：张训鹏　任鸿九

5 低浓度二氧化硫冶炼烟气
与制酸尾气的治理和利用

5.1 概述

5.1.1 二氧化硫的危害

二氧化硫是一种无色有刺激性气味的气体，它是一种大气污染物。对人体的影响是刺激上呼吸道，附在细微颗粒上也影响下呼吸道，大量吸入可引起肺水肿、喉水肿、声带痉挛而窒息。长期吸入低浓度二氧化硫可引起头昏、头疼、乏力等全身症状；常有鼻炎、咽喉炎、支气管炎、嗅觉和味觉减退等症状，个别人易患支气管哮喘。根据不同浓度二氧化硫给人所带来的生理反应实验测定结果，一般认为，当空气中 SO_2 浓度为 $(3\sim5)\times10^{-6}$ 时，能嗅出其气味；当浓度为 $(8\sim12)\times10^{-6}$ 时，对咽喉产生刺激；当浓度为 20×10^{-6} 时，开始对眼睛产生刺激并导致咳嗽；当浓度在 $(400\sim500)\times10^{-6}$ 以上时，即使是短时间的也可能出现上述病理症状，给人们身体造成危害。

二氧化硫在大气层中因氧化而产生的污染物酸雾或硫酸盐气溶胶的危害，比上述二氧化硫对人体的直接危害更大。硫氧化物气溶胶与氮氧物 (NO_x) 相似，可被远距离迁移，在几百公里上空沉降（干沉降）或被雨雪捕获（湿沉降），抵达地面，形成酸雨（pH 值小于 5.6 的降水称为酸雨）。一般说来，对形成酸雨的作用，硫酸占 60% ~ 70%，硝酸占 30%，盐酸占 5%，有机酸占 2%，所以人为排放的 SO_2 和 NO_x 是形成酸雨的两种主要物质。

酸雨的危害主要是破坏森林生态系统，改变土壤性质与结构，破坏水体的生态系统，腐蚀建筑物和损害人体的呼吸道系统与皮肤。当酸雨降到地面后，导致水质恶化，各种水生动植物都会受到死亡的威胁。植物叶片和根部吸收了大量的酸性物质后，会枯萎死亡。酸雨进入土壤后，使土壤肥力减弱。人类若长期生活在酸雨环境中，或饮用酸性的水质，都会造成呼吸器官、肾病和癌症等一系列疾病。

中国因排放二氧化硫形成的酸雨量已居世界三大酸雨区之首，而且有范围扩大之势，危害加剧程度不减，酸雨区面积已占国土面积的 1/3，直接经济损失已超过上千亿元。因此，综合治理燃煤电厂烟气及化工、冶金等行业的工艺烟气中的二氧化硫是一项影响面最广，数量最大，治理难度最艰巨的长期的环保工程。

5.1.2 环境保护对二氧化硫排放要求

为防止环境污染，很多国家和地区已把大气中二氧化硫含量作为大气质量状况的主要指标之一，各国均制定了日趋严格的大气质量标准和二氧化硫排放控制指标。中国于 1996 年颁布了新的大气污染物综合排放国家标准 GB 16297—1996，相应代替 1983～1985 年间颁布的各项有关标准。

表 5-1 为 GB 16297—1996 中所规定的现有污染源二氧化硫排放限值；表 5-2 为新污染源二氧化硫排放限值。

表 5-1　现有污染源二氧化硫排放限值

污染物	最高允许排放浓度 /(mg·m⁻³)	最高允许排放速率/(kg·h⁻¹)				无组织排放监控浓度限值	
		排气筒高度/m	一级	二级	三级	监控点	浓度 /(mg·m⁻³)
二氧化硫	1200 （硫、二氧化硫、硫酸和其他含硫化合物生产）	15	1.6	3.0	4.1	无组织排放源上风向设参照点，下风向设监控点	0.50（监控点与参照点浓度差值）
		20	2.6	5.1	7.7		
		30	8.8	17	26		
		40	15	30	45		
		50	23	45	69		
	700 （硫、二氧化硫、硫酸和其他含硫化合物使用）	60	33	64	98		
		70	47	91	140		
		80	63	120	190		
		90	82	160	240		
		100	100	200	310		

表 5-2　新污染源二氧化硫排放限值

污染物	最高允许排放浓度 /(mg·m⁻³)	最高允许排放速率/(kg·h⁻¹)		无组织排放监控浓度限值	
		排气筒高度/m	二级	三级	监控点	浓度 /(mg·m⁻³)
二氧化硫	960 （硫、二氧化硫、硫酸和其他含硫化合物生产）	15	2.6	3.5	周界外浓度最高点	0.40
		20	4.3	6.6		
		30	15	22		
		40	25	38		
		50	39	58		
	550 （硫、二氧化硫、硫酸和其他含硫化合物使用）	60	55	83		
		70	77	120		
		80	110	160		
		90	130	200		
		100	170	270		

5.1.3　重金属火法冶金污染源排放的二氧化硫

重有色金属矿物多以硫化物的形式存在（以氧化矿为原料的锡精矿也含一少量硫），且多采用火法冶炼脱硫，铜、铅、锌、镍、锑等金属火法冶金过程都会释放出大量 SO_2 烟气，如按提取金属所用的典型精矿成分估算，每生产 1 t 重金属所释放的 SO_2 量分别是：铜 2.5 t，镍 8.3 t，铅 0.6 t，锑 1.0 t。我国目前重金属年产量为 6000 kt 左右，火法冶金烟气中副产 SO_2 为 7000 kt 以上。

二氧化硫烟气对现代社会文明具有双重性，一方面是污染环境的罪魁祸首，另一方面又是宝贵的硫资源。减少污染，利用硫资源，环境与资源并重，使有色金属工业走可持续发展之路。近年来，铜、镍、铅、锌等金属的火法冶金推广采用强化冶金过程的现代冶金方法，如闪速熔炼、熔池熔炼、直接熔炼和流态化焙烧等先进工艺，利用氧气或富氧空气冶炼，冶炼烟气二氧化硫浓度普遍提高。

凡能满足接触法自热生产硫酸的 SO_2 烟气（SO_2 含量在 3.5% 以上），称为高浓度 SO_2 烟气。此类烟气治理常采用化学工业中广泛应用的接触法生产硫酸。高浓度 SO_2 烟气经制酸后，SO_2 转化率一般可达 96% ~ 98% 以上，尾气 SO_2 浓度在 500 mg/m^3 以下，达到排放标准（参见第 4 章"冶炼烟气制硫酸"）。

2002 年，我国 10 种常用有色金属总产量为 9820.8 kt，副产 SO_2 总量约 6200 kt，其中用于制酸的约 4770 kt，未经治理而直接排放大气的约 1200 kt，占我国二氧化硫排放总量的 6%。这不仅浪费了大量的硫资源，而且对环境造成严重污染。

凡不能满足接触法自热生产硫酸要求，SO_2 含量在 3.5% 以下的烟气为低浓度 SO_2 烟气，必须经过净化脱硫后才能排入大气。

重金属火法冶金排放二氧化硫烟气的概况如表 5 – 3。

表 5 – 3　重金属火法冶金过程排放二氧化硫概况

金属	排放高浓度 SO_2（>3.5%）烟气的冶金过程	排放低浓度 SO_2（<3.5%）烟气的冶金过程
铜镍	闪速熔炼（10% ~ 15%） 熔池熔炼 　　诺兰达法（15% ~ 20%） 　　白银法（8% ~ 15%） 　　艾萨法（6% ~ 12%） 密闭鼓风炉（富氧）熔炼（5% ~ 6%） 熔锍吹炼（7% ~ 8%） 铜镍精矿流态化焙烧（5% ~ 6%）	造锍熔炼炉渣的电炉贫化（0.1% ~ 0.4%） 粗铜火精炼回转阳极炉（0.05% ~ 0.1%） 镍精矿回转焙烧炉（1% ~ 1.5%） 鼓风炉炼镍（0.5% ~ 2%）
铅锌	锌精矿流态化焙烧（8% ~ 12%） 锌铅精矿（返烟）烧结焙烧（5.5% ~ 6.5%） 氧气（底吹、顶吹）炼铅（10% ~ 20%）	硫化铅精矿烧结焙烧（2.5% ~ 4%） 铅烧结块鼓风炉还原熔炼（~ 0.5%） 铅浮渣反射炉熔炼（<1%） 锌浸出渣挥发窑（<1%）
锡锑		锡精矿炼前流态化焙烧（0.5% ~ 2%） 锡精矿还原熔炼（0.05% ~ 1.0%） 富锡渣烟化炉吹炼（0.2% ~ 0.5%） 锑精矿鼓风炉挥发熔炼（0.2% ~ 0.8%） 硫化锑矿直井炉焙烧（<2%）
通用	SO_2 浓度 >3.5% 的冶炼烟气用接触法自热生产硫酸	各种金属硫化物精矿干燥窑（<0.1%） 冶炼烟气制酸尾气（0.1% ~ 0.5%）

由于冶炼烟气 SO_2 浓度低，成分复杂，气浓和气量波动大，许多工厂冶炼制酸仍采用单接触法传统流程，其转化率最高为 97% ~ 98%，相应尾气中 SO_2 浓度为 (3000 ~ 2000) × 10^{-6}，大大超过环保条例规定的指标，故必须设置尾气处理装置，选择适当的脱硫技术进行处理，使其达到尾气排放的要求。

5.1.4　铅烧结低浓度二氧化硫烟气的治理

我国目前铅冶炼大多采用传统的烧结焙烧－鼓风炉还原熔炼工艺流程（除此之外，铅精矿直接熔炼生产还不到15%），受原料性质、传统工艺和设备限制，铅烧结烟气量大，二氧化硫平均含量低（2.5%～3.5% SO_2）且成分和气量都波动大，用烧结烟气制酸，在利用稳态转化器进行 SO_2 氧化时，反应不能自热进行，需消耗大量的燃料或电力来加热。这不仅使转化器和换热设备体积庞大，而且使硫酸生产成本高昂，因此炼铅厂大多通过高烟囱把低浓度的 SO_2 烧结烟气直接排入大气，从而使二氧化硫及其他污染物向更大的范围和更远的区域扩散、稀释。高烟囱排放不是控制 SO_2 污染大气的根本性办法，它还是会造成区域性环境恶化和酸雨。我国有色冶金行业硫回收率低（<80%）的主要原因是大部分低浓度 SO_2 烟气（尤其是铅冶炼烟气）没有治理而直接排放的缘故。

随着环境保护越来越被人们所重视，环境保护法的日益严格，许多新建炼铅厂淘汰了烧结－鼓风炉熔炼老工艺，采用纯氧或富氧冶炼的直接熔炼新工艺，提高了烟气中的 SO_2 浓度，可采用常规的工艺制造硫酸。但是，为解决铅烧结烟气污染而选择直接熔炼新工艺的举措，对现有老工艺的改造，受到新工艺投资大，经济效果不明显，偿还贷款能力差等因素的制约。

对于传统法炼铅厂，要消除公害，回收硫资源，以产品为硫酸形式进行烧结烟气治理为最佳方案。目前，在不对现有铅烧结工艺改造的前提下，利用烧结烟气制酸的工艺方法有非稳态法和托普索（WSA）法。非稳态法的特点是没有中间换热器，触媒在封闭状态下蓄热、放热，热损失小，在 SO_2 浓度低（2%～3%）状态下仍能保持自热平衡。但因触媒冷却交换频繁，损失大，SO_2 转化率低，一般只有85%左右，尾气排放仍不能达标，产生的石膏渣堆放又造成二次污染。托普索法为湿气体制酸（WSA）工艺，它是一种净化后的烟气不必进行任何干燥而生产浓硫酸的催化工艺，其优点是不管烟气中的 SO_2 浓度高或低，都能生产出 >96% 的浓硫酸，同时该工艺不产生任何废产品和废水，不使用任何化学吸附剂，尾气能够达到环保标准。

5.1.5　常见的烟气脱硫方法

重金属冶金工厂排放的各种低浓度冶炼工艺烟气中，对于铅烧结烟气的 SO_2 有的炼铅厂已经采用托普索法或非稳态法制酸，但其他许多冶金过程产生的浓度更低的二氧化硫烟气和制酸尾气的脱硫仍是普遍存在的气体净化问题。

我国"十一五"规划纲要强调，要加大环境保护力度，加强大气污染防治，推进燃煤电厂和有色、化工等行业二氧化硫综合治理。

对大气 SO_2 的防治，以烟气脱硫的方法为主。烟气脱硫技术主要利用各种碱性吸收剂或气体吸附剂捕集烟气中的二氧化硫，将之转化为较为稳定且易机械分离的硫化合物或单质硫，以达到烟气脱硫的目的。选择使用投资及操作费用低、技术先进、装置能稳定运转的烟气脱硫方法，是防治 SO_2 污染的有效途径。虽然国内外为防治 SO_2 污染，进行了长期和大量的工作，提出了近200种烟气脱硫的方法，但真正实施工业化的还不到20种。

烟气脱硫方法按脱硫剂的物相分类，大致可分为干法脱硫与湿法脱硫两类。

干法：用粉状或粒状吸收剂、吸附剂或催化剂脱除烟气中的 SO_2。优点是流程短，无废酸、废水排放，减少了二次污染；缺点是脱硫效率较低且不稳定，设备庞大，操作技术要求较高。

湿法：通常采用碱性溶液作吸收剂脱除 SO_2。优点是脱硫效率较高且稳定，设备小，操作较容易。

由于使用不同的吸收剂会产生不同的副产物，对副产物的处理可分为抛弃法和回收法两种。

抛弃法是将脱硫产生的副产物作废物抛弃。抛弃法处理简单，处理费用低，但需占用大量的堆置场地，还难免有二次污染，而且硫资源也随之被浪费。

回收法则需增加大量的投资及操作费用，但资源利用充分，二次污染少。

在有色和冶炼化工行业，由于干法存在脱硫不彻底等弊病，因此国内外主要采用的脱硫工艺还是湿法。

目前比较常用的、效果较好的烟气脱硫法有如下几种，见表 5 - 4。

表 5 - 4　常见的烟气脱硫方法

序号	脱硫方法	SO_2 吸收剂	主要工序	脱硫产品(副产品)	说　明
1	石灰/石灰石 - 石膏法	CaO、$CaCO_3$、$Ca(OH)_2$	吸收、氧化、分离三个工序	石膏($CaSO_4 \cdot 2H_2O$)	吸收率 >90%，工艺简单；吸收剂来源广，价廉。石灰石较石灰更易制备，使用安全；石灰较石灰石更易反应，操作方便。硫酸钙易结垢，液气比大，相应设备增大。副产石膏可作纤维石膏板、水泥添加剂、矿井灰浆等建筑材料
2	石灰 - 亚硫酸钙法	CaO、$CaCO_3$、$Ca(OH)_2$	吸收、过滤两个工序	亚硫酸钙($CaSO_3 \cdot 1/2H_2O$)	吸收剂来源广，吸收率 >90%，价廉，工艺简单，产品可作复合材料(塑钙)的无机填料
3	氨 - 酸法	NH_3	吸收、分解、中和三个工序	高浓度 SO_2(气体或液体)；硫酸铵 $[(NH_4)_2SO_4]$	吸收率高，95% ~ 98%，流程简单，氨和硫酸消耗量大；产品可作肥料
4	氨 - 亚硫酸铵法	NH_3 NH_4HCO_3	吸收、中和、结晶、分离四个工序	亚硫酸铵 $[(NH_4)_2SO_3 \cdot H_2O]$	工艺流程短、设备简单，投资较少；不消耗蒸汽和硫酸，产品可用于造纸或肥料
5	亚硫酸钠法	$NaOH$ Na_2CO_3	吸收、中和除杂质、蒸发结晶、干燥四个工序	亚硫酸钠(Na_2SO_3)	吸收率高，90% ~ 95%，工艺简单、可靠；投资和运转费用较低；产品可用于造纸工业
6	碱式硫酸铝 - 石膏法	$Al_2(SO_4)_3$、Al_2O_3	吸收、氧化、中和、过滤四个工序	石膏($CaSO_4 \cdot 2H_2O$)	流程简单，SO_2 吸收率高；液气比较小，不堵塞，不结垢，吸收剂耗量少
7	氧化锌法	含 ZnO 物料	吸收、过滤、分解三个工序	亚硫酸锌($ZnSO_3 \cdot 2\frac{1}{2}H_2O$) 或 SO_2 与氧化锌	吸收率 >90%，吸收剂为铅锌冶炼厂副产物，原料易得，锌和硫得到综合回收；流程简单，省去废水处理

5.2 氨－酸法

氨－酸法是将吸收 SO_2 后的吸收液用酸分解,产生高浓度的 SO_2,可返回制酸或制造液体二氧化硫,酸分解过程的过剩硫酸,加氨中和,反应生成铵盐。此法最早由加拿大用于从冶炼烟气制酸厂的尾气脱除 SO_2,使用亚硫酸铵溶液吸收 SO_2,然后用硫酸分解吸收液逐出 SO_2,生成的硫酸铵作为副产品。

中国早在 1955 年就应用氨－酸法回收硫酸生产尾气中低浓度 SO_2。初始采用一段吸收工艺, SO_2 吸收率约 90%。南京化学工业集团公司研究院于 1976 年完成了两段氨法吸收工艺试验。很多工厂先后改一段吸收工艺为两段吸收工艺提高 SO_2 的吸收率,以降低 SO_2 的排放浓度。云南铜业公司于 2000 年底建成投产了一套两段氨酸法尾气吸收装置,尾气 SO_2 吸收率达到 99.9%,生产的固体硫酸铵质量达到优等,排放尾气 $\phi(SO_2)$ 为 3 ~ 6 mg/m³,大大低于国家排放标准最高允许浓度。

5.2.1 基本反应

氨－酸法工艺主要包括 SO_2 吸收和硫酸分解亚硫酸氢铵(NH_4HSO_3)两个基本过程。

1)吸收

用氨吸收 SO_2 的反应:

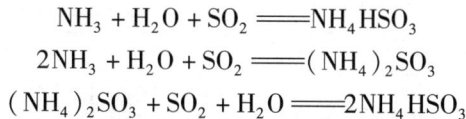

$$NH_3 + H_2O + SO_2 = NH_4HSO_3$$
$$2NH_3 + H_2O + SO_2 = (NH_4)_2SO_3$$
$$(NH_4)_2SO_3 + SO_2 + H_2O = 2NH_4HSO_3$$

由于($NH_4)_2SO_3$ 对 SO_2 有良好的吸收能力,因此实际上吸收过程是以循环($NH_4)_2SO_3$ － NH_4HSO_3 溶液吸收 SO_2。随着吸收过程进行,溶液中 NH_4HSO_3 含量增多,而 NH_4HSO_3 无吸收 SO_2 的能力,欲保持循环液的吸收能力,必须向其中补充氨,使部分 NH_4HSO_3 转变为($NH_4)_2SO_3$:

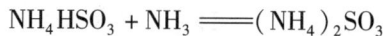

$$NH_4HSO_3 + NH_3 = (NH_4)_2SO_3$$

2)分解

为了保持循环液的吸收能力,还应当从系统中引出部分 NH_4HSO_3 含量高的溶液,用硫酸进行分解,其反应为:

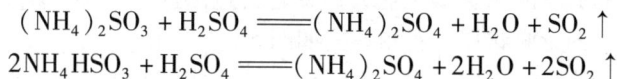

$$(NH_4)_2SO_3 + H_2SO_4 = (NH_4)_2SO_4 + H_2O + SO_2\uparrow$$
$$2NH_4HSO_3 + H_2SO_4 = (NH_4)_2SO_4 + 2H_2O + 2SO_2\uparrow$$

如果采用蒸汽加热,可将微量残留的 NH_4HSO_3 彻底分解,反应为:

$$2NH_4HSO_3 \xrightarrow{\triangle} (NH_4)_2SO_3 + H_2O + SO_2$$

5.2.2 工艺过程

1)一段吸收工艺

氨－酸法工艺主要由吸收、吸收液再生、分解和中和等四个主要步骤组成。图 5－1 是我国氨－酸法回收制酸尾气中二氧化硫的典型工艺流程。

含 SO_2 的尾气由吸收塔底部进入，与塔顶进入的 $(NH_4)_2SO_3$ – NH_4HSO_3 循环吸收液逆流接触，净化后尾气由塔顶排空。吸收 SO_2 后的吸收液流入循环槽，为了维护循环吸收液中的 $(NH_4)_2SO_3$ 浓度，需向循环槽补充氨和水，使吸收液再生。同时，将部分 NH_4HSO_3 浓度较高的循环液送往混合槽，用 $\omega(H_2SO_4) = 93\%$ ~ 98% 硫酸酸解，分解出 $\phi(SO_2)100\%$ 的气体用于生产液体二氧化硫。未分解完的混合液送往分解塔继续酸解，并鼓入适量空气驱赶酸解生成的 SO_2，这部分 SO_2 可返回制酸系统。

为使酸分解完全，浓硫酸加入量应比理论量大 30% ~ 50%，过量的游离硫酸则在中和槽用氨中和。中和的用氨量应略高于理论量，一般中和液的碱度控制在 2 ~ 3 滴度（1.7 ~ 2.55 g NH_3/L），用氨中和可得到与酸分解一致的产物。硫酸铵溶液（含硫酸铵 400 ~ 420 g/L）可直接作农用化肥，也可经蒸发、结晶、干燥成固体硫铵。

一段吸收工艺具有设备数量少、操作简单、不消耗蒸汽等优点，但分解液酸度（40 ~ 50 滴度）高，氨、酸耗量大，SO_2 吸收率一般仅为 90% 左右。

2）两段或多段吸收工艺

在氨吸收法的吸收液中，$(NH_4)_2SO_3$

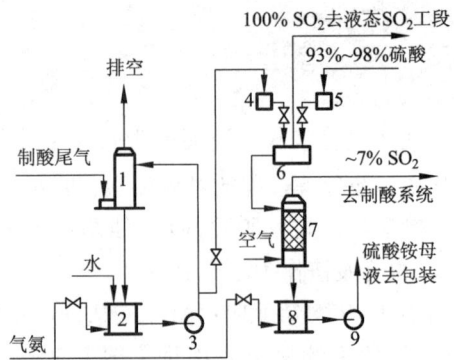

图 5 – 1　氨 – 酸法工艺流程

1—尾气吸收塔；2—母液循环槽；3—母液循环泵；
4—母液高位槽；5—硫酸高位槽；6—混合槽；
7—分解塔；8—中和槽；9—硫酸铵溶液泵

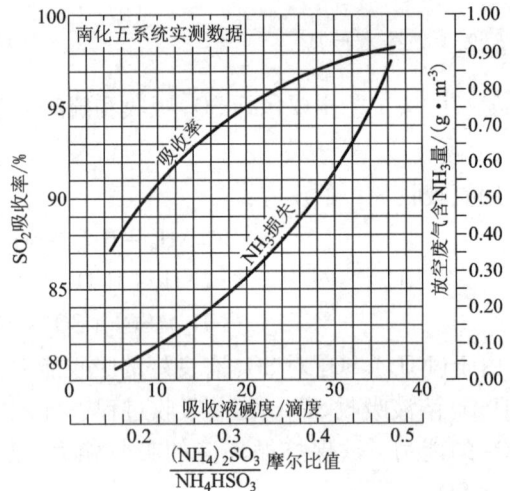

图 5 – 2　吸收液碱度与 SO_2 吸收率及 NH_3 损失的关系

是吸收 SO_2 的有效组分，要提高 SO_2 的吸收率，就需要提高吸收液的碱度，即降低 S/C 值。从液相表面的平衡分压看，S/C 值低，p_{SO_2} 值低，即 SO_2 的吸收率高；但 p_{NH_3} 值却提高了，则 NH_3 的挥发损失相应增加。南京化学工业公司曾进行过溶液碱度［$(NH_4)_2SO_3/NH_4HSO_3$ 值］对 SO_2 吸收率及氨损失的影响试验，实测数据如图 5 – 2 所示。

从图 5 – 2 可见，当控制 $(NH_4)_2SO_3/NH_4HSO_3$ 为 $1/3$，即 S/C 为 0.8 时，则吸收率可达 92% ~ 94%，排气中 NH_3 损失为 0.2 ~ 0.25 g/m³。NH_3 损失包括吸收液 NH_3 蒸气损失和吸收塔雾沫夹带损失，前者由 NH_3 – SO_2 – H_2O 系的性质决定，后者与操作负荷和设备条件有关。要解决尾气吸收塔的烟雾，操作时要避免气相中 NH_3 和 SO_2 在足以形成烟雾的低温下接触，就像须防止 SO_3 和水在冷凝条件下接触所生成硫酸酸雾一样，在实际操作中难以实现。因此，既要保证较高的 SO_2 吸收率，又能降低氨、酸消耗，从而发展了两段或多段吸收法。

两段吸收工艺是在一段吸收基础上增设第二段吸收循环系统。原则流程如图 5 – 3 所示。在两段氨吸收法中，第一段采用高浓度、低 pH 值的吸收液：S/C 值约为 0.85，总亚盐浓度约 450 g/L，碱度为 14 滴度（11.9 g NH_3/L），吸收后溶液的 S/C 值约为 0.95。由于第一段产出高浓度的 NH_4HSO_3 母液，在运行时，从第一段引出部分吸收液去酸解、中和以降低酸耗和氨耗。在第二段则采用碱度较高的吸收液：总亚盐浓度约 200 g/L，而 S/C 值较低，以降低吸收液的 SO_2 平衡分压，可保证 SO_2 的最终吸收率。

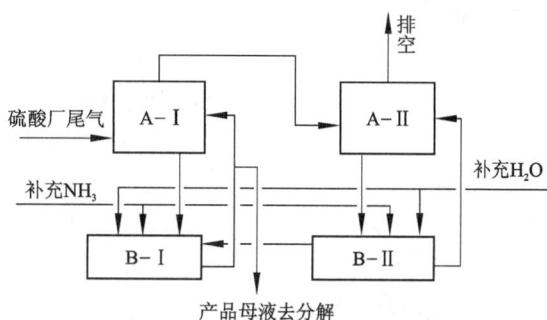

图 5-3　两段氨吸收法流程

A—吸收塔；B—循环槽

采用两段吸收工艺处理后的排空尾气中，二氧化硫浓度一般为 280~570 mg/m³，有的可低至 280 mg/m³ 以下，它与一段吸收法比较，主要工艺指标如表 5-5。

表 5-5　两段氨吸收法与一段氨吸收法的比较

工艺指标	两段氨吸收	一段氨吸收
进口 SO_2 浓度/×10^{-6}	4500	4500
排气 SO_2 浓度/×10^{-6}	<100	>450
吸收率/%	98	90
引出母液浓度/(g·L^{-1})	550	400
系统阻力/×133.32 Pa	325(5 块塔板)	200(3 块塔板)

5.3　石灰/石灰石-石膏法

石灰/石灰石-石膏法是用石灰或石灰石吸收母液吸收烟气中的二氧化硫，反应生成硫酸钙，净化后的烟气可达标排放。该法的优点：①石灰或石灰石作吸收剂，原料来源广、价廉、成本费用低；②副产物石膏可用于制造石膏板或水泥添加剂等，即使抛弃也易处理；③技术成熟、运行可靠。该法为目前世界上火电厂烟气脱硫应用最广泛的方法。

近年来，我国一些重金属冶炼企业引进美国孟山都环境化学公司（MEC 公司）的动力波洗涤系统，用于冶炼烟气或制酸尾气的除尘、脱 SO_2 和降温，从而允许在使用 $Ca(OH)_2$ 或 $CaCO_3$ 粉末液作为洗涤料时，不会出现因石膏结垢，堵塞管道和设备，以及由此而出现的操作中断、系统停运的麻烦，从而成功地解决了石灰-石膏法传统工艺的不足，因此对重冶工厂烟气脱硫具有重要的推广价值。

5.3.1　化学原理

石灰（或石灰石）-石膏法是用石灰或石灰石浆液吸收烟气中的 SO_2，首先生成亚硫酸钙（$CaSO_3·1/2H_2O$），然后将亚硫酸钙氧化成石膏（$CaSO_4·2H_2O$）。整个工艺过程主要分吸收和氧化两个步骤，主要化学反应如下：

SO_2 溶解

$$SO_2(\text{气}) \longrightarrow SO_2(\text{液})$$
$$SO_2(\text{液}) + H_2O \Longrightarrow HSO_3^- + H^+$$
$$HSO_3^- \Longrightarrow H^+ + SO_3^{2-}$$

石灰溶解

$$CaO + H_2O \Longrightarrow Ca(OH)_2$$
$$Ca(OH)_2 \Longrightarrow Ca^{2+} + 2OH^-$$

石灰石溶解

$$CaCO_3(\text{固}) \longrightarrow CaCO_3(\text{液})$$
$$CaCO_3(\text{液}) \Longrightarrow Ca^{2+} + CO_3^{2-}$$

吸收溶解的 SO_2

$$Ca(OH)_2 + SO_2 \Longrightarrow CaSO_3 \cdot \frac{1}{2}H_2O + \frac{1}{2}H_2O$$
$$CaCO_3 + SO_2 + \frac{1}{2}H_2O \Longrightarrow CaSO_3 \cdot \frac{1}{2}H_2O + CO_2$$
$$Ca^{2+} + SO_3^{2-} \Longrightarrow CaSO_3(\text{液})$$
$$CaSO_3(\text{液}) + \frac{1}{2}H_2O \Longrightarrow CaSO_3 \cdot \frac{1}{2}H_2O$$
$$CaSO_3 \cdot \frac{1}{2}H_2O + SO_2 + \frac{1}{2}H_2O \Longrightarrow Ca(HSO_3)_2$$

氧化

$$2CaSO_3 \cdot \frac{1}{2}H_2O + O_2 + 3H_2O \Longrightarrow 2CaSO_4 \cdot 2H_2O$$
$$HSO_3^- + \frac{1}{2}O_2 \Longrightarrow H^+ + SO_4^{2-}$$
$$Ca^{2+} + SO_4^{2-} \Longrightarrow CaSO_4(\text{液})$$
$$CaSO_4(\text{液}) + 2H_2O \Longrightarrow CaSO_4 \cdot 2H_2O(\text{固})$$
$$Ca(HSO_3)_2 + \frac{1}{2}O_2 + H_2O \Longrightarrow CaSO_4 \cdot 2H_2O + SO_2 \uparrow$$

上述反应是在气、液、固三相之间进行的,实际过程相当复杂。反应的控制过程是气相 SO_2 以及固相 CaO 或 $CaCO_3$ 在溶液中的溶解扩散过程,正常运行时,要求固相的溶解扩散速度应大于气相的吸收速度,气相传质在整个反应过程中起控制作用。研究表明:在气体中 SO_2 浓度低和溶液 pH 值相当高的情况下, SO_2 的脱除率高,而当气体中 SO_2 浓度[$\phi(SO_2) > 0.3\%$]高时, SO_2 的脱除率一般较低。

5.3.2　工艺流程

烟气经除尘后进入吸收塔,与喷入的石灰 – 石灰石母液逆流接触,脱硫后的烟气经加热由烟囱排空。向吸收了 SO_2 的母液鼓入空气使 $CaSO_3 \cdot \frac{1}{2}H_2O$ 氧化为 $CaSO_4 \cdot 2H_2O$,氧化后的母液经离心分离,上层清液去废水处理系统,固体物质经压滤机压滤成固体石膏。工艺流程见图 5 – 4。

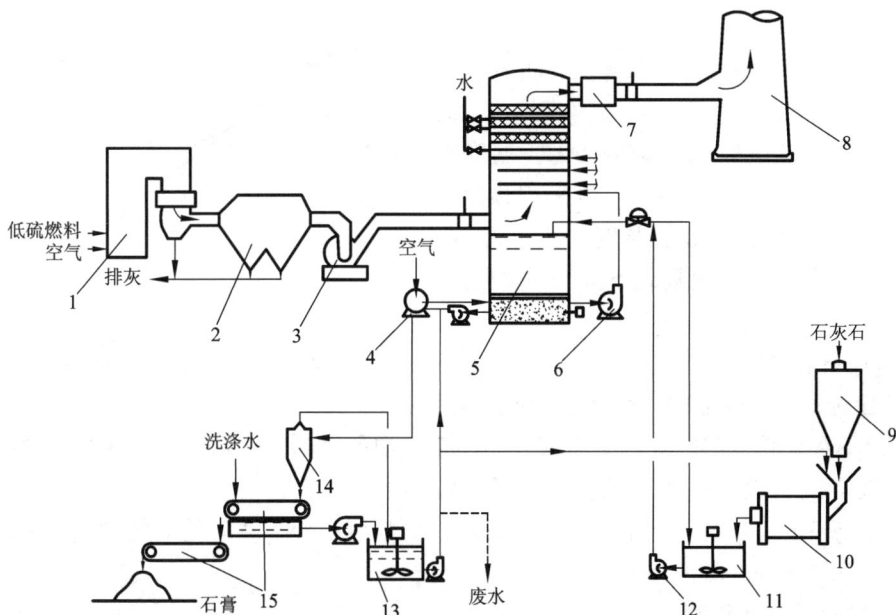

图 5 - 4　石灰 - 石灰石法工艺流程

1—燃煤锅炉；2—除尘器；3—接力风机；4—氧化风机；5—吸收器；6—吸收器循环泵；
7—尾气加热器；8—烟囱；9—石灰石料仓；10—球磨机；11—料浆制备槽；
12—料浆输送泵；13—废水池；14—水力旋流器；15—带式过滤机

5.3.3　工艺主要控制参数

1）浆液的 pH 值

浆液的 pH 值对 SO_2 的吸收影响非常大，新鲜浆液的 pH 值通常控制在 8 ~ 9，吸收 SO_2 后，pH 值迅速下降，当 pH 低于 6 时，下降速度减缓，而当 pH 值低于 4 时，几乎不再吸收 SO_2。

在水溶液中，$CaSO_4$ 的溶解度大于 $CaSO_3$ 的溶解度很多，但 pH 值对它们的溶解度有较大影响，随 pH 值降低，$CaSO_3$ 的溶解度显著增大，而 $CaSO_4$ 的溶解度变化不大。故随着 SO_2 吸收进行，溶液 pH 值的降低，溶液中 $CaSO_3$ 的量显著增加，并在石灰石粒子表面形成一层 $CaSO_3$ 含量高的液膜，而包裹粒子中 $CaCO_3$ 的溶解又使该液膜的 pH 值上升，从而使液膜的 $CaSO_3$ 溶解度下降，并呈结晶状析出沉积在石灰石粒子表面，形成一层外壳，使其表面钝化。钝化的外壳阻碍了 $CaCO_3$ 的继续溶解，则导致 SO_2 的吸收率下降。另外，pH 值降至 5 以下时，$CaSO_3$ 会转变成 $Ca(HSO_3)_2$，此时若突然增加 pH 值，$Ca(HSO_3)_2$ 又会急速转变成 $CaSO_3$，并形成 $CaSO_3$ 结晶而导致结垢。

用石灰石浆液吸收 SO_2，浆液的 pH 值大于 7 时，还会发生吸收 CO_2 的反应，降低石灰石的利用率。

浆液的 pH 值过低会有较强的腐蚀性，对设备、管道的材质要求较高。

在生产中要控制适宜的 pH 值，采用消石灰浆液，其 pH 值控制为 5 ~ 6；石灰石浆液，pH 值控制为 6 ~ 7。

2）吸收温度

根据一般钙盐在水中的溶解度，随着溶液温度降低，$Ca(OH)_2$ 和 $CaCO_3$ 溶解度增大，因此，吸收温度越低越有利于吸收 SO_2。温度对 SO_2 吸收率的影响见图 5-5。可以采用预冷却的办法降低进吸收塔的烟气温度，以提高 SO_2 吸收率。但温度过低会使吸收 SO_2 反应的速度下降。

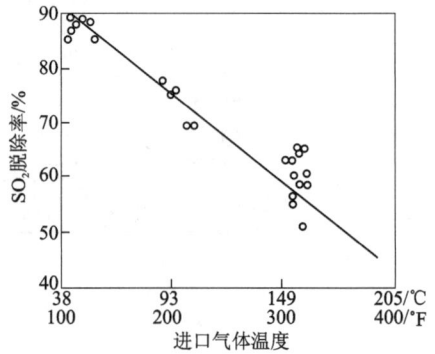

图 5-5　进口气体温度对 SO_2 脱除率的影响

3）石灰石粒度

对于石灰而言，形成的料浆为石灰乳，即悬浮液，所以不存在粒度问题。对于石灰石，粒度的大小直接影响有效反应面积的大小，通常粒度愈小，脱硫率及石灰石利用率愈高，但石灰石的粒度愈小，破碎的能耗愈高，一般控制粒径为 0.04~0.075 mm（200~300 目）。

4）吸收液的过饱和度

石灰-石灰石浆液吸收 SO_2 后生成亚硫酸钙和硫酸钙，在循环操作中，饱和或过饱和的溶液会在设备或管道表面结晶而引起堵塞，故吸收液应维持在饱和程度以下。由于 $CaSO_3$ 和 $CaSO_4$ 的溶解度随温度变化不大，而且两者都能强烈发生过饱和，所以用降温的办法难以使两者从溶液中结晶出来。因为溶解的盐类在同一盐的晶体上结晶比在异类粒子上结晶要快得多，故在循环母液中添加 $CaSO_4 \cdot 2H_2O$ 作为晶种，使 $CaSO_4$ 的过饱和度降低至正常浓度，可以减少因 $CaSO_4$ 过饱和而引起的结垢。亚硫酸钙晶种的作用较小，通常是在脱硫系统中设置充气槽将亚硫酸钙氧化成硫酸钙，从而不致干扰 $CaSO_4 \cdot 2H_2O$ 结晶。

向吸收液添加含有镁离子、氯化钙或己二酸等添加剂也可降低亚硫酸钙的过饱和度，以防止结垢。己二酸可起缓冲溶液 pH 值的作用，抑制气液界面上由于 SO_2 溶解而导致的 pH 值降低，使液面处的 SO_2 浓度提高，加速液相传质，从而提高石灰石的利用率。通常 1 t 石灰石配加 1~5 kg 的己二酸。

通过添加 $MgSO_4$ 或 $Mg(OH)_2$ 向吸收液引入 Mg^{2+}，可改变吸收液的化学性质，使 SO_2 生成一种可溶盐（$MgSO_3$）的形式被吸收。按照溶度积常数，亚硫酸镁的溶解度约为亚硫酸钙的 630 倍，将使溶液中亚硫酸根离子活度大大增加，这不仅可提高 SO_2 的吸收率，而且可降低溶液中的钙离子浓度，使系统在未达饱和的状态下运行，避免了因石膏饱和而引起结垢。

此外，也可控制吸收时的液气比，使循环母液中不致有较大的过饱和度。

5）吸收过程的液气比

增大液气比（L/G）则会使吸收过程的推动力增大，有利于 SO_2 吸收。但液气比超过一定程度，吸收率将不会有显著提高，而吸收剂及动力的消耗将急剧增大。L/G 与脱硫率的关系见图 5-6。从图可见，当 pH 值为 7、L/G 为 15 时，脱硫率已接近 100%。

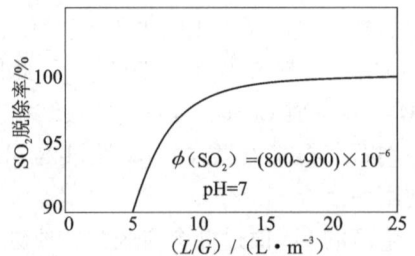

图 5-6　L/G 与 SO_2 脱除率的关系

6）亚硫酸钙的氧化

氧化反应必须要有 H$^+$ 存在，当浆液的 pH 值在 6 以上时，反应就不能进行。

此外，在亚硫酸氢钙的氧化过程中，尚有少量的 SO_2 被分解出来，需送去吸收塔回收。

亚硫酸钙的氧化速度与浆液的 pH 值、通入空气量、空气压力及温度等因素有关，其影响规律分别见图 5-7 至图 5-10。

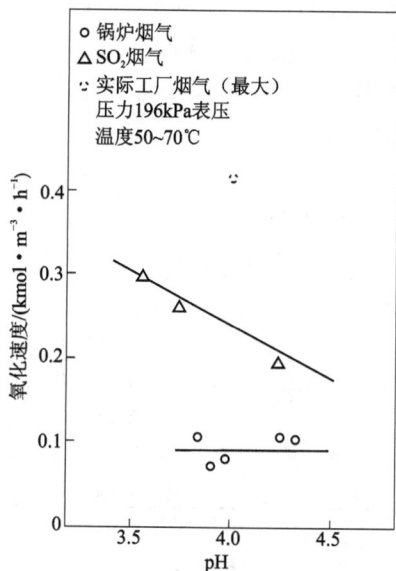

图 5-7　氧化速度与 pH 值关系

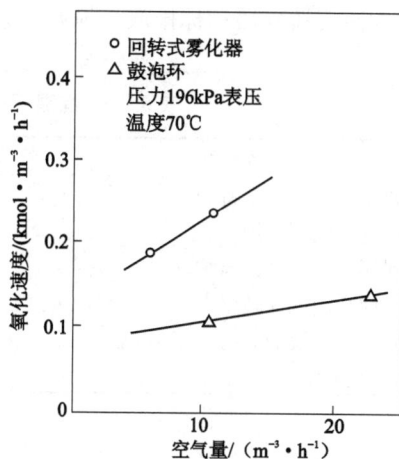

图 5-8　氧化速度与通入空气量关系

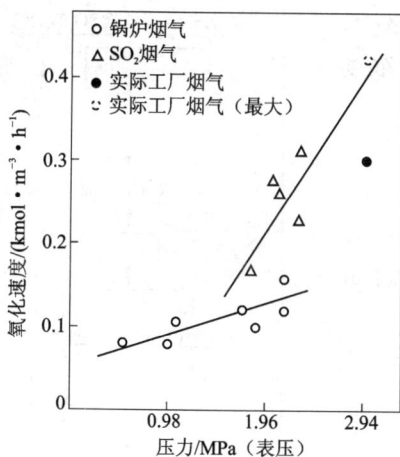

图 5-9　氧化速度与压力关系

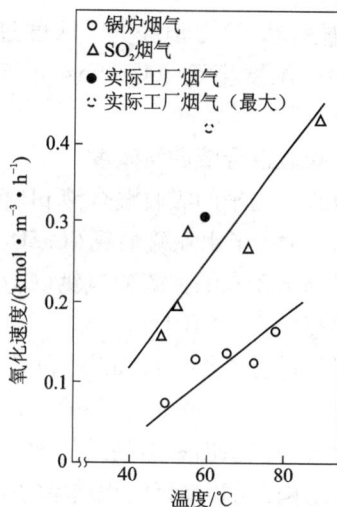

图 5-10　氧化速度与温度关系

5.3.4 冶炼烟气脱硫实例

炼锡厂的锡精矿、碳质燃料、还原煤中均含有一定量的硫，另外，在富锡炉渣或锡中矿烟化处理以及粗锡除铜精炼过程中，需要添加一部分硫精矿和元素硫作为硫化剂，因此，在炼锡厂，尽管主要原料为氧化锡精矿（含 0.1% ~0.5% S），但精矿的炼前焙烧、还原熔炼、富渣烟化以及硫渣的处理等工序，都会产生一定数量的低浓度 SO_2 烟气（见表 5-6），这些烟气含 SO_2 浓度虽然很低，但数量大，必须经过治理才能排放。我国云南锡业公司对比各种烟气脱硫方法，选用石灰-石膏法处理该厂锡精矿流态化焙烧炉、粗炼澳斯麦特炉和炼渣烟化炉的烟气，使之脱硫后达标排放。原则工艺流程如图 5-11 所示。

表 5-6　炼锡厂排放的低浓度 SO_2 烟气量及浓度

设 备 名 称	烟气量(标)/($m^3 \cdot h^{-1}$)	烟气中 SO_2 浓度/($mg \cdot m^{-3}$)
熔炼锡精矿的澳斯麦特炉	65000	2292 ~6262
吹炼富锡渣的烟化炉	93339	1887 ~8718
熔炼铅锡混合物料鼓风炉	7210	2860 ~5434
焙烧中间物料的回转窑	3400	1272 ~1801
硫渣流态化焙烧炉	4700	5148 ~11726
锡精矿流态化焙烧炉	6900	16874 ~25740

工艺流程条件控制如下：

（1）石灰乳浓度

石灰乳浓度视烟气 SO_2 浓度而定。石灰乳浓度过低，设备利用率低，动力消耗大；浓度过高，石灰残余量大。当烟气 SO_2 浓度小于 30000 mg/m^3 时，吸收液 CaO 浓度 4% ~6%。

（2）吸收混合液的酸碱度

从吸收塔出来的吸收混合液 pH 值控制在 6.5 ~7。pH 值低于 6.5 时，半水亚硫酸钙（$CaSO_3 \cdot 1/2H_2O$）会进一步反应生成易溶于水的亚硫酸氢钙（$Ca(HSO_3)_2$）和氧化生成的硫酸钙（$CaSO_4 \cdot 2H_2O$）。

在吸收过程中会产生 $CaSO_4$ 和 $CaSO_3$ 的结垢，化验其组成为：$CaSO_3$ 0.8% ~14.3%，$CaSO_4$ 62.8% ~97.2%。

结垢分为沉积垢和结晶结垢两种类型。只要合理设计吸收塔的结构，可以减轻沉积结垢的生成。对于因循环液中硫酸钙和亚硫酸钙过饱和而引起的结垢，研究认为是循环液中至少存在 3% 的硫酸钙晶体和 3% 的亚硫酸钙晶体作为晶种才会产生。因此，设计一个延滞槽，加入石灰后，让吸收液在槽内滞留 3 ~5 min，以消除循环液中硫酸钙和亚硫酸钙的饱和状态，再送入吸收塔使用。另外，提高液气比，以降低吸收塔内 $CaSO_4$ 和 $CaSO_3$ 的浓度。

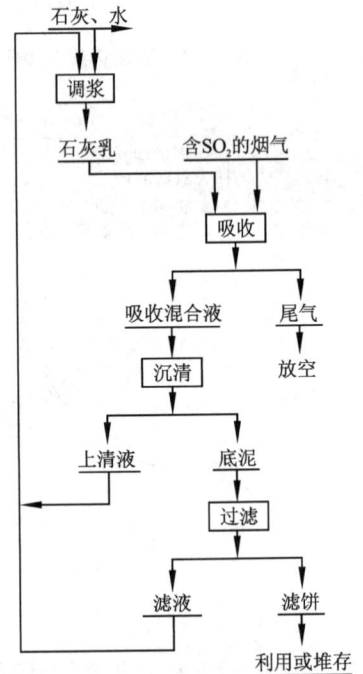

图 5-11　石灰乳烟气脱硫
原则工艺流程

采用上述措施后，可减轻和缓解吸收设备及输送管道的结垢程度。

云锡公司冶炼厂用喷淋塔－动力波洗涤器两段净化装置处理该冶炼厂锡精矿炼前流态化焙烧炉烟气，工艺流程如图 5－12。

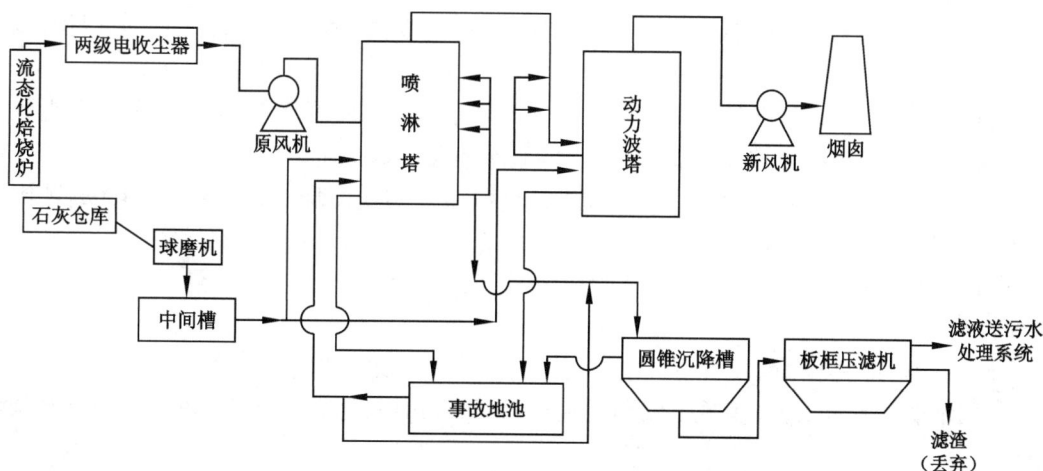

图 5 – 12　云锡公司炼前锡精矿焙烧烟气脱硫流程

在图 5 – 12 脱硫流程中，第一级脱硫设备选用喷淋塔，烟气停留时间长，溶解过程得以充分完成。在喷淋塔内，循环吸收液采用较低的 pH 值，有利于石灰的溶解，提高石灰利用率。由于生成的 $CaSO_3$ 与 $CaSO_4 \cdot 2H_2O$ 以小颗粒存在于吸收液中，通过控制适当的 pH 值，可避免其结垢，对系统造成堵塞的可能性较小。第二级采用动力波洗涤器，由于具有一定的气液比的气体和液体在烟气管内相撞，液体能量达到平衡。因气液紧密接触而产生稳定的"泡沫柱"，浮于气流中，当气体通过强烈湍动的液膜"泡沫柱"时，由于液体表面大且迅速更新，液膜的吸收和包裹对颗粒的洗涤效果好，故比传统洗涤吸收设备效率高。

喷淋塔－动力波两级洗涤装置的主要工艺控制参数如下：

进口烟气量（标）	$8000 \sim 13000 \ m^3 \cdot h^{-1}$
SO_2 进口浓度	$9000 \sim 15000 \ mg \cdot m^{-3}$
烟气进口含尘浓度	$50 \sim 250 \ mg \cdot m^{-3}$

喷淋塔

烟气进口温度	$< 105 \ ℃$
循环液 pH	$4 \sim 5$

动力波洗涤器

循环液 pH	$10 \sim 11$
一段喷嘴压力	$0.11 \pm 0.01 \ MPa$
二段喷嘴压力	$0.09 \pm 0.01 \ MPa$
烟气出口含尘浓度	$98.5 \ mg \cdot m^{-3}$
烟气出口温度	$45 \ ℃$
SO_2 出口浓度	$216 \ mg \cdot m^{-3}$

补充石灰乳浓度：15%

在具体操作时，当动力波洗涤器内的液体 pH 值低于 10 时，打开串液阀将一部分液体加入喷淋塔，在动力波洗涤器内补充新鲜石灰乳液。当喷淋塔液体 pH 值低于 4 时，打开旁通阀将液体泵入圆锥沉降斗，经沉降后用板框机压滤后外运抛弃。

生产实践证明，采用喷淋 - 动力波洗涤器净化炼前锡精矿焙烧低浓度 SO$_2$ 烟气具有以下优点：

①传热、传质效果好，烟气脱硫率高。烟气出口 SO$_2$ 浓度可降至 216 mg/m^3，含尘低于 73.7 mg/m^3，均低于国家排放标准。SO$_2$ 总的脱除率在 97% 以上。

②对烟气量波动适应能力强。根据现有装置的生产实践，烟气量在 50% ~ 100% 范围内波动，不会降低使用效率。

③由于喷嘴孔径大，允许洗涤液含固量较高，一般可在 20% 含固量时正常运行而不堵塞。

④设备小巧，操作简单，配置灵活，比传统设备节省投资和建设占地。

⑤用于烟气脱硫工艺，其钙、硫比仅为 1.02∶1，相对其他吸收设备，可大大降低石灰消耗量。

5.3.5 冶炼制酸尾气脱硫实例

5.3.5.1 铜陵有色金属公司用动力波 - 石灰法脱硫

在用石灰 - 石膏法脱硫装置中，铜陵有色金属公司第一冶炼厂最早在我国将美国孟山都公司的动力波洗涤技术应用于铜冶炼硫酸装置中的尾气处理，该装置于 2001 年 7 月投入运转，其工艺流程见图 5 - 13。

动力波 - 石灰乳处理 SO$_2$ 是将电石渣或石灰粉在制浆槽中制成含 10% ~ 20% 的 Ca(OH)$_2$ 浆液，用泵抽到动力波洗涤器本体，洗涤器采用大口径的液体逆向喷嘴和无其他限制的本体设备，这就允许在使用如 Ca(OH)$_2$ 作为洗涤料时，不出现堵塞或由堵塞而出现的停车。在洗涤器中，含有 SO$_2$ 的烟气从上部进入逆向喷嘴所在的玻璃钢烟道与通过耐磨大孔径喷嘴向上喷射的 Ca(OH)$_2$ 洗涤料发生碰撞，在液体和反向气体的碰撞点形成一个持续高湍流区，俗称泡沫区，在这个泡沫区里，大量的液体表面被更新，有效地将气体冷却到绝热饱和温度，同时完成 SO$_2$ 的去除，被洗涤后的干净气体通过在分离槽顶部，经过用于最终气液分离的带有自动水喷淋系统的二层 CHEVRON 除沫器，从顶部离开动力波洗涤器，通过接力风机进入尾气烟囱达标排放。

Ca(OH)$_2$ 和 SO$_2$ 反应生成的 H$_2$SO$_3$ 和硫酸化合物通过洗涤器底部，注入空气全部氧化为石膏，引出后经过滤、脱水处理成干燥的石膏外售。气体蒸发的一些液

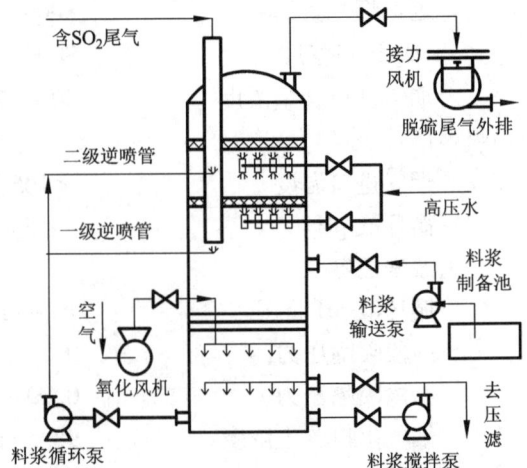

图 5 - 13 铜陵公司动力波尾气净化系统

体和吸收液中的水在洗涤器分离槽底部重新泵入逆向喷嘴循环使用，通过洗涤器中液面高度和循环液中 pH 值控制将槽中的 $Ca(OH)_2$ 补充液量，整个系统液体管线均设置一条循环副线，防止浆料在输送管线上的沉淀堵塞。

铜陵有色金属公司动力波－石灰乳处理制酸尾气的工艺技术经济指标如表 5－7 所列。

表 5－7 动力波－石灰乳处理制酸尾气的工艺技术经济指标

序号	名 称	数 量	备 注
1	处理尾气量/$(m^3 \cdot h^{-1})$	27000 ～ 54000	平均 48318
2	处理尾气 SO_2 浓度/%	0.12 ～ 0.27	平均 0.215
3	处理后 SO_2 排放浓度/%	<0.01	
4	洗涤器循环量/$(m^3 \cdot h^{-1})$	636	650
5	系统气体阻力降/Pa	<7000	6500
6	洗涤器排污量/$(m^3 \cdot h^{-1})$	5	4.5
7	CaO 用量/$(kg \cdot h^{-1})$	385	电石渣(CaO 65%)
8	年消耗水量/$(kt \cdot a^{-1})$	26.92	3.5 m^3/h
9	年耗电量/$(10^6 kWh \cdot a^{-1})$	2.3	3.0
10	年产石膏量/$(t \cdot a^{-1})$	10534	含水 50%
11	建设投资/万元	750	含 27.3 万美元
12	年运行成本/万元	150	含人工、设备折旧

生产实践表明，该工艺和传统工艺相比，具有建设工期短，运行成本低，尾气治理效果好等优点。尾气脱硫效率 >95%，出口烟气 SO_2 <0.01%，每年 SO_2 外排减少 2300 t，酸雾外排减少 30 t。铜陵公司采用的动力波－石灰法与通常使用的尾气治理工艺(如亚钠法、氨酸法)相比，其综合分析和经济比较见表 5－8。

表 5－8 亚钠法、氨酸法与动力波－石灰法方案比较

序号	项目	亚钠法	氨酸法	动力波－石灰法
1	吸收剂	14% Na_2CO_3 溶液	氨水或氨气	10% ～ 20% $Ca(OH)_2$ 溶液
2	SO_2 处理后排放浓度	≤0.021%	≤0.01%	≤0.01%
3	工艺及主要设备	用吸收液进行中和、浓缩、结晶。需吸收塔、中和槽、反应罐等设备	吸收液加硫酸分解制成液体 SO_2 和吸收液中和、浓缩、干燥。需吸收塔、分解槽、中和槽、反应罐等设备	吸收液氧化、浓缩、脱水。需动力波洗涤器(吸收、氧化在一个槽内)、中间贮槽和压滤机等
4	产品	亚硫酸钠(主要用于造纸、印染)	固体硫酸铵和液体 SO_2(主要用于农业肥料)	石膏(主要用于水泥添加剂和建材)
5	建设投资	600 万元	450 万元	750 万元
6	运行成本	750 万元/年	606 万元/年	150 万元/年
7	利润	－165 万元/年	－143 万元/年	+80 万元/年
8	建设周期	约 8 个月	约 6 个月	约 4 个月

5.3.5.2　金隆铜业公司制酸尾气用石灰-石膏法脱硫

我国金隆铜业公司根据铜冶炼烟气流量及浓度波动大和大型炼铜工厂可靠性要求高的特点，结合投资及运行成本、操作维护、现场占地面积、副产品销售等因素，开发了石灰法和烧碱法并存的"通用脱硫装置"，正常条件下，脱硫后尾气排放 $\rho(SO_2) \leqslant 146$ mg/m³，非正常条件下，也能确保尾气排放 $\rho(SO_2) \leqslant 292$ mg/m³。该厂尾气脱硫工艺流程如图 5-14。

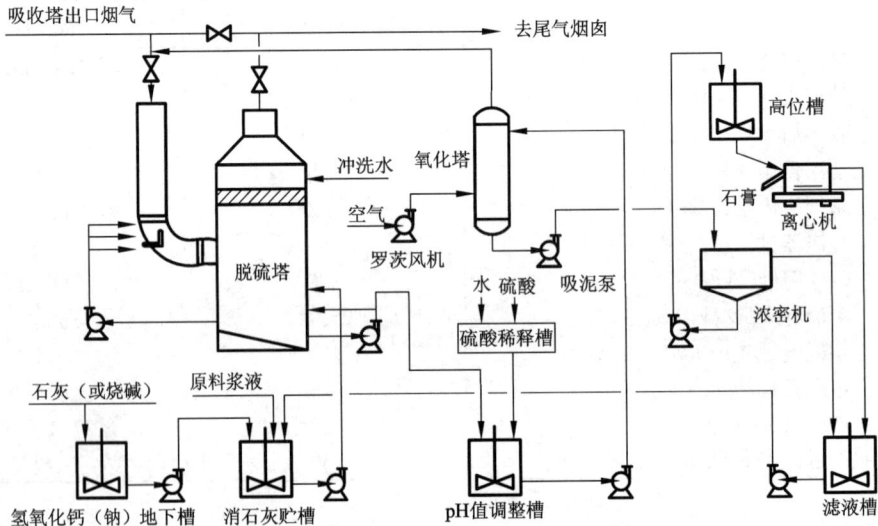

图 5-14　金隆铜业公司制酸尾气脱硫工艺流程

"通用脱硫装置"主要由脱硫塔、pH 值调整槽、氧化塔、石膏分离和原料槽组成；制酸尾气由脱硫塔逆喷管进入，经塔内捕沫器后排入尾气烟囱。脱硫塔底部设置集液槽，吸收剂由循环泵送入逆喷管内大口径喷嘴。为防止吸收剂产生沉淀和结垢，在集液槽下部设置搅拌泵，并用搅拌泵自动控制集液槽液位，向 pH 值调整槽输送浆液。在 pH 值调整槽中自动加入稀硫酸溶液，调整浆液 pH 值后送往氧化塔。在氧化塔中用罗茨风机鼓入空气，对浆液进行氧化，使浆液中亚硫酸盐氧化为硫酸盐，氧化后气体返回脱硫塔入口。被氧化后的浆液用吸泥泵送入浓密机，浓密机沉淀后的浆液用离心机进行分离，产出副产品石膏，浓密机上清液流入石膏滤液槽并泵回原料部分使用或部分排放。原料槽由氢氧化钠地下槽和消石灰贮槽组成。当入脱硫塔烟气二氧化硫浓度在设计范围内时，直接用石灰乳做吸收剂添加到集液槽中，当入脱硫塔烟气二氧化硫浓度较高时，可在消石灰贮槽中加入适量氢氧化钠溶液，以强化脱硫效果。脱硫系统操作控制与制酸系统 DCS 相连。

脱硫塔的主要工艺条件为：

入口烟气量	125000 m³/h
入口二氧化硫浓度 $\rho(SO_2)$	1520 mg/m³
入口三氧化硫浓度 $\rho(SO_3)$	42 mg/m³
入口烟气温度	70 ℃
入口烟气压力	4000 Pa

脱硫系统设备规格见表 5-9，技术参数见表 5-10。

表 5 – 9 脱硫系统主要设备

设备名称	数量	规格型号
氧化塔	1 个	ϕ1500 mm × 8000 mm
罗茨风机	1 台	BK7011 型 $Q = 20.38$ m³/min $H = 70$ kPa
脱硫塔	1 个	ϕ4000 mm × 13000 mm, 逆喷管 ϕ1400 mm × 9000 mm
吸泥泵	2 台	UHB – ZK65/25 – 50
脱硫塔循环泵	2 台	250UHB – ZK – 600 – 25
脱硫塔搅拌泵	2 台	UHB – 2K100/100 – 25
氢氧化钠地下槽	1 个	ϕ3000 mm × 3000 mm
地下槽泵	2 台	UHB – ZK50/30 – 20
消石灰添加泵	2 台	UHB – ZK50/30 – 20
消石灰贮槽	1 个	ϕ3000 mm × 3000 mm
抽出泵	2 台	UHB – ZK50/30 – 25
pH 值调整槽	1 个	ϕ2600 mm × 3000 mm
硫酸稀释槽	1 个	ϕ800 mm × 2000 mm
浓密机	1 台	ϕ5500 mm × 4000 mm
离心机	2 台	BKH8000 – N

表 5 – 10 金隆公司尾气脱硫主要技术参数

技术参数	控制范围	技术参数	控制范围
脱硫塔吸收液 pH 值	5 ~ 7	逆喷管压力降/Pa	≤1500
pH 值调整槽溶液 pH 值	5 ~ 7	脱硫塔捕沫器压力降/Pa	≤500
吸收液 $w[Ca(OH)_2]$/%	≤10	脱硫后二氧化硫浓度/(mg·m⁻³)	≤100
脱硫塔循环液含固量 w/%	≤10 ~ 20	脱硫后硫酸雾/(mg·m⁻³)	≤20
脱硫塔循环液温度/℃	≤40	液气比/(L·m⁻³)	4 ~ 6

金隆铜业公司尾气脱硫装置对两种吸收剂(石灰乳和氢氧化钠)分别进行了钙法和钠法试生产和生产。实践表明,钠法脱硫效果更好。

钙法脱硫后尾气 $\rho(SO_2) < 292$ mg/m³,钠法脱硫后尾气 $\rho(SO_2) < 29$ mg/m³,脱硫效率分别可以达到95%和98%。用钙法时,每处理1 kg二氧化硫消耗:原料1.69 kg;电能2.36 × 10^{-3} kWh/m³;处理成本为2.97元。

5.4 碱式硫酸铝–石膏法

碱式硫酸铝–石膏法采用碱式硫酸铝作吸收剂脱硫,再将吸收液氧化,并用石灰石中和,再生碱式硫酸铝返回使用,同时可副产石膏。此法由日本同和矿业公司开发,故又称同和法,其工艺流程见图5 – 15。

5.4.1 工艺过程及其原理

碱式硫酸铝–石膏法由吸收、氧化、中和、过滤等工序组成(图5 – 15)。

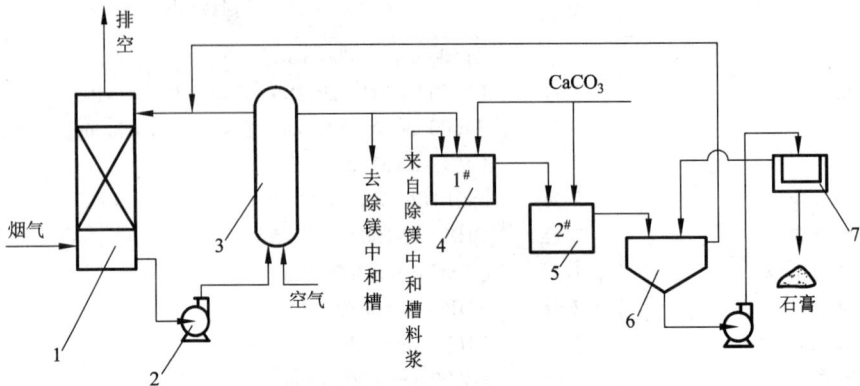

图 5 – 15　碱性硫酸铝 – 石膏法工艺流程

1—吸收塔；2—循环泵；3—氧化塔；4—1#中和槽；5—2#中和槽；6—浓密机；7—离心机

制酸尾气进入吸收塔，与喷淋下来的碱式硫酸铝溶液逆流接触，烟气中的 SO_2 被吸收生成亚硫酸铝，吸收后的废气经塔顶除沫器除去雾沫后排空。

吸收过程的化学反应如下：

$$Al_2(SO_4)_3 \cdot Al_2O_3 + 3SO_2 \longrightarrow Al_2(SO_4)_3 \cdot Al_2(SO_3)_3$$

吸收了 SO_2 的吸收液，从吸收塔底部流入循环槽，经循环泵送往氧化塔，同时鼓入压缩空气，将上述反应生成的亚硫酸铝氧化成硫酸铝。氧化后的吸收液大部分返回吸收塔，小部分送往中和工段以脱除硫酸根，以保证吸收液的碱度维持一定值。

氧化过程的反应如下：

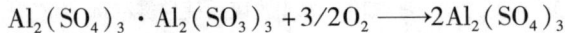

$$Al_2(SO_4)_3 \cdot Al_2(SO_3)_3 + 3/2O_2 \longrightarrow 2Al_2(SO_4)_3$$

为了获得高质量的石膏结晶，中和分四段进行。用作中和剂的石灰石粉末，要求其粒度 80% 小于 0.074 mm（ – 200 目），并通过 pH 碱度计控制其加入量，中和后的吸收液连同生成的石膏一道送入石膏浓密机。

中和过程的反应如下：

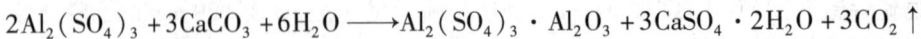

$$2Al_2(SO_4)_3 + 3CaCO_3 + 6H_2O \longrightarrow Al_2(SO_4)_3 \cdot Al_2O_3 + 3CaSO_4 \cdot 2H_2O + 3CO_2 \uparrow$$

浓密机底流的大部分返回中和工段做晶种，小部分送往过滤机进行过滤，滤液返回吸收工段，滤饼为石膏产品。

为了除去吸收液中的杂质和保持系统水量平衡，将小部分中和后液外排。为了减少铝的损失，需设置铝回收装置，即利用石灰石粉中和系统中排出的少量溶液，控制 pH 为 5 ~ 6，使溶液中的硫酸铝变成氢氧化铝沉淀，经铝回收浓密机分离，底流（含 Al_2O_3）返回中和工段，上清液（含 Mg^{2+} 等杂质）去污水处理系统进一步处理达标后排放。

铝回收过程反应如下：

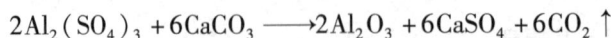

$$2Al_2(SO_4)_3 + 6CaCO_3 \longrightarrow 2Al_2O_3 + 6CaSO_4 + 6CO_2 \uparrow$$

5.4.2 工艺操作要点

（1）吸收操作条件分析

吸收液碱度越高，铝含量越高，吸收效果越好。一般控制铝含量为 18 ~ 22 g/L，碱度为 10% ~ 20% 之间，可以有效地吸收 SO_2，如烟气中 SO_2 浓度波动大时，碱度可以高一些，但过高会造成铝的损失，增加生产成本。

一般来说，温度愈低吸收效果愈好。实际生产中，温度控制在 50 ℃ 左右为宜。

吸收过程液气比（L/m³）过低，吸收不完全；但液气比过高，会造成循环泵的能耗增大。在吸收塔中，如果吸收段取液气比为 10，则增湿度为 3。增湿段用未经氧化的溶液自身循环。

（2）氧化催化剂

氧化时的催化剂是 Mn^{2+}，一般用 $MnSO_4$ 0.2 ~ 0.4 g/L 即可；但实际生产中，因为锰离子浓度随着时间而降低，故要经常补充，多加一些，以 1 ~ 2 g/L 为宜。Mn^{2+} 量与烟气性质有关，主要是温度，温度高时效果显著。铁离子也有催化作用。

（3）中和后吸收液的碱度

中和后吸收液碱度为 25% ~ 35%，中和前后的碱度差为 15%。中和过程中，在 1 号中和槽加入约 1/2 的 $CaCO_3$ 粉，保持恒定值，而 2 号中和槽加入剩下的 $CaCO_3$ 粉，通过碱度计自动调节加入量，以使溶液保持碱度 25% ~ 35%。

（4）石膏晶核的助长

石膏结晶粗大，有利于离心机过滤，减少铝量损失，加快在浓密机中的沉降速度。石膏结晶颗粒的大小与温度、停留时间和晶核数量等因素有关。当实际操作中温度和停留时间一定，则主要取决于晶核的量。在实际生产中将浓密机底流的一部分添加到中和槽做晶种，其浓度一般为 5% ~ 8%。

5.4.3 应用实例

原沈阳冶炼厂曾建成一套处理能力 135 km³/h、平均 SO_2 浓度为 0.45% 的烟气碱式硫酸铝脱硫装置，于 1985 年正式投入生产，主要技术指标如下：

脱硫系统入口 $\varphi(SO_2)$ 0.2% ~ 0.6%；

脱硫系统出口 $\varphi(SO_2)$ 0.03%；

SO_2 吸收率 > 90%；

每生产 1 t 石膏（品位 > 85%）的平均消耗：

    $CaCO_3$ 0.65 ~ 0.80 t

    $Al_2(SO_4)_3$ 溶液（含 Al 5.3%）   4.3 kg

    $MnSO_4$ 8 kg

    电耗（包括空气压缩机用电）   220 kWh

该工艺的特点是：

①流程简单，操作方便；

②处理烟气 SO_2 浓度范围广，脱硫率高；

③过程无固体颗粒生成，不会堵塞设备和管道；

④系统闭路循环，无二次污染；

⑤原材料来源方便，价格低廉。

5.5　亚硫酸钠法

亚硫酸钠法是采用 NaOH 或 Na_2CO_3 吸收 SO_2，得到 Na_2SO_3 作为产品出售。与其他碱性吸收剂相比，钠碱的优点是：①比钙碱的溶解度高，避免了结垢、堵塞等问题；②与氨相比，固体吸收剂便于运输、贮存，操作时不存在因挥发而产生烟雾；③钠碱的吸收能力大，吸收剂用量相对较小。

钠碱脱硫在冶炼及化工行业应用得较早、较多，该技术成熟，但由于我国碱供应紧张，碱液脱硫法的副产品销路有限，所以采用该法主要是经济上是否合理。甘肃金川有色金属公司利用本公司生产的氢氧化钠作吸收剂进行镍冶炼烟气制酸尾气治理。由于近年来我国西部地区造纸业发展迅速，亚硫酸钠市场好、销路广，该公司 2001 年在原有的基础上扩建成 20 kt/a 七水亚硫酸钠生产装置，取得较好的经济效益。

据报道，株洲冶炼厂为治理该厂铅鼓风炉低浓度二氧化硫烟气长期直接排放所造成的大气污染，拟用烧碱作 SO_2 吸收剂生产亚硫酸钠。

生产亚硫酸钠的方法主要有纯碱法和烧碱法两种。利用纯碱生产亚硫酸钠，生产易于控制，成本较低，是目前我国大多数化工厂采用的工艺，因此就不再过多叙述，在此主要结合有色行业生产实践，介绍烧碱法生产亚硫酸钠的工艺。

5.5.1　吸收反应

亚硫酸钠法在采用 NaOH 作吸收剂时，吸收 SO_2 的反应可用下式表示：

$$2NaOH + SO_2 = Na_2SO_3 + H_2O$$

该反应生成的正盐 Na_2SO_3 也具有吸收 SO_2 的能力，可继续吸收 SO_2 生成酸式盐，进行的反应是：

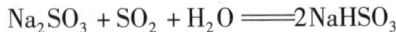

$$Na_2SO_3 + SO_2 + H_2O = 2NaHSO_3$$

而 $NaHSO_3$ 不再具有吸收 SO_2 的能力，在循环操作过程中，可视 Na_2SO_3 为实际的吸收剂。

亚硫酸氢钠与碱反应又得到亚硫酸钠：

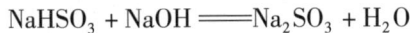

$$NaHSO_3 + NaOH = Na_2SO_3 + H_2O$$

5.5.2　工艺流程

亚硫酸钠法的工艺过程可分为吸收、中和、浓缩结晶和干燥包装四步。金川公司 20 kt/a 亚硫酸钠装置工艺流程如图 5 – 16。

冶炼烟气经净化系统除去其中的尘（$\leqslant 5\ mg/m^3$）及三氧化硫后，在 2 kPa 压力下进入吸收系统。在吸收塔内，用 $w(NaOH)$ 约 11.5% 的稀碱溶液作为吸收剂，对二氧化硫进行逆流吸收［稀碱液由 $w(NaOH)45\%$ 的碱液配制而成］。当吸收液 pH 值达到 5.6 ~ 6.0 时，送去中和。吸收液与稀碱液分别加热至 85 ~ 95 ℃后混合，调整 pH 值为 9 ~ 10 时，加入硫化钠脱色、除铁，然后用真空过滤机进行固液分离。固体废弃，液体进入一效蒸发器浓缩，直至 $w(Na_2SO_3)$ 达 30%，进入二效蒸发器（真空度为 –60 kPa）继续浓缩，控制蒸发液 $w(Na_2SO_3)$ 大约在 45%。蒸发液依次经过闪蒸罐、旋液分离器后，由离心分离机分离，得到含湿粗产品。在振动流化床中，粗产品与由蒸汽加热至约 140 ℃的空气接触，干燥脱水，得到成品亚硫酸钠。母液返回一效蒸发器循环使用,定期检测母液含盐量,超标部分外排,通过冷结晶生产七水亚硫酸钠。本工艺的核心为蒸发浓缩,该公司采用双效逆流蒸发工艺,一方面要控制浓缩液的浓度及结晶粒度,以满足分离要求;另一方面要严格控制过料,以防止因亚硫酸钠结晶而造成系统堵塞。一效蒸发器蒸汽进口压力维持在300 kPa左右,二效蒸发器负压操作,利用一效蒸发产生的二次蒸汽。运行中要定期用冷凝水洗罐,以避免亚硫酸钠粘壁而影响传热效果。

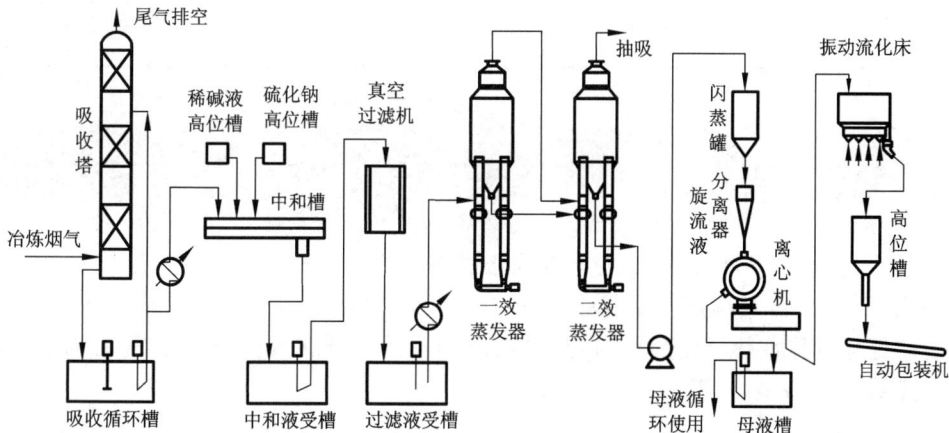

图 5-16 20 kt/a 亚硫酸钠装置工艺流程

5.5.3 主要设备

吸收塔规格为 $\phi2400\ mm\times10495\ mm$,材质为聚丙烯;二氧化硫烟气进口为倒置式喇叭口,塔顶部设 $\phi1300\ mm\times150\ mm$ 的捕沫器,吸收液回液管于塔内设置液封,以防止烟气反串。真空过滤机2台,型号为GD10/1.85 N。蒸发器2台,规格为 $\phi3200\ mm\times20552\ mm$,材质为1Cr18Ni9Ti不锈钢,物料走管程(管子规格为 $\phi45\ mm\times3\ mm$)。用强制循环泵循环蒸发,解决了腐蚀及产品含铁问题。振动流化床型号为GZQ15×75。HR500-N型卧式双级活塞推料离心机2台,首次用于亚硫酸钠的分离,按亚硫酸钠的粒径0.15 mm配置筛网,生产中运行平稳,分离效果十分理想。

5.5.4 产品质量及消耗指标

本装置自2001年7月投产以来,年回收 SO_2 达12 kt/a, SO_2 吸收率 $>99.6\%$,亚硫酸钠产品达到了国家标准一级品指标,见表5-11,生产消耗指标见表5-12。

表 5-11 20 kt/a 亚硫酸钠装置产品质量指标(2001 年 7 月)

项　　目	实测指标	国家标准一级品指标
$w(Na_2SO_3)/\%$	96.42	$\geqslant96.0$
$w(Fe)/\%$	0.0033	$\leqslant0.005$
$w(水不溶物)/\%$	0.021	$\leqslant0.03$
$w[游离碱(以 Na_2CO_3 计)]/\%$	0.40	$\leqslant0.40$

表 5－12　20 kt/a 亚硫酸钠装置生产消耗指标

项　　目	指标
氢氧化钠[以 $w(NaOH)100\%$ 计]/(t·t^{-1})	0.68
二氧化硫/(t·t^{-1})	0.53
硫化钠/(kg·t^{-1})	1.50
蒸汽/(t·t^{-1})	5.0
电/(kWh·t^{-1})	217
水/(t·t^{-1})	5.2

5.6　氧化锌法

氧化锌法利用铅锌冶炼厂火法冶金过程普遍产出的含 ZnO 的副产物(如烟尘、焙砂)作为 SO_2 吸收剂,以脱除冶炼烟气或制酸尾气中的低浓度 SO_2,其产物亚硫酸锌可通过热分解或酸分解的处理过程重新释出 SO_2,得到高浓度 SO_2 送往制酸或生产液体 SO_2,副产的硫酸锌溶液蒸发结晶得 $ZnSO_4 \cdot 7H_2O$ 产品出售。

5.6.1　基本原理

氧化锌法包括吸收和分解两个过程。

5.6.1.1　吸收

在吸收塔内,氧化锌浆液与烟气中的 SO_2 发生以下主要反应:

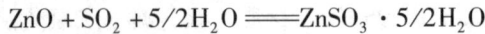
$$ZnO + SO_2 + 5/2H_2O \Longrightarrow ZnSO_3 \cdot 5/2H_2O$$

其反应机理可认为:

SO_2 溶解于水中

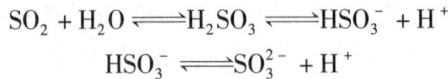
$$SO_2 + H_2O \Longrightarrow H_2SO_3 \Longrightarrow HSO_3^- + H^+$$
$$HSO_3^- \Longrightarrow SO_3^{2-} + H^+$$

ZnO 被酸溶解

$$ZnO + 2H^+ \Longrightarrow Zn^{2+} + H_2O$$

形成亚硫酸锌或酸式亚硫酸锌

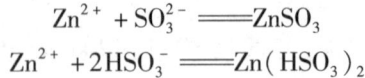
$$Zn^{2+} + SO_3^{2-} \Longrightarrow ZnSO_3$$
$$Zn^{2+} + 2HSO_3^- \Longrightarrow Zn(HSO_3)_2$$

由于亚硫酸是二元酸,当 ZnO 过剩时生成中性盐($ZnSO_3$);当 SO_2 过剩时生成酸性盐 [$Zn(HSO_3)_2$]。

在吸收过程中,由于 $ZnSO_3$、$Zn(HSO_3)_2$ 都是不稳定的化合物,容易被氧化,所以还会发生如下副反应:

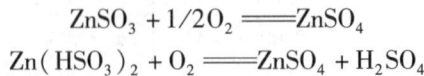
$$ZnSO_3 + 1/2O_2 \Longrightarrow ZnSO_4$$
$$Zn(HSO_3)_2 + O_2 \Longrightarrow ZnSO_4 + H_2SO_4$$

5.6.1.2　分解

亚硫酸盐可通过热分解或酸分解,但无论采用哪种方法都能获得高浓度 SO_2。

（1）热分解

亚硫酸锌的热分解反应如下：

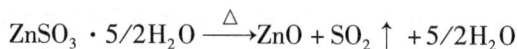

$$ZnSO_3 \cdot 5/2H_2O \xrightarrow{\triangle} ZnO + SO_2 \uparrow + 5/2H_2O$$

亚硫酸盐的分解温度比较低，很容易进行完全。干燥而纯净的 $ZnSO_4 \cdot 5/2H_2O$ 在 70 ℃时开始明显脱除结晶水，随着温度的升高脱水速度加快，到 95 ℃时脱水完全，成为无水亚硫酸锌结晶。随即结晶开始分解，在大约 260 ℃时，SO_2 的蒸气压力达到 100 kPa，在 350 ℃时分解完全。

（2）酸分解

亚硫酸锌用硫酸分解的反应如下：

$$ZnSO_3 \cdot 5/2H_2O + H_2SO_4 = ZnSO_4 + SO_2 \uparrow + 7/2H_2O$$

试验室试验结果表明，当温度超过 40 ℃时，以上反应就能激烈进行，而一般酸分解工艺在 85～90 ℃下作业，所以反应进行得相当完全，最终 pH 值为 3.5～4.0。

氧化锌法推荐控制参数如下：吸收剂（ZnO 烟尘）的粒度控制小于 0.074 mm（－200 目）的占 70% 以上，吸收循环液 pH 值控制在 5 左右；酸分解温度控制在 85～90 ℃，最终分解液 pH 值控制在 3.5～4.0；热分解温度为 300 ℃～350 ℃。

5.6.2 国内外工业实践

在 1973～1980 年期间，原中南矿冶学院冶金系（现中南大学冶金科学与工程学院）、长沙有色冶金设计研究院等设计、研究院所与水口山矿务局合作进行了氧化锌法实验室试验和工业试验。工业试验是

图 5－17 水口山工业试验原则流程

在水口山局第 4 冶炼厂进行。采用的烟气为硫酸装置尾气，$\varphi(SO_2)$ 为 0.3%；吸收剂为锌精矿流态化焙烧炉烟尘（52.58% ZnO）配制成的浆液，烟尘添加量为 150 g/L。试验流程见图 5－17，主要技术经济指标见表 5－13。

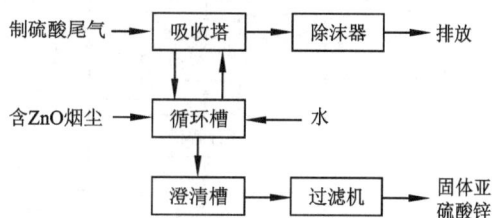

表 5－13 水口山工业试验主要技术经济指标

项　　目	工业试验指标	项　　目	工业试验指标
入塔烟气 $\varphi(SO_2)$/%	0.3	氧化率/%	8.71
排放 $\varphi(SO_2)$/%	0.025	排放烟气带沫量/(g·cm⁻³)	7.81
吸收效率/%	91.7	吸收塔阻力/Pa	3000
吸收渣 $w(ZnSO_3)$/%	45.73	吸收系统阻力/Pa	<4000
吸收渣产率/%	140	1 t 固体亚硫酸锌产品的物耗	
吸收渣含水量/%	31.82	烟尘/t	3.05
氧化锌利用率/%	74.16	电/kWh	959
烟尘吸收容量/(t·t⁻¹)	0.33	水/t	4.15

水口山工业试验表明，氧化锌法吸收效率较高，一段 SO_2 吸收率大于 90%，净化后尾气达到国家排放标准。

国外最早采用氧化锌法处理低浓度 SO_2 烟气的工厂是日本彦岛炼锌厂。该厂用制酸厂废水浆化粉碎后的含氧化锌物料(如锌焙砂等),制酸尾气中的 SO_2 被 ZnO 浆液吸收变成亚硫酸锌,亚硫酸锌用硫酸分解重新产生 SO_2 气体,分解出的气体含 SO_2 15%~20%,返回酸厂回收。废液主要含 $ZnSO_4$,可作为浆化精矿或生产硫酸锌用。该厂工艺流程见图 5-18,工艺操作参数见表 5-14。

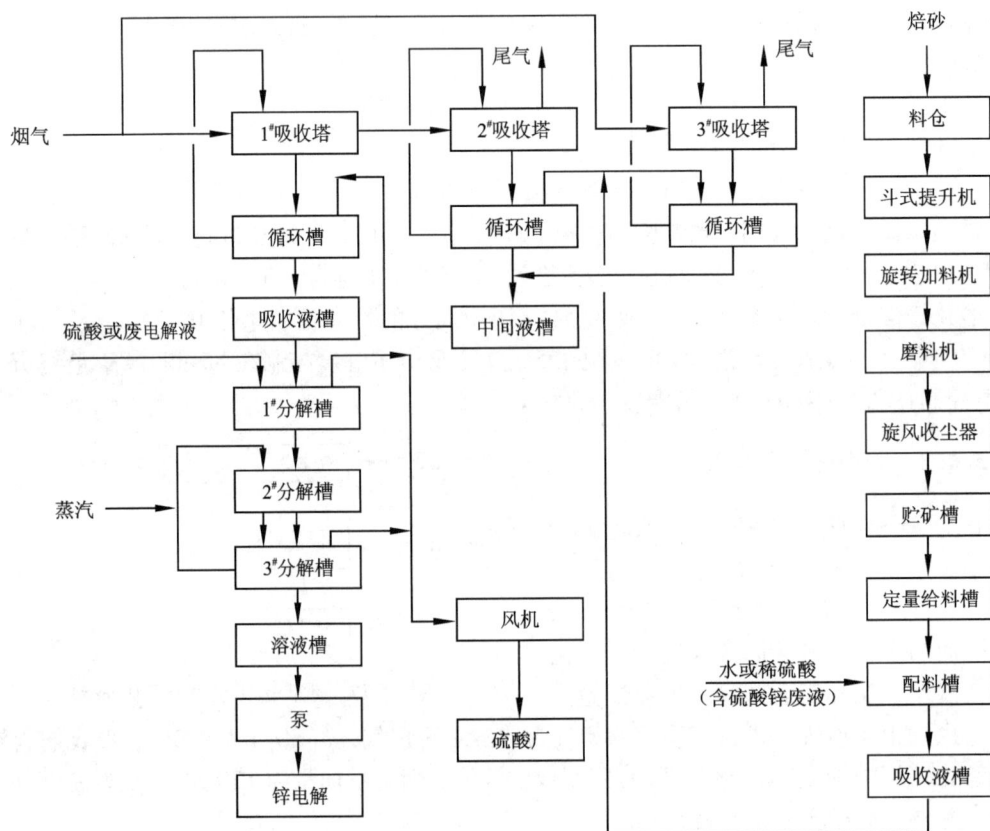

图 5-18 彦岛冶炼厂氧化锌吸收装置工艺流程

表 5-14 彦岛冶炼厂氧化锌吸收装置操作参数

参 数	1# 吸收塔	2# 吸收塔	3# 吸收塔
处理烟气量/(m³·h⁻¹)	9300	9300	23400
入口 $\varphi(SO_2)$/%	0.19	0.037	0.15
出口 $\varphi(SO_2)$/%	0.037	0.001	0.004
吸收效率/%	80.5	97.3	97.3
入口烟气温度/℃	40~45	30~35	53~60
出口烟气温度/℃	30~35	28~32	28~35
入口烟气压力/Pa	400~450	170~200	1000~1100
循环液温度/℃	27~35	27~32	27~35
循环液 pH 值	4.5~5.0	4.5~5.5	4.5~5.0

氧化锌法具有吸收效率高、工艺流程简单、没有二次污染和允许烟气 SO_2 浓度有较大幅度波动等特点,特别适合于处理铅锌冶炼厂的低浓度 SO_2 烟气,其吸收剂原料易于解决,副产品的回收处理可根据具体条件与现有生产工艺相结合,建设投资省,也有一定的经济效益。

据报道,株洲冶炼厂拟用氧化锌吸收剂,脱除锌浸出渣挥发窑废气中的二氧化硫,生产硫酸锌。

5.7   托普索 WSA 工艺

20 世纪 80 年代中期,丹麦的托普索(Topsoe)公司开发了 WSA(湿气体制酸)工艺,用以处理烟道气和各种工业过程的排放废气。

用于处理含 SO_2 的排放气时,托普索工艺不同于其他脱硫工艺的最大特点是可以直接处理 SO_2 含量 $\varphi(SO_2) \leqslant 5\%$(通常 $\varphi(SO_2) > 4\%$ 可用常规接触法工艺制硫酸)的气体,并制得硫酸。

5.7.1   WSA 工艺过程及其原理

WSA 工艺是催化工艺,不产生任何无用产品或废水,也不使用任何吸收剂或其他化学品。在该工艺中,可使 99% 以上的 SO_2 被催化氧化成 SO_3,SO_3 再与气体中的水分反应,形成硫酸蒸气,硫酸蒸气在一个专利设备——用空气冷却的 WSA 冷凝器内冷凝成硫酸。

WSA 工艺的热效率很好,冷却水和电能消耗低,对水平衡基本不敏感,工艺气体不需要干燥。但同其他用固体催化剂的催化工艺一样,处理的气体中不能有颗粒物质。在工业运行中,气体中的尘含量 $\rho(尘)$ 需 $< 1 \sim 2\ \mathrm{mg/m^3}$,以保证催化剂表面积累的尘在过筛之前至少可运行一年。除尘一般用湿式文丘里洗涤器加电除雾或电除尘器。

WSA 工艺可直接处理来自于湿式洗涤器的气体,出洗涤器的气体温度为 $25 \sim 50\ ℃$,通常是被水饱和的。气体无需干燥,从而避免了二次废水排放。冷饱和气体通过换热器用热转化气加热至 $380\ ℃ \sim 420\ ℃$(催化反应器的操作温度)进转化器,在转化器中 SO_2 被转化成 SO_3:

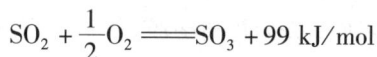

$$SO_2 + \frac{1}{2}O_2 = SO_3 + 99\ \mathrm{kJ/mol}$$

利用催化氧化过程的反应热去加热冷气体,当气体的 $\varphi(SO_2) < 5\%$ 时,工艺过程将不能维持自热平衡,需用一燃烧加热器补热以维持反应温度。在一简单的一段反应器中,SO_2 的转化率可达 $96\% \sim 97\%$,若要达到更高的转化率,则可应用两段或三段反应器,转化率可达 99% 以上。

转化后的 SO_3 气体被冷饱和气冷却至约 $270 \sim 290\ ℃$,同时与水蒸气反应:

$$SO_3 + H_2O = H_2SO_4(气) + 101\ \mathrm{kJ/mol}$$

含硫酸蒸气和少量 SO_3 的气体最终在 WSA 冷凝器中冷却,且剩余的 SO_3 与 H_2O 反应,全部冷凝成硫酸:

$$H_2SO_4(气) + 0.17H_2O = H_2SO_4[液、w(H_2SO_4)97\%] + 69\ \mathrm{kJ/mol}$$

出冷凝器的净化气(约 $100\ ℃$)直接排入烟囱。WSA 冷凝器的特点是能保证酸雾含量 $\varphi(H_2SO_4)0.0015\%$ 以下,无需再作除雾处理。

热冷凝酸排至循环系统，通过循环酸将酸冷却至 60 ℃，最后在酸冷却器中冷却至约 40 ℃。

WSA 工艺流程见图 5 - 19。

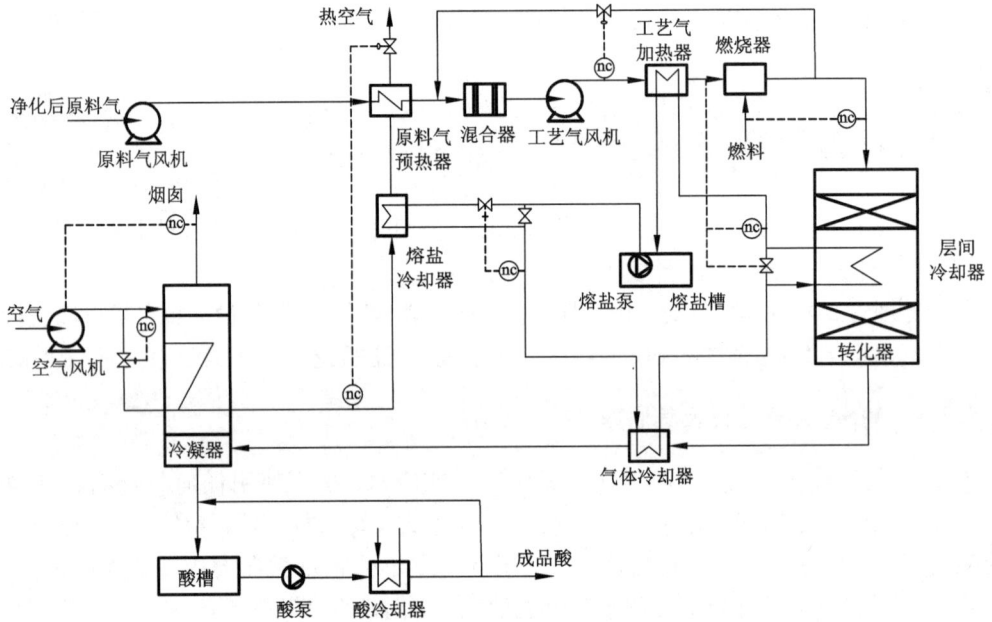

图 5 - 19　WSA 工艺流程图

5.7.2　WSA 装置的设备和材质

WSA 装置的大部分设备是由碳钢或低合金钢制造，高温气体管道和转化器则由于机械强度的需要，使用不锈钢制造。

处于干燥环境的主鼓风机（原料气风机）也可用碳钢制造，在有腐蚀性的环境中，壳体可衬橡胶，叶轮材质视工作状况选用合金钢。

酸冷却器通常选用哈氏合金 C 材质的板式酸冷却器，酸循环使用衬氟化乙丙烯的磁耦合泵。

酸管为衬聚四氟乙烯的钢管，与不锈钢管道相比，具有更好的耐腐蚀性能，可在更高的温度和流量下使用。

装置中较特殊的设备是 WSA 酸冷凝器及用于气体冷却的盐冷却器。

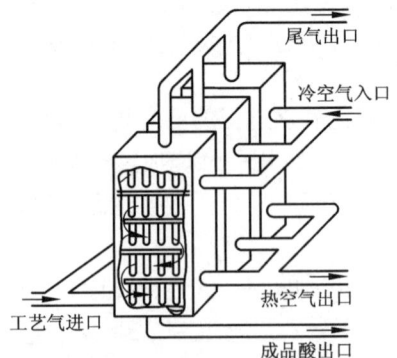

图 5 - 20　冷凝器结构示意图

1）WSA 冷凝器

WSA 冷凝器一般是一种立式管壳式换热器或降膜式冷凝器，其结构示意如图 5 - 20。换热管由硼硅玻璃制造，壳体材质为 ST37。工艺气走管程，下进上出，冷却空气走壳程，上进下出，通过逆流换热酸在管内壁而冷凝下来，形成液膜向下流并逐渐被上升的热气体浓缩，浓缩酸在底部收集后去冷却。管板与其他接触酸的钢部件都衬一层含氟聚合物，器底部则衬耐酸瓷砖。

在 SO_3 气体进入冷凝器之前，有一个小型晶核控制装置，利用甲基硅油燃烧产生的细小 SiO_2 作晶核与 SO_3 一同进入冷凝器，有助于硫酸冷凝并促进液滴增大，而不形成酸雾。硅油的耗量约为 2 g/10 t 硫酸。

2）熔融盐换热器

在 WSA 装置中工艺气体的加热与冷却常使用熔融盐作为热载体，这种熔融盐是含有 KNO_3、$NaNO_3$ 和 $NaNO_2$ 的低共熔混合物，它们非常稳定，可使用几年不降解。该盐的熔点约 145 ℃，由于在操作温度下粘度很低，容易用泵输送。使用熔融盐换热器后可使系统在热量不足或过剩的情况下维持 WSA 装置的正常运行。

3）催化剂

VK-WSA 是用钾、钠作助催化剂的钒催化剂，有 100 mm 和 20 mm 环状两种。在需要高转化率的情况下，催化剂最后一段进气温度需在 400 ℃ 以下操作，这将低于 VK-WSA 催化剂的最低正常操作温度，在此情况下，最后一段需装填托普索 VK59 含铯催化剂，它可在 370 ℃ 的低温下操作，以保证最终转化率在 99% 以上。

5.7.3 WSA 工艺的工业应用

目前，世界上已有 30 多套 WSA 工艺装置在商业运行，其应用范围包括炼油、石化、造纸、冶金、电力等行业的 SO_2、H_2S、CS_2、COS 等各种含硫气体的吸收处理。例如：某些有色金属（如铅、钼等）冶炼烟气的 SO_2 浓度较低 $[\varphi(SO_2)2.0\% \sim 4.0\%]$，既不能用常规接触法工艺制酸，又难以用其他的脱硫工艺脱除，直接排放造成对大气的严重污染，选用 WSA 工艺则可取得满意效果。

智利圣地亚哥的莫利门特（Molymet）钼冶炼厂，烟气 SO_2 含量 $\varphi(SO_2)$ 为 2.6%，用 WSA 工艺回收 SO_2。该装置于 1993 年春投产。装置运行的工艺数据如表 5-15 所示。

表 5-15 智利莫利门特钼冶炼厂焙烧烟气 WSA 装置性能数据

项 目	数 据	项 目	数 据
气量/(m³/h)	35000	尾气 SO_3 浓度/%	0.0015
进口气体温度/℃	30	产品硫酸浓度/%	97.8
预热后气体温度/℃	90	产品硫酸温度/℃	27
进口气体 H_2O 含量/%	4.2	硫酸产量/(t/d)	100
进口气体 O_2 含量/%	15.3	能耗/(电和燃料)/(kWh/h)	335
进口气体 SO_2 浓度/%	2.6	冷却水消耗能量/[(GJ/h)/t 酸]	0.42($\Delta t = 16$ ℃)
转化率/%	96.3		

法国的诺耶尔莱斯 - 戈达尔特（Noyelles-Godault）冶炼厂隶属于欧洲金属公司（Metaleurop），该厂用铅锌密闭鼓风炉熔炼法（ISP）炼铅锌，烧结烟气 SO_2 浓度低（2% ~3.5%），故采用 WSA 工艺脱硫并生产硫酸。该装置于 1993 年夏季投产。由于该装置要求转化率为 99%，

所以采用两段绝热转化。装置的操作数据如表 5-16。同样取得了满意的效果。实践证明，在处理湿气体的 WSA 转化器中，VK-WSA 催化剂非常耐用，惟一要注意的是避免在其中产生冷凝水。

表 5-16　法国诺耶尔莱斯-戈达尔特铅锌冶炼厂 WSA 烧结烟气处理装置的性能数据

项　　目	数　据	项　　目	数　据
气量/(m³/h)	100000	尾气 SO_3 浓度/%	<0.001
进口气体温度/℃	30~35	成品酸浓度/%	>97.5
预热后气体温度/℃	105	成品酸温度/℃	21
进口气体 H_2O 含量/%	5.5	产酸量(最高 380 t/d)/(t·d⁻¹)	约 290
进口气体 O_2 含量/%	14.2	能耗(2.7% SO_2 时)/(kWh·h⁻¹)	850
进口气体 SO_2 含量/%	2.0~3.5	冷却水消耗能量/[(GJ/h)/t 酸]	1.0($\Delta t = 5$ ℃)

　　我国株洲冶炼厂炼铅采用烧结机-鼓风炉熔炼工艺流程，由于铅冶炼处理了大量的氧化锌浸出渣及其他渣料，烧结机本身又采用强鼓风操作，烧结机漏风率达 10%~15%，所以烧结烟气 $\varphi(SO_2)$ 仅为 1.0%~2.5%，烟气量达 75000~90000 m³/h。相对 68 kt 粗铅的年产量，烧结烟气二氧化硫总量达到 30 kt，原先仅经过电收尘器除尘后，烧结烟气经高烟囱排放，造成周边地区大气、生态环境质量严重下降。为了减轻烟气造成的污染，该厂采用动力波净化-WSA 工艺制酸，于 2002 年 2 月投入生产，工艺流程如图 5-21。主要设备规格如表 5-17。主要生产指标如表 5-18。

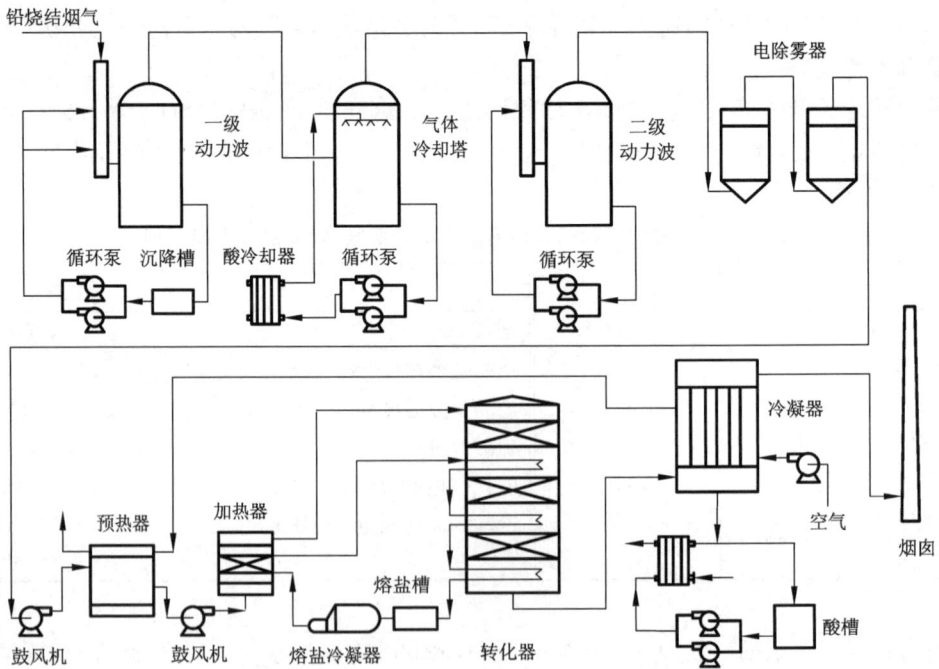

图 5-21　株洲冶炼厂动力波净化-WSA 制酸工艺流程

表 5 – 17　株洲冶炼厂动力波净化 – WSA 制酸系统主要设备规格

设　备	规　格	备　注
一级动力波洗涤器	$\phi3700\ mm \times 11480\ mm$	FRP 材质
稀酸冷却器	$F = 241\ m^2$，共 3 台	Alfa Laval 生产
气体冷却塔	$\phi4900\ mm \times 14850\ mm$	FRP 材质
二级动力波洗涤器	$\phi3300\ mm \times 8930\ mm$	FRP 材质
电除雾器	SDDH – 26 型，共 6 台	3 通道、2 级串联
圆锥沉降槽	$\phi8000\ mm \times 5500\ mm$	FRP 材质
压滤机	PF32A2	LAROX 生产
原料气体主鼓风机	$Q = 2580\ m^3/min$，$P = 15\ kPa$	
原料气体预热器		换热管为玻璃管
工艺气体鼓风机	$Q = 3682\ m^3/min$，$P = 17.3\ kPa$	
工艺气体加热器	$4884\ mm \times 4884\ mm \times 3775\ mm$	
燃烧器		2 个烧嘴
转化器	$\phi9500\ mm \times 22052\ mm$	
工艺气体冷却器	$6684\ mm \times 3892\ mm \times 7096\ mm$	
WSA 冷凝器	10 个模块	
熔盐冷却器	$\phi1400\ mm \times 4000\ mm$	
浓酸冷却器	$F = 83.3\ m^2$	Alfa Laval 生产
熔盐槽	$\phi2324\ mm \times 6650\ mm$	
酸槽	$\phi3500\ mm \times 2200\ mm$	
冷却空气鼓风机	$Q = 4618\ m^3/min$，$P = 10.8\ kPa$	

注：设备台件数，除在规格一栏中标明为多台外，其余均为 1 台。

表 5 – 18　株洲冶炼厂铅烧结烟气 WSA 工艺制酸的主要生产指标

	单位	实际数据	设计数据
烟气量	m^3/h	95000	55000 ~ 110000
进口气体温度	℃	38	38
预热后气体温度	℃	100	100
进口气体含水	%	7.28	7.28
进口气体含氧	%	14.0	≥12.45
进口气体 SO_2	%	4.0	2.2 ~ 4.6
转化率	%	>99	>99
出口气体($SO_3 + SO_2$)	$\times 10^{-6}$	<200	<200
硫酸产量	t/d	400	400
产品酸浓度	%	97 ~ 98	>97.5
产品酸温度	℃	35	40

　　株洲冶炼厂于 2001 年建成 WSA 装置，尽管一次性投资较大，但很适用于处理铅烧结机排出的低浓度 SO_2 烟气，几年来的运行状况良好，各项指标均已达到了设计值。该厂生产表明，WSA 工艺具有以下特点：

①烟气中的硫回收率在99%以上，尾气中 SO_2 排放量 $<200\ mg/m^3$ ，可达标排放；

②产品为工业用浓硫酸，为低浓度二氧化硫烟气治理带来一定的经济效益；

③具有很高的热利用率，可副产蒸汽；

④无有害废料需要进一步处理和堆存；

⑤整个系统不需要水而且也不产生工业废水；

⑥硫酸冷却器的冷却水用量非常少；

⑦不需要任何化工原料。

5.8　非稳态转化法

有色冶金过程中所产生的 SO_2 烟气大多具有浓度低和波动大的特点，在利用传统的稳态转化器进行 SO_2 氧化时，反应不能自热进行，需消耗大量的燃料或电力来加热。这不仅使转化器和换热设备体积庞大，而且使硫酸生产成本高昂。为此，由前苏联科学院新西伯利亚分院催化研究所在20世纪70年代中期试验开发的 SO_2 非稳态转化法能较好地解决低浓度 SO_2 转化过程的自热平衡问题。该方法在前苏联、保加利亚及日本等国有工业应用。我国河南豫光金铅集团与华东理工大学联合设计了一套类似的装置，于20世纪90年代末投入运转。

5.8.1　非稳态氧化二氧化硫的原理

非稳态工艺方案的原理如图5－22所示。

过程的工作制度是周期性地改变送往反应器的气体混合物的方向，在第一个半循环中，阀门 X_2 和 $X_{3'}$ 打开，而阀门 X_3 和 $X_{2'}$ 关闭，气体从上往下通过催化剂层1；在第二个半循环中，阀门 X_3 和 $X_{2'}$ 打开，而阀门 X_2 和 $X_{3'}$ 关闭，气体从下往上通过催化剂层1。

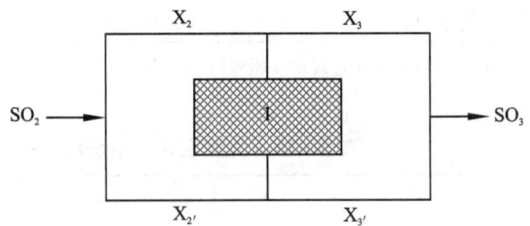

图5－22　非稳态氧化反应工艺原理示意图

非稳态氧化二氧化硫反应过程的程序是，首先将钒催化剂床层预热到约450℃，也就是化学反应具有显著速率的温度，然后将冷的含二氧化硫烟气送入预热的催化剂层中，由于二氧化硫氧化放出热量，反应区的温度开始升高形成高温区并逐渐向催化剂床层的另一端移动，出口侧的催化剂层中气体温度跟着上升，经一定时间后气流反向切换，由于进入的气体温度为40~70℃，原高温区出口侧的催化剂因放出蓄热，温度逐渐下降，催化剂床层内部的高温区朝相反的方向移动，经过相同时间以后重新改变延期的流动方向，高温区的移动方向也随之改变，经过烟气流动方向的几次变化，在反应区就建立了温度和浓度的周期性变化规律，即在催化剂床层内部形成和保持着一个缓慢移动的高温区，在这种规定的循环条件下完成工艺过程的积分平衡，循环周期内反应释放出的平均热量等于烟气吸收的热量。

非稳态氧化的主要特点如下：

（1）催化剂床层同时起到加速二氧化硫氧化为三氧化硫和蓄热式换热器的作用，后者使转化装置不再需要笨重的外部热交换器，氧化浓度低的二氧化硫气体时不需要使用额外的能源来加热烟气，从而达到降低建设费用和操作费用的目的。

（2）由于沿催化剂床层浓度的最高温区之后有一个低温区，这对于可逆放热反应过程来说，可以看做是接近理论最佳状态的好现象。

（3）由于催化剂床层的中间部分是高温区，而进口温度是低的，两者的温度差能够大大高于含二氧化硫烟气完全转化所需要的绝热升温，基于此，甚至在气体含二氧化硫 3% ~5% 的较低浓度下能够回收高温位热能。

（4）催化剂床层具有很大的热容量，因此，二氧化硫的非稳态氧化能有效地处理初始浓度和气量波动范围很大的气体，在处理有色冶金工业的低二氧化硫浓度烟气时，这种方法具有明显的优越性。

（5）二氧化硫非稳态氧化反应的平均温度大约比传统的反应器低 200 ℃，可省去很多的热交换面积，如果气体流速、催化剂量、催化剂颗粒形状和尺寸等条件相同，其流体阻力比传统转化器低 30% 左右。

5.8.2　非稳态法的工业应用

20 世纪 90 年代该工艺在我国原沈阳冶炼厂首次被引进，处理烟气量为 50000 m^3/h，烟气 SO_2 浓度为 2% ~3%，设计转化率为 96%，硫酸产量为 31300 t/a（100% H_2SO_4）。此后，我国河南豫光金铅集团与华东理工大学联合设计了一套类似的工厂，硫酸产量约为 40000 t/a（100% H_2SO_4）。

原沈阳冶炼厂曾有一套处理铅烧结机烟气的硫酸生产装置，但由于烟气中的 SO_2 浓度仅 2% ~3%，转化不能自热平衡，经常需要补充外热，每生产 1 t 硫酸消耗煤气 720 m^3 左右，燃料费用占硫酸成本约 25%。因此，引进俄罗斯的非稳态氧化二氧化硫技术，以解决硫酸生产长期存在的能源消耗大、生产成本高等问题。该工艺处理的烟气成分如表 5 – 19，主要设备及其型号规格如表 5 – 20，工艺流程如图 5 – 23。

表 5 – 19　非稳态转化的进口烟气量及成分

成分	SO_2	尘	酸雾	H_2O	As	F
单位	%	mg/m³	mg/m³	mg/m³	mg/m³	mg/m³
数值	2 ~3	<1	<0.03	<0.5	<1	<1

表 5 – 20　非稳态转化的主要设备

序号	设备名称	型号及规格/mm	单位	数量	备注
1	转化器	$\phi 8500 \times 12500$	台	1	带内热交换器
2	SO_2 风机	S1000 – 11	台	1	
3	三通换向阀	$\phi_内 1400$	台	2	
4	外热交换器	$F = 2200$ m²	台	1	

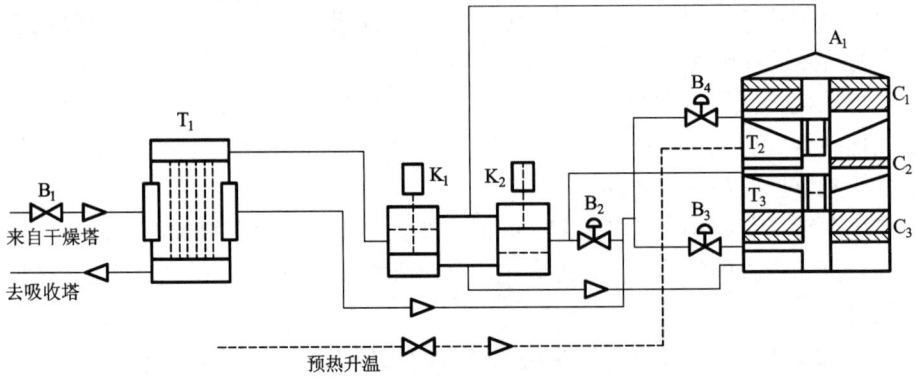

图 5 – 23　SO₂ 非稳态转化工艺流程

B_1—阀门；T_1—外换热器；K_1—SO₃ 换向阀；K_2—SO₂ 换向阀；B_2、B_3、B_4—电动阀门；

A_1—转化器；T_2、T_3—内换热器；C_1、C_2、C_3—上、中、下催化剂及填料层

根据我国上述两铅厂现场运行情况表明，SO_2 非稳态转化器结构简单，节能降耗效果明显，但由于触媒冷却交换频繁，受损快，转化率不高，仅为 85% ~ 90% 之间，尾气不能达到排放标准，须另设尾气处理装置，因而该工艺未得到广泛推广。

撰稿人：张训鹏　杨士跃　朱宏文

审稿人：任鸿九　彭　兵

6 重金属冶金工厂的污水处理

6.1 污水处理一般概况

重金属污水是对环境污染最严重和对人类健康危害最大的工业污水。所谓重金属一般是指密度比较大(密度≥5)的金属,具体是指元素周期表中原子序数在23以上的金属(如表6-1)。

表6-1 主要重金属的原子量和密度

重金属	原子量	密度/(g·cm^{-3})	重金属	原子量	密度/(g·cm^{-3})
钒(V)	50.492	6.11	银(Ag)	107.87	10.49
铬(Cr)	51.996	7.14	镉(Cd)	112.40	8.65
锰(Mn)	54.938	7.43	锡(Sn)	118.69	7.31
铁(Fe)	55.847	7.86	锑(Sb)	121.75	6.68
钴(Co)	58.933	8.92	铂(Pt)	195.09	21.45
镍(Ni)	58.71	8.90	金(Au)	196.967	19.3
铜(Cu)	63.54	8.94	汞(Hg)	200.59	13.59
锌(Zn)	65.37	7.14	铅(Pb)	207.19	11.34
砷(As)	74.921	5.73	铋(Bi)	208.98	9.78

含有这些重金属的污水排放于环境,通过土壤、水、空气,特别是某些重金属及其化合物在鱼类及其他水生物体内以及农作物组织内积累,通过饮水和食物链的作用,对人类产生更广泛和更严重的危害,由于重金属难以降解和破坏,因此人们对重金属污染源十分重视,对其废水治理和排放标准日趋严格。迄今为止,无论国内还是国外,对重金属污水的治理仍不够完美和彻底,远未能杜绝重金属污水对环境的污染。我国一些水体的汞、砷、铅、氟和镉污染还相当严重。

重金属污水的主要来源为机械加工业、矿山开采业、钢铁及有色重金属的冶炼和化工生产,尤其是重有色金属矿山坑内排水、废石场淋浸水、选矿厂尾矿排水、重有色金属冶炼厂烟气除尘排水、湿法冶炼车间(浸出、净液、电解)的地面冲洗排水和厂区部分雨排水。这些排水中含有各种不同的重金属,它们的排水特点是:随生产工艺和产品的控制程度以及管理者的水平有相当大的差别,其中生产工艺先进与否尤为突出,其表现为排水量不稳定,重金属离子的排出量不稳定,给后者的污水处理规模、达标程度带来一定的困难。这些污水不达标排放,对人类的生存和可持续发展影响不可低估。震惊世界的日本水俣病和疼痛病就是分别由含汞污水和含镉污水污染环境所造成的。

我国在 1973 年制定了《污水综合排放标准》，对第一类、第二类污染物的最高允许排放浓度提出了限制，在 1988 年和 1996 年又进行了修订工作，不断提高第一类、第二类污染物排放指标的限制。特别是第一类污染物，《标准》中指出：不分行业和污水排放方式，也不分受纳水体的功能类别，一律在车间或车间处理设施排放口取样，其最高允许浓度必须达到本标准要求（采矿行业的尾矿坝出水不得视为车间排放口）。GB8978 – 1996《污水综合排放标准》第一类、第二类污染物最高允许排放浓度见表 1 – 13、表 1 – 14。

重金属污水处理可分为两大类：

第一类，使污水中成溶解状态的重金属转变为不溶的重金属化合物，经沉淀和气浮法从污水中除去。具体方法有中和法、硫化法、氧化法还原、铁氧体法等。此类方法药剂来源广处理成本较低，适应水量变化，操作管理比较简单，国内采用较为普遍。

第二类，将污水中的重金属在不改变其化学形态的条件下，进行浓缩和分离。具体方法有反渗透法、电渗析法、蒸发浓缩法、离子交换等。此类方法处理成本高难以适应水量变化，国内应用较少。

总而言之，目前重金属污水无论采用何种方法处理都不能使其中的重金属分解破坏，只能转移其存在的位置和转移其物理和化学形态。因此，无论从杜绝环境的污染，还是从资源合理利用来考虑，必须采取多方面的综合性措施。最根本的是改革生产工艺，加强科学管理，提高自动化控制水平和严格操作程序，尽量重复利用，提高有价金属回收率，不外排或少外排污水量，就地处理，不与其他污水混合。国内目前的重金属污水处理工艺与国外相差无几，主要在设备和自动化控制水平上赶不上发达国家。只注意污水本身的处理，而忽视浓缩产物的回收利用或无害化处理，造成二次污染。这是目前我国重金属污水处理中存在的最突出、最严重的问题。

6.2　污水处理的方法

6.2.1　中和处理法

应用于在目前技术条件下，无法再从中回收酸碱的污水。

6.2.1.1　一般酸碱性污水的中和

采用等摩尔原则，根据化学基本原理，酸碱中和应符合一定的等摩尔关系。欲使两种污水混合后呈中性，可按下式核算：

$$\sum Q_j B_j \geqslant \frac{1}{2} \sum Q_s B_s a K$$

式中：Q_j——碱性污水流量，L/h；

　　　B_j——碱性污水浓度，mol/L；

　　　Q_s——酸性污水流量，L/h；

　　　B_s——酸性污水浓度，mol/L；

　　　a——中和剂比耗量，即中和 1 kg 酸所需碱量（kg）；碱性中和剂比耗量见表 6 – 2。

　　　K——考虑中和过程不完全系数，一般采用 1.5 ~ 2.0。

表6-2 碱性中和剂比耗量

酸和盐		碱性中和剂名称						
分子式	分子量	CaO	Ca(OH)₂	CaCO₃	NaOH	Na₂CO₃	MgO	CaMg(CO₃)₂
		56	74	100	40	106	40.32	184.39
H_2SO_4	98	0.56	0.755	1.02	0.866	1.08	0.40	0.94
HNO_3	63	0.445	0.59	0.795	0.635	0.84	0.33	0.732
HCl	36.5	0.77	1.01	1.37	1.10	1.45	1.11	1.29
CH_3COOH	60	(0.466)	0.616	(0.83)	0.666	0.88	0.66	(0.695)
CO_2	44	(1.27)	1.68	(2.27)	1.82	—	—	(1.91)
$FeSO_4$	151.90	0.37	0.49	—	—	—	—	—
$FeCl_2$	126.75	0.45	0.58	—	—	—	—	—
$CuSO_4$	159.63	0.352	0.465	0.628	0.251	0.667		

注：(1)括号内表示反映缓慢，建议不予采用；

(2)表示酸、盐、中和剂均系按100%浓度计算，实际需要须试验确定。

6.2.1.2 中和方法的选择

1)考虑因素

(1)酸(碱)污水中和所含酸碱的性质、浓度、水量及其变化情况。

(2)中和处理(预处理)的目的(一般有：排入城市管道或排入城市水体、或作为厂内(车间内)处理设施的预处理)。

(3)本厂或与邻厂有无酸碱污水相互中和的可能性。

(4)本厂或邻厂有无酸性或碱性废料、废液及其利用的可能性。

(5)当地中和药剂的价格及供应情况。

2)比较和选择

常用的酸碱污水中和方法，可按表6-3、表6-4选择。

此外，酸性污水还可根据排出情况及含酸浓度，对中和方法进行选择，见表6-5。

表6-3 酸性污水处理方法比较

处理方法	适应条件	主要优点	主要缺点	附　注
1. 利用碱性污水相互中和	(1)适用于各种酸性污水； (2)酸碱污水中酸碱当量最好基本平衡	(1)节省中和药剂； (2)当酸碱基本平衡，且污水缓冲作用大时，设备即可简化，管理简单	(1)污水流量，浓度波动大时，须均化； (2)酸碱当量不平衡时须设酸碱中和剂补充处理	须注意二次污染，如碱性污水含硫化物时，易产生 H_2S 等有害气体
2. 投药中和	(1)各种酸性污水； (2)酸性污水中重金属与杂质较多	(1)适应性强兼可去除杂质及重金属离子； (2)出水 pH 值可保证达到要求值	(1)设施及管理复杂； (2)投石灰或电石渣时污泥量大； (3)经常运行费高	(1)除重金属时，pH值须为8~9； (2)投 NaOH、Na₂CO₃，但这些中和剂须为副产品才利于采用

续表6－3

处理方法	适应条件	主要优点	主要缺点	附注
3. 普通过滤中和	适用于盐酸、硝酸污水，水质须较洁净，不含大量悬浮物及油脂、重金属盐等	(1)设备简单； (2)平时维护量不大； (3)产渣量少	(1)污水含大量悬浮物及油脂时须预处理； (2)不宜用于硫酸污水，使用时浓度有限制； (3)出水pH低，金属离子难沉淀	
4. 升流式膨胀过滤中和	适用于盐酸、硝酸污水，水质须较洁净，不含大量悬浮物及油脂、重金属盐等，但也可用于浓度在2克/升以下的硫酸污水	(1)设备简单； (2)平时维护量不大； (3)产渣量少。由于滤速大，故设备较小；用于硫酸污水时，当浓度大于2 g/L时易发生堵塞，须倒床	(1)污水含大量悬浮物及油脂时须预处理； (2)不宜用于硫酸污水，使用时浓度有限制； (3)出水pH低，金属离子难沉淀，且对滤料粒径要求较高	有变滤速的改进型
5. 滚筒式中和过滤	适用于盐酸、硝酸污水，水质须较洁净，不含大量悬浮物及油脂、重金属盐等，硫酸浓度还可提高	对滤料无严格要求。粒径可较大	(1)装置较复杂，须防腐； (2)耗动力大； (3)噪音大	

表6－4　碱性污水处理方法比较

处理方法	适应条件	主要优点	主要缺点	附注
1. 利用碱性污水相互中和	(1)适用于各种碱性污水； (2)酸碱污水中酸碱当量最好基本平衡	(1)节省中和药剂； (2)当酸碱基本平衡，且污水缓冲作用大时，设备即可简化，管理简化	(1)污水流量、浓度波动大时，须均化； (2)酸碱当量不平衡时，须投酸碱中和剂补充处理	须注意二次污染，产生有害气体
2. 加酸中和	用工业酸或废酸	用副产品中和剂时较经济	用工业酸时成本较高	
3. 烟道气中和	(1)要求有大量能满足处理水量的烟气，且能连续供给； (2)当碱性污水间断而烟气不间断时，应备用除尘水源	(1)污水的烟气除尘，烟气使污水pH降低至6~7； (2)节省除尘用水及中和剂	污水经烟气中和后，水温、色度、耗氧量、硫化物均有上升	(1)出水其他指标上升有待进一步处理，使之达到排放标准； (2)水量小时，在特定情况下可用压缩CO_2处理，操作简单，出水水质亦不致变坏，但费用高

表 6-5 酸性污水中和方法的选择

酸类名称	污水排出	污水含酸浓度 /(g·L⁻¹)	中和方法					
			预见性污水中和	投药中和		过滤中和		
				石灰	碳酸钙	石灰式滤料	白云石滤料	白垩滤料
硫酸	均匀排出	<1.2	+	+	○	-	+	+
		>1.2	+	+	-	-	-	-
	不均匀排出	<1.2	+	○	○	-	+	+
		>1.2	+	○	-	-	-	-
盐酸及硝酸	均匀排出	一般可	+	+	+	+	+	+
	不均匀排出	≥20	+	○	○	+	+	+
弱酸	均匀排出		+	+	-	-	-	-
	不均匀排出		+	○	-	-	-	-

注:1. 表中"+"表示建议采用;"○"表示可以采用;"-"表示不宜采用。
　　 2. 对升流式膨胀石灰石中和滤池,中和硫酸污水时,含酸浓度不宜大于 2 g/L。

6.2.2　化学沉淀法

一般冶金厂排出的含重金属离子污水呈酸性,根据含酸浓度的多少和含重金属离子的种类、数量的大小,采用不同阶段的中和沉淀处理。一般采用碱性中和剂(如石灰乳、碳酸钠等),进行酸碱中和,即脱酸处理,然后根据重金属离子的特性继续碱化,形成氢氧化物沉淀,以达到去除重金属离子的目的。

重金属污水的处理方法很多,常用的有氢氧化物沉淀法、铁氧体法和硫化物沉淀法等。

1)氢氧化物沉淀法

向重金属污水中投加碱性中和剂(石灰乳、碳酸钠等),使重金属离子与羟基反应,生成难溶的金属氢氧化物沉淀、分离。此种办法在我国有色冶金行业处理重金属污水时应用最普遍。用该方法处理时,应知道各种重金属形成氢氧化物的最佳的 pH 值及其处理后溶液中剩余的重金属浓度。

设 M^{n+} 为重金属离子,若想降低污水中 M^{n+} 浓度,只需提高 pH 值,增加污水中的 OH^- 即能达到目的。究竟应将 pH 值增加多大,才能使污水中的 M^{n+} 浓度降低到允许的含量,可从下式计算:

$$M(OH)_n = M^{n+} + n\,OH^-$$

$$[M^{n+}][OH^-]^n = K_s$$

$$[OH^-] = K_w/[H^+]$$

$$\lg[M^{n+}] = \lg K_s - n\lg K_w - n\,pH$$

式中:$[M^{n+}]$——金属离子浓度;

　　　$[OH^-]$——氢氧根浓度;

　　　K_s——金属氢氧化物溶度积(见表 6-6);

　　　K_w——水的离子积常数,在室温条件下 $K_w = 10^{-14}$。

表 6 - 6　金属氢氧化物溶度积 K_s

金属氢氧化物	K_s	pK_s	金属氢氧化物	K_s	pK_s
$Al(OH)_3$	1.3×10^{-33}	33.90	$Hg(OH)_2$	4.8×10^{-26}	25.30
$Ca(OH)_2$	5.5×10^{-6}	5.26	$Mg(OH)_2$	1.8×10^{-11}	10.74
$Cd(OH)_2$	2.2×10^{-14}	13.66	$Mn(OH)_2$	1.1×10^{-13}	12.96
$Co(OH)_2$	1.6×10^{-15}	14.80	$Ni(OH)_2$	2.0×10^{-15}	14.70
$Cr(OH)_2$	6.3×10^{-31}	30.20	$Pb(OH)_2$	1.2×10^{-15}	14.93
$Cu(OH)_2$	5.0×10^{-20}	19.30	$Ti(OH)_2$	1×10^{-40}	40.00
$Fe(OH)_2$	1.0×10^{-15}	15.00	$Zn(OH)_2$	7.1×10^{-18}	17.15
$Fe(OH)_3$	3.2×10^{-38}	37.50			

离子积常数，若以 pM 表示 $-\lg[M^{n+}]$，则上式为

$$pM = npH + pK_s - 14n$$

从上式可知，水中残存的金属离子浓度随 pH 值增加而减少；但两性金属氢氧化物在高 pH 值时能生成羟基络合物，使污水中的金属离子浓度再次增高，再现所谓返溶现象。

氢氧化物沉淀法处理含重金属污水是调整、控制 pH 值的方法。由于影响因素较多，理论计算得到的 pH 值只能作为参考。污水处理的最佳 pH 值及碱性沉淀剂投加量应根据试验确定。

处理含单一重金属(部分重金属)污水要求的 pH 值见表 6 - 7。

表 6 - 7　处理单一金属的污水要求的 pH 值

金属离子	Cd^{2+}	Co^{2+}	Cr^{3+}	Cu^{2+}	Fe^{2+}	Fe^{3+}	Zn^{2+}
pH 值	11 ~ 12	9 ~ 12	7 ~ 8.5	7 ~ 12	9 ~ 13	>4	9 ~ 10

沉淀工艺有分步沉淀和一次沉淀两种。分步沉淀为分段投加石灰乳，利用不同金属氢氧化物在不同 pH 值下沉淀析出的特性，依次沉淀回收各种金属氢氧化物(见图 6 - 1)；一次沉淀为一次投加石灰乳，提高 pH 值，使污水中的多种金属离子同时以氢氧化物沉淀析出(见图 6 - 2)。在铅锌冶炼厂的污水处理中，采用一步沉淀法处理含重金属污水量多，处理效果见表 6 - 8。

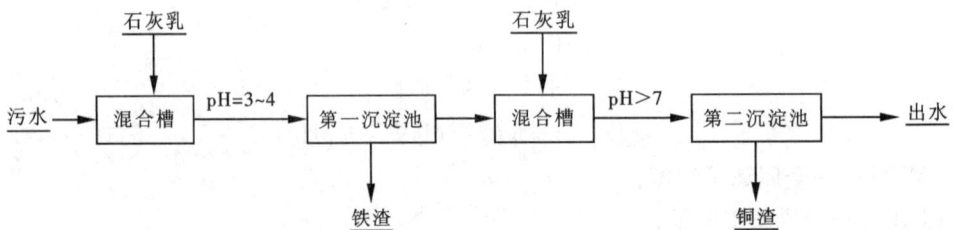

图 6 - 1　两步沉淀法处理流程

石灰乳   硫酸

污水 → 混合槽 →(pH=10.4)→ 沉淀池 → 中和槽 →(pH<9)→ 出水

沉渣

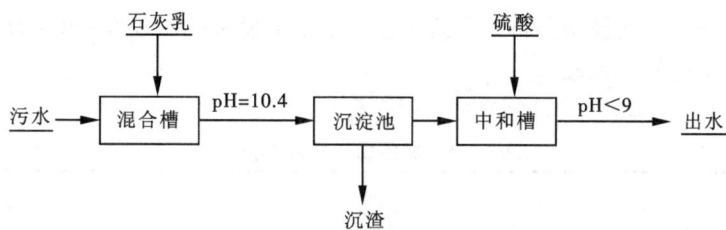

图 6-2 石灰法处理流程(一步沉淀法)

表 6-8 一步沉淀法处理含重金属污水的效果

项 目	污水中重金属含量/$(mg \cdot L^{-1})$					
	pH	Zn	Pb	Cu	Cd	As
处理前污水	7.14	342	36.5	28	7.12	2.41
处理后出水	10.4	1.61	0.6	0.05	0.06	0.024

氢氧化物沉淀法处理重金属污水具有流程短、处理效果好、操作管理简单、处理成本低廉的特点;但采用石灰时,渣量大,含水率高,脱水困难。

2)硫化物沉淀法

向污水中投加硫化钠或硫化氢等硫化剂,使重金属离子与硫离子反应,生成难溶的金属硫化物沉淀,予以分离除去。由于重金属离子与硫离子(S^{2-})有很强的亲和力,能生成溶度积小的硫化物。因此,用硫化物沉淀法除去污水中溶解性的重金属离子是一种有效的处理方法(见图 6-3)。

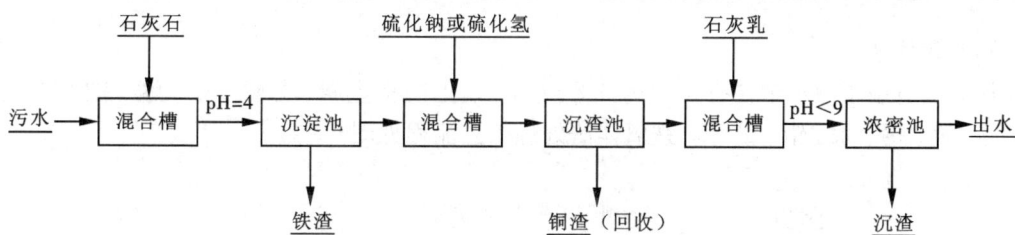

石灰石   硫化钠或硫化氢   石灰乳

污水 → 混合槽 →(pH=4)→ 沉淀池 → 混合槽 → 沉渣池 → 混合槽 →(pH<9)→ 浓密池 → 出水

铁渣   铜渣(回收)   沉渣

图 6-3 硫化物沉淀法处理流程

根据金属硫化物溶度积的大小(见表 6-9),其沉淀析出的次序为:$Hg^{2+} \rightarrow Hg^{+} \rightarrow As^{3+} \rightarrow Bi^{3+} \rightarrow Cu^{2+} \rightarrow Pb^{2+} \rightarrow Cd^{2+} \rightarrow Sn^{2+} \rightarrow Zn^{2+} \rightarrow Co^{2+} \rightarrow Ni^{2+} \rightarrow Fe^{2+} \rightarrow Mn^{2+}$。前面的金属比后面的金属先生成硫化物,位置越是靠前面的金属硫化物,其溶解度越小,处理也越容易。所以用石灰处理难以达到排放标准的含汞污水用硫化剂处理更为有利。

从表 6-9 中可看出,金属硫化物的溶度积比重金属氢氧化物的溶度积小得多,故前者比后者更为有效。同石灰中和法比较,硫化物沉淀法还具有渣量少,易脱水,沉渣金属品位高、有利于有价金属的回收利用等优点,但硫化钠的价格高,处理过程中产生硫化氢气体易造成二次污染,处理后的水中硫离子含量超过排放标准,还需进一步处理;同时生成的金属硫化物非常细小，难以沉降等，从而限制了硫化物沉淀法的应用，不如氢氧化物沉淀法使用得普遍广泛。在有良好的沉淀设备条件下，其净化效果是最显著的。表6-10列出硫化物沉淀法与氢氧化物沉淀法的效果比较。

表6-9　某些硫化物的溶度积

金属硫化物	K_s	pK_s	金属硫化物	K_s	pK_s
Ag_2S	6.3×10^{-50}	49.20	HgS	4.0×10^{-53}	52.40
As_2S_3	4.0×10^{-29}	28.40	Sb_2S_3	1×10^{-30}	30.00
CdS	7.9×10^{-27}	26.10	MnS	2.5×10^{-13}	12.60
CoS	4.3×10^{-21}	20.40	NiS	32×10^{-19}	18.50
CuS	6.3×10^{-36}	35.20	PbS	8×10^{-28}	27.00
FeS	3.2×10^{-18}	17.50	SnS	1×10^{-25}	25.00
Hg_2S	1.0×10^{-45}	45.00	ZnS	1.6×10^{-24}	23.80

表6-10　硫化物沉淀法与氢氧化物沉淀法比较

编　号	污水成分/$(mg \cdot L^{-1})$	废水中残余的重金属浓度/$(mg \cdot L^{-1})$	
		硫化物沉淀法	氢氧化物沉淀法
实例 I	Cu^{2+} 100	1.8	95.8
	Ni^{2+} 7.7	微	5.9
	NH_4^+ 473		
实例 II	Cr^{6+} 4.8	极微	0.05
	Zn^{2+} 3.5	0.03	2.0

3）铁氧体法

该方法适用于污水中含有密度为3.8 g/cm^3以上的重金属，如钒、铬、锰、铁、钴、镍、铜、锌、镉、锡、汞、铅、铋等。铁氧体法处理工艺流程见图6-4。

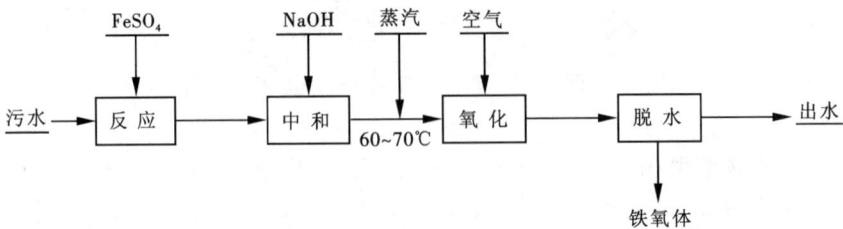

图6-4　铁氧体法处理工艺流程

铁氧体法处理污水的效果见表6-11，表6-12和表6-13。

表 6 − 11　铁氧体法处理结果

编　号	成　分	污水含杂质浓度 /(mg·L⁻¹)	处理结果 /(mg·L⁻¹)	处理效果/%
1	Cr^{6+}	14	0.1	99.28
2	Fe^{2+}	3300	0.05	99.99
3	Ni^{2+}	9.4	0.4	95.74
4	Pb^{2+}	2500	0.2	99.99
5	Cu^{2+}	6.3	0.15	97.62
6	Bi^{2+}	600	1.2	99.80

表 6 − 12　含铅污水处理结果

单位	污水含铅浓度 /(mg·L⁻¹)	投药比 Fe∶Pb	污水 pH 值	反应 pH 值	排出液中铅浓度 /(mg·L⁻¹)
A 厂	100	20∶1	14	10	未检出
B 厂	20	20∶1	>14	10	未检出
C 厂	60	20∶1	14	10	未检出
D 厂	50	20∶1	14	10	未检出

表 6 − 13　含锌污水处理结果

单位	污水含锌浓度 /(mg·L⁻¹)	投药比 Fe∶Zn	污水 pH 值	反应 pH 值	排出液中锌浓度 /(mg·L⁻¹)
A_1	4000	5∶1	<1	9	未检出
A_2	15000	5∶1	<1	9~10	0.25
A_3	62500	5∶1	<1	9	0.39

铁氧体法处理含重金属污水具有以下特征：

(1)可一次除去污水中多种重金属离子。

(2)沉淀物具有磁性并且颗粒较大，即可用磁性分离，也适用于过滤，这是其他沉淀法所不能比拟的。

(3)传统沉淀法一般都有复溶现象，而铁氧体沉淀不再溶解。

(4)铁氧体法可处理含 Cu、Pb、Zn、Cd、Hg、Mn、Co、Ni、As、Cr^{6+}、Cr^{3+}、V、Ti、Mo、Sn、Al、Mg 等污水。

(5)所得铁氧体是一种优良的半导体材料。

铁氧体法处理重金属污水效果好，投资省，设备简单，沉渣量少，且产物的化学性质比较稳定。在自然条件下，一般不易造成二次污染。

该法的主要缺点是铁氧体沉淀颗粒的成长及反应过程需要通空气氧化，反应温度要求 60~80 ℃，这对大量污水处理、升温是很大的困难，消耗能源过大。目前用一种叫 Galva-nic-trea Tment 法(简称 GT 铁氧体法)克服了传统的需升温和鼓风来完成氧化的过程，能在常温、不通氧的情况下形成稳定的铁氧体。

6.3　污水处理设备及工艺配置

6.3.1　污水处理设备

污水处理主要有各种调节池或储存池、污水或污泥提升泵、中和搅拌槽、沉淀或沉降槽、机械脱水以及各种药剂制备槽等设备。部分处理设备的结构示例见图6-5~图6-19。

各种构筑物和设备在不同pH值阶段和介质浓度不同的阶段,所采用的材质或防腐材料不同。

6.3.1.1　中和池

中和池示例,见图6-5,图6-6。

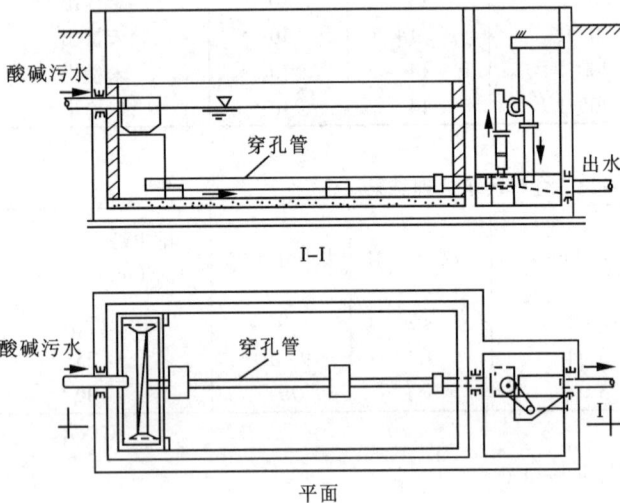

图6-5　中和池示例(一)　　　　　图6-6　中和池示例(二)

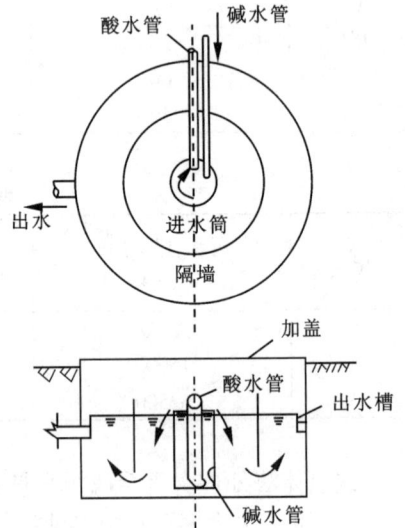

石灰乳投配系统如图6-7。

图6-8为四室隔板混合反应池。池内采用压缩空气或机械搅拌。以石灰中和主要含硫酸的混合酸性污水为例,一般沉淀时间为1~2 h,污泥体积约为处理污水体积的10%~15%,污泥含水率约95%。

图6-9为合并混合、反应、沉淀的池型示例,图6-10为合并混合、反应、沉淀及泥渣分离的池型示例,可供参考。后者在使用中须注意维护滤器。

泥渣脱水装置根据泥渣处理的要求(综合利用或填地等),可用机械脱水或干化床脱水。

6.3.1.2　过滤中和设备

一般适用于处理含酸浓度较低(硫酸<20 g/L,盐酸、硝酸<20 g/L)的少量酸性废水,对含有大量悬浮物、油、重金属盐类和其他有毒物质的酸性废水不适用。

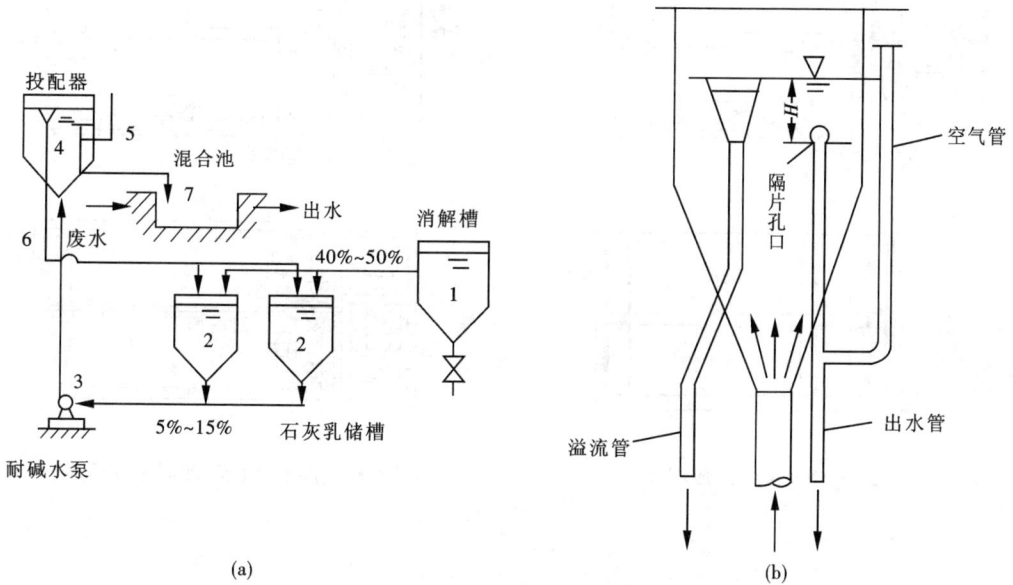

图 6 - 7   石灰乳投配装置

（a）投配系统；（b）投配器

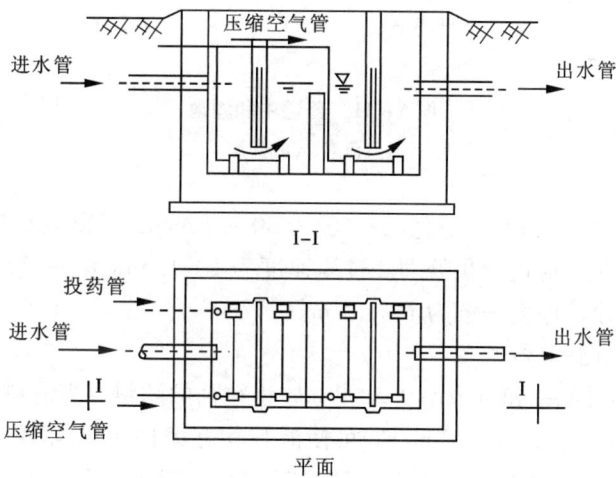

图 6 - 8   四室隔板混合反应池

滤料可用石灰石或白云石，石灰石滤料反应速度比白云石快，但进水中硫酸允许浓度则较白云石滤料低。中和盐酸、硝酸废水，两者均可采用。中和含硫酸废水，采用白云石为宜。

（1）普通过滤中和一般采用石灰石作滤料。

普通中和滤池为固定床，水的流向有平流和竖流两种。目前多用竖流，其中又分升流式和降流式两种，见图 6 - 11。

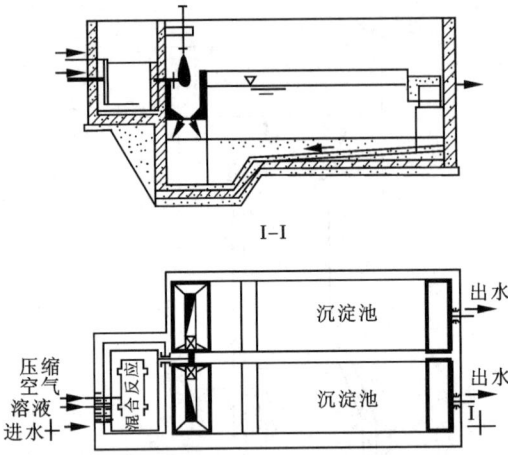

图 6-9 混合反应沉淀池

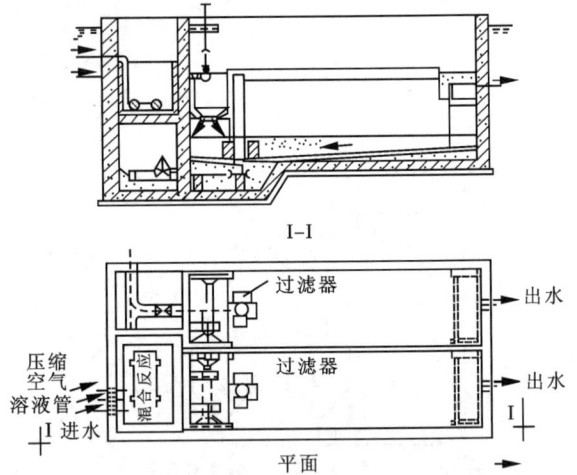

图 6-10 混合反应沉淀泥渣分离池

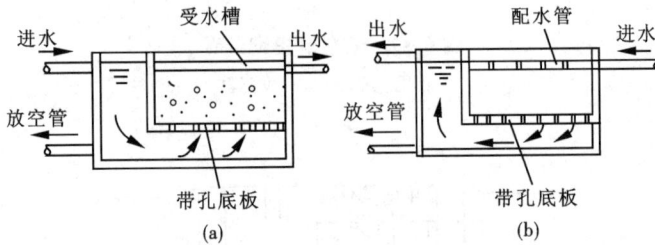

图 6-11 普通中和滤池

（a）升流式；（b）降流式

普通中和滤池的滤料粒径不宜过大，一般为 30~50 mm，不得混有粉料杂质，当水含有可能堵塞滤料的物质时，应进行预处理。过滤速度为 1~1.5 m/h，一般不大于 5 m/h，接触时间不少于 10 min，小床厚度一般为 1~1.5 m。

（2）升流膨胀式过滤中和

升流式膨胀床的过滤中和可采用 0.5~3 mm 小粒径的滤料。当滤料柱横截面固定不变，滤速为恒速时，滤速提高到 60~70 m/h，可使滤料相互摩擦不易结垢，垢屑和 CO_2 易于排走，不致造成滤床堵塞。故常采用滤速为 50~70 m/h。图 6-12 为恒速升流膨胀中和滤池（滤料一般为石灰石）。

滤柱底部配水应均匀，当采用大阻力穿孔管布水系统时，反应器下部装有栅状配管，干管上部和支管下部开有孔眼，孔径为 9~12 mm，孔距及孔数可据计算确定。卵石承托厚度为 0.15~0.2 m，粒径为 20~40 mm。小料厚度采用 1~1.2 m，膨胀率保持 50%，膨胀后高度达 1.5~1.8 m，滤柱顶部设缓冲层，一般为 0.5 m。滤柱总高度一般为 3 m 左右。

每个滤柱直径宜小于 2 m，且至少应设一个备用，以供倒床换料。

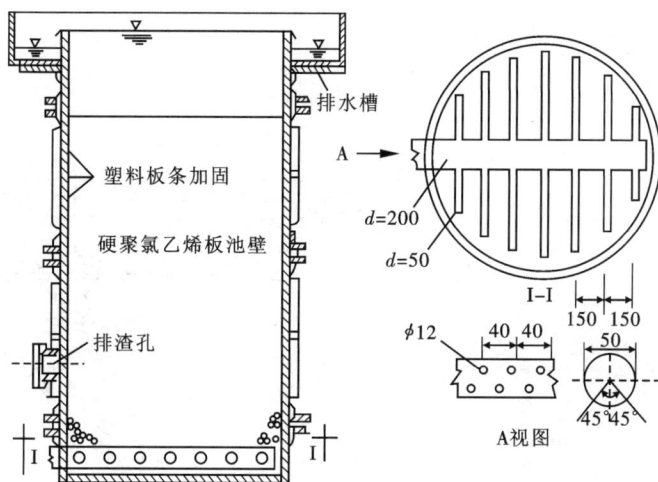

图 6 – 12　恒滤速升流膨胀中和滤池示意图

滤柱直径可按下式计算：

$$D = \sqrt{\frac{4Q}{\pi n v}}$$

式中：Q——污水流量，m^3/h；

　　　v——滤速，m/h；

　　　n——小柱个数。

当进水浓度不超过 2200 ~ 2300 mg/L 时，出水 pH 值可达 4.2 ~ 5。若将形成的 CO_2 气体再在脱气池中加以吹脱，pH 值可自动上升至 6 ~ 6.5。

根据恒滤速升流膨胀中和滤池的运行经验，我国发展了变滤速的改进型中和滤池。见图 6 – 13。改进后的滤柱下部截面小，上部截面大，使下部滤速达 130 ~ 150 m/h，上部为 40 ~ 60 m/h，因而全部滤料都膨胀，但上部出水可不致带料（可用最小粒径达 0.25 mm），改变了下部膨胀不起来，上部却带走小颗粒滤料的缺点。

对于硫酸污水，变滤速膨胀滤池的限制浓度可进一步提高到 2500 mg/L 以上。滤池的总水头损失一般为 2 ~ 2.5 m，其中包括滤料启动时的水头损失为 1 ~ 1.5 m。

滤池出水须除 CO_2，如用空气曝气时，曝气强度可采用 25 ~ 30 $m^3/(h \cdot m^2)$（水深 1.5 m），曝气时间为 40 min，曝气方式可用 ϕ10 mm 穿孔管，但须可拆除清通；也可利用出水跌落自然曝气（多级），或经板条填料（类似冷却塔所用）淋水脱气，都能使 pH 值提高到 6 以上。

过滤中和一般为间歇加料。普通中和滤池周期可很长，膨胀滤池一般每班加料 2 ~ 4 次。不加料后出水水质仍不好，pH ≤ 4.2 时，即须倒床换料。当滤料量大时，加料及倒床均应考虑机械化，以减轻体力劳动。

（3）滚筒式过滤中和

卧式过滤中和滚筒示意见图 6 – 14。

滚筒为钢板制成，内衬防腐层，筒为卧式。直径 1 m 或更大，长度为直径的 6 ~ 7 倍。滚筒线速采用 0.3 ~ 0.5 m/s，或按转速为 10 ~ 20 r/min、旋转轴向出水方向倾斜 0.5° ~ 1°。滤

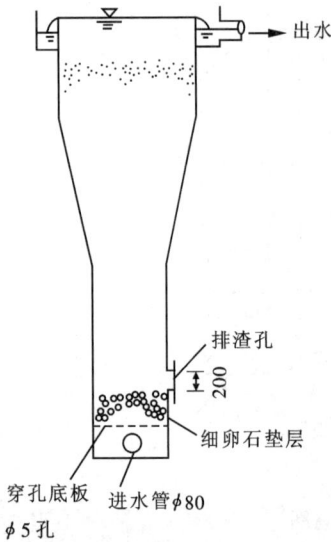

图 6－13　变滤速升流膨胀中和滤池示意图　　　图 6－14　卧式过滤中和滚筒示意图

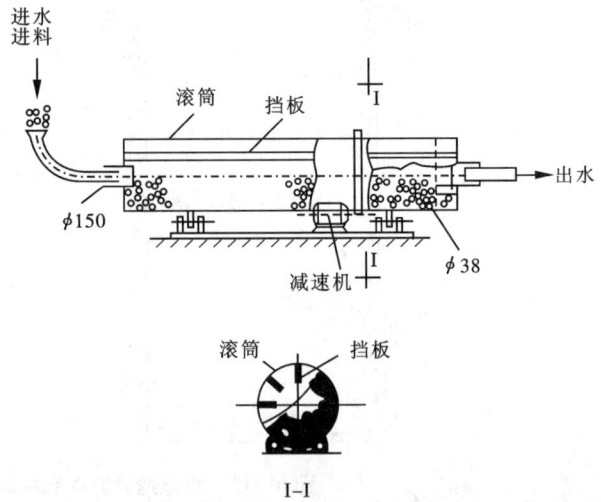

料的粒径较大(达十几毫米)，装料体积约占转筒体积的一半。筒内壁焊有数条纵向挡板，带动滤料不断翻滚，为避免滤料被水带走，滚筒出水端设置有穿孔滤板。出水也需脱 CO_2 与膨胀池相同。这种装置的最大优点是进水的硫酸浓度可以超过极限值数倍，而滤料粒径却不必破碎到很小程度，滤料也怕堵塞，但负荷率低［约为 36 $m^3/(m^2 \cdot h)$］，构造复杂，动力费用较高，运转时设备噪声较大。

6.3.2　工艺配置

1)污水处理设计内容

设计基础资料包括：

(1)各车间排出的污水量及水质或均合后的水量及水质。

(2)污水处理后要求达到的排放标准或回用标准。

(3)污水试验报告所提供的最佳处理流程和建议的药剂品牌、药剂投加量(当没有试验报告时，可参照类似的处理流程)。

(4)根据污水量的大小和调节设施，选择污水处理运行时间，确定污水处理站的规模(一般分三班制连续运行，也可二班制、一班制间断运行)。

设计步骤为：

(1)确定给料处理工艺流程简图或设备连接图。

(2)固液物料衡算(包括药剂制备的物料衡算)。

(3)计算所需建构筑物、设备的尺寸。

2)污水处理配置原则

(1)按工艺流程配置。

(2)按功能配置，例如药剂制备区、中和区、过滤区等。

(3)按物料性质配置，例如酸性物料建、构筑物或设备，碱性物料建、构筑物或设备。

（4）污水处理站应布置在厂区的低处，以便于管道自流，减少提升，设备布置紧凑，减少占地面积。

6.4 冶炼厂污水处理工艺实例

6.4.1 华东某铜冶炼厂酸性污水处理实例

该厂采用闪速熔炼技术，烟气制酸采用稀酸洗涤、两转两吸工艺流程。原料铜精矿绝大部分是从国外购进，来源不一，其杂质（如 As、Zn、Cd、F 等）含量波动范围较大，致使废酸及污水中的杂质含量波动较大。该厂根据实际情况，对化工系统排出的废酸采用铜、砷分离硫化沉淀法处理，对酸性污水采用"脱酸—硫化脱铜—硫化脱砷—中和—铁盐氧化"工艺流程处理。

1）废酸、污水水质

主要来源于硫酸车间以及各冶炼车间地面冲洗水、工艺外排水和雨水等。其废酸和污水水质见表 6－14 和表 6－15。

表 6－14 废酸排出量及主要成分

项 目	H_2SO_4	As	Cu	Zn	Fe	Cl	F	SS	SO_2
排出量/(kg·d^{-1})	43764	1763	390	163	388	282	173	265	265
含量/(g·L^{-1})	165	6.60	1.47	0.62	1.46	1.06	0.65	1.0	1.0

表 6－15 污水水质

项 目	pH 值	Zn	Pb	Cu	Cd	F	Fe
浓度/(mg·L^{-1})	1.93	273.1	0.09	153.2	0.003	76.4	485.7

2）废酸、污水处理工艺

从制酸系统净化工序一级动力波洗涤器循环液中抽取的废酸，含有大量的硫酸及较高的铜、砷、氟等杂质，采用脱酸工序和分步硫化沉淀工序对其中有价部分进行回收，废酸处理后液、含酸或尘的场面水或雨后 10 min 雨水、电解酸雾净化后液汇集于集合水池，送污水处理系统集中由中和－铁盐氧化工序处理。

（1）脱酸工序

分离了固体沉淀物（主要成分 $PbSO_4$）及脱除了 SO_2 气体的废酸进入脱酸工序，在 1$^\#$ 反应槽与加入的石灰乳反应，生成 $CaSO_4 \cdot 2H_2O$，再进入 2$^\#$ 反应槽进一步反应后，经浓密机浓缩。浓密机底流经离心分离机分离得到石膏，上清液及离心机滤液被送往硫化沉淀工序进行脱铜、脱砷处理。脱酸工序的工艺流程见图 6－15。

（2）硫化工序

硫化工序的工艺流程见图 6－16。经脱酸工序除去大部分硫酸的滤液进入原液贮槽后，送入硫化氢吸收塔喷淋，吸收硫化氢气体后进入一级硫化反应槽，反应槽控制一定的 pH 值

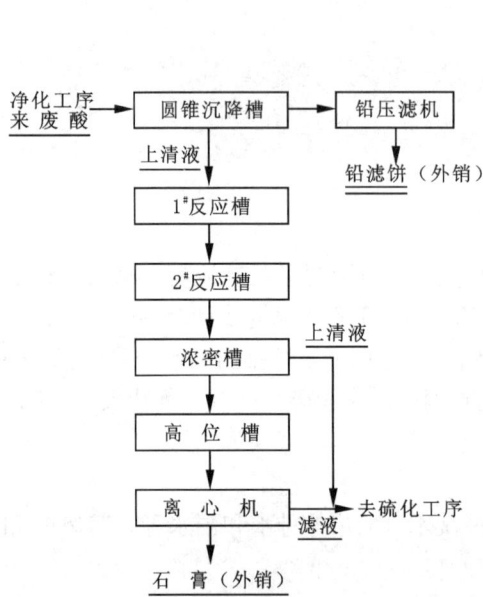

图 6 - 15　脱酸工序的工艺流程　　　图 6 - 16　硫化工序工艺流程

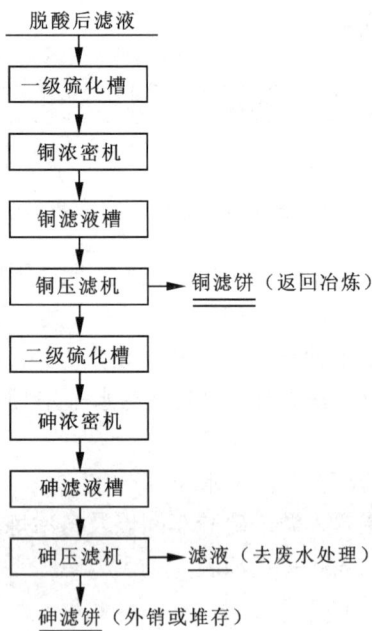

和氧化还原电势值, 使废酸中的铜离子首先发生硫化反应生成硫化铜沉淀物, 通过一级浓密机进行沉降分离, 底流经铜压滤机压滤, 滤饼返回熔炼系统, 滤液和一级浓密机上清液一起进入二级硫化反应槽。在二级硫化反应槽中继续加入硫化钠, 并控制一定的 pH 值和氧化还原电势值, 使其中的砷离子发生反应生成硫化砷沉淀物, 通过二级浓密机进行沉降分离, 底流送入砷压滤机压滤, 砷滤饼送库存, 滤液及二级浓密机上清液一起送往排水处理系统进一步处理后达标排放。硫化反应槽及浓密机等处溢出的少量硫化氢气体, 在经过硫化氢吸收塔初步吸收后, 再经除害塔用氢氧化钠进一步吸收后排放。

该工艺的先进之处是分步硫化。分步硫化工艺是通过 pH 值、氧化还原电势值, 对铜和砷进行有选择性的硫化, 优先沉降铜, 再沉降砷, 达到铜滤饼和砷滤饼分开的目的。以硫化铜为主的滤饼返回熔炼系统, 以硫化砷为主的滤饼堆存或将来用以制作氧化砷。分步硫化主要反应如下。

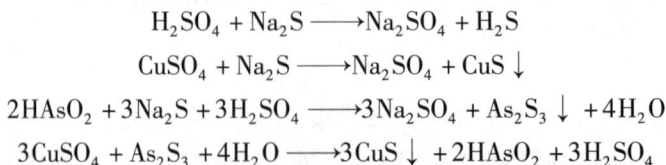

$$H_2SO_4 + Na_2S \longrightarrow Na_2SO_4 + H_2S$$
$$CuSO_4 + Na_2S \longrightarrow Na_2SO_4 + CuS \downarrow$$
$$2HAsO_2 + 3Na_2S + 3H_2SO_4 \longrightarrow 3Na_2SO_4 + As_2S_3 \downarrow + 4H_2O$$
$$3CuSO_4 + As_2S_3 + 4H_2O \longrightarrow 3CuS \downarrow + 2HAsO_2 + 3H_2SO_4$$

CuS、As_2S_3 沉淀都有各自合适的 pH 值及相应的氧化还原电势值, 而且范围比较宽。为了有利于 Cu^{2+} 与 As_2S_3 进行反应, 对铜优先沉降, 控制 pH 值是关键。通过实验表明, pH 值小于 2 时, 反应的 pH 值越高, 铜、砷分离得越好, 在 pH 值达到 2 时, 铜沉淀率可达 100%, 而砷沉淀率仅为 2% ~3%。为了实现分步硫化沉淀铜、砷, 一级硫化反应槽、二级硫化反应槽的 pH 值和氧化还原电势值控制如下。

一级硫化反应槽：pH 值 2；氧化还原电势值 200 ~ 250 mV（根据具体情况调整）。

二级硫化反应槽：pH 值 1.5 ~ 2；氧化还原电势值 0 ~ 50 mV（根据具体情况调整）。

温度越高，Cu^{2+} 与 As_2S_3 的反应越容易进行。温度为 50 ~ 70 ℃ 时，铜的沉淀率为 80% ~ 100%，砷的沉淀率为 2% ~ 3%。反应温度一般控制在 50 ~ 60 ℃。

控制适宜的 pH 值（Na_2S 稍过量），反应时间为 2 h 时，铜沉淀率为 100%，而砷的沉淀率为 5% 左右；但 Na_2S 加入量不足时，反应时间再长，铜的沉淀率也达不到 100%。由此可判断，Na_2S 加入量稍许过剩，废酸在硫化反应槽的停留时间在 2 h 以上，较有利于实现铜、砷的分步沉淀。

（3）中和－铁盐氧化工序

废酸处理后液、含酸或尘的场面水或雨后 10 min 雨水、电解酸雾净化后液汇集于集合水池，送污水处理系统集中处理。污水处理系统的工艺流程见图 6 - 17。

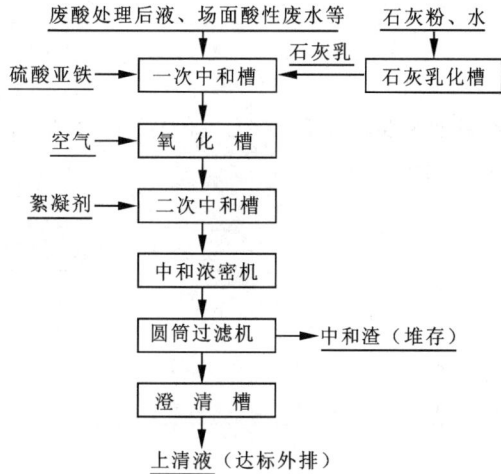

图 6 - 17　中和 - 铁盐氧化工序工艺流程

混合污水用石灰乳一次中和（控制终点 pH = 7 ± 0.5），同时投加硫酸亚铁溶液与砷共沉，经表面曝气氧化，再进行二次中和（控制终点 pH = 10.0 ± 0.5），同时加入絮凝剂（聚丙烯酰胺），中和后液经浓密、过滤、澄清后外排，污水中的砷、氟及其他杂质进入中和渣。

3）废酸处理系统技术设计参数

（1）废酸原液

废酸原液的处理量为 265 m^3/d，密度 1.101 × 10^3 kg/m^3，温度约 50 ℃，其主要成分见表 6 - 16。

表 6 - 16　废酸原液的主要成分/$(g \cdot L^{-1})$

成分	H_2SO_4	As	Cu	Zn	Fe	Cl	F	SS	SO_2
含量	165	6.60	1.47	0.62	1.46	1.06	0.65	1.0	1.0

（2）石膏滤饼

石膏滤饼的产量为 90.6 t/d，其主要成分见表 6 - 17。

表 6 - 17　石膏滤饼的主要成分/%

H_2O	$CaSO_4 \cdot 2H_2O$	H_2SO_4	F	As	不纯物
10.0	83.32	0.02	0.10	0.04	6.52

（3）铜、砷滤饼

铜、砷滤饼的产量分别为 1461 kg/d、6162 kg/d，其主要成分含量见表 6 - 18。

表 6-18 铜、砷滤饼的主要成分/%

滤饼种类	H_2SO_4	As	Cu	S	H_2O
铜滤饼	0.014	2.38	25.69	12.94	52.11
砷滤饼	0.012	27.56	0.12	17.64	51.42

（4）滤液

石膏滤液量为 480 m^3/d，铜滤液量为 506 m^3/d，砷滤液量为 586.6 m^3/d，其主要成分含量见表 6-19。

表 6-19 滤液的主要成分/（$mg \cdot L^{-1}$）

滤液种类	H_2SO_4	As	Cu	Zn	Fe	F	SO_2
石膏滤液	1.55	3.61	0.80	0.33	0.79	0.18	0.55
铜滤液	1.47	3.41	0.02	0.32	0.74	0.17	0.05
砷滤液	1.54	0.1		0.30	0.64	0.15	

4）废酸排水处理系统工艺的特点

该厂废酸排水处理系统总的工艺流程见图 6-18。

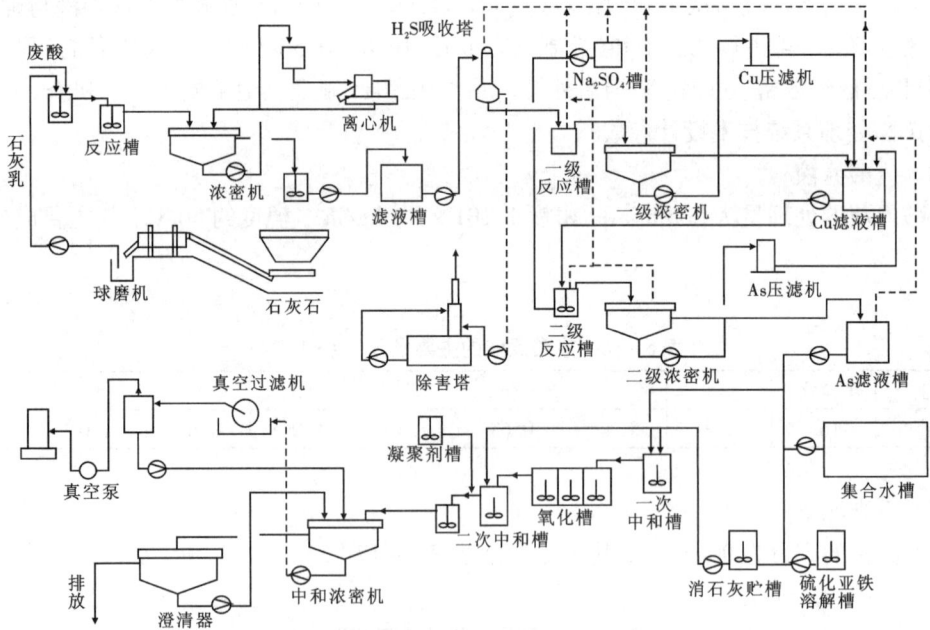

图 6-18 废酸排水处理系统工艺流程

该系统有以下特点。

（1）净化工序排出的废酸先经过脱酸工序产出石膏除去 90% 以上的硫酸后再进入硫化沉淀工序，可减轻对硫化工序设备的负荷，并变害为利。

（2）硫化沉淀法除铜、砷效率高，且可防止二次污染。

（3）采用分步硫化工艺可以分别得到铜品位高而砷品位低的铜滤饼和砷品位高而铜品位低的砷滤饼，铜滤饼返回熔炼，其中的铜可得到及时回收；只剩砷滤饼入库堆存，滤饼库的容积可以减少约20%，节约了基建投资。

（4）利用中和-铁盐氧化工序除砷，效率高。

（5）根据浆液性质对滤饼含水要求的不同，引进了石膏脱水用Dorr-Olive卧式离心机，铜、砷滤饼脱水用Larox立式压滤机和中和渣脱水用艾姆克圆筒过滤机。

（6）采用了美国霍尼韦尔公司的S9000/R150控制系统，实现了工艺过程控制的高度自动化，本系统每班只有操作员工2人。

5）处理系统存在的主要问题及改进情况

（1）Larox压滤机接液部分材质为SUS316L不锈钢，不适合在铜离子含量很低和有硫化氢存在的稀酸条件下使用。投入一年后，压滤机的进出液口受冲刷和腐蚀，漏液严重。为防止状况的进一步恶化，在砷泥浆泵入口加入废酸原液，以提高浆液中的铜离子浓度，此项措施取得了较好的效果。同时，又进行了多种材质挂片的耐腐蚀试验，准备在适当的时候对板框进行改造。

（2）铜、砷压滤机原设计采用ODS泵进料，ODS泵进料压力大但扬量小，使压滤机的能力受到很大限制，现改用耐腐合金离心泵。

（3）由于石灰粉杂质含量高，消石灰添加双隔膜泵损坏频繁，后改用离心泵，效果很好。

（4）因硫化钠由反应槽下部加入，平台以下至反应槽入口管段材质为不锈钢，易受稀酸腐蚀造成漏液，现将此管段改用钢衬PO管，既解决了腐蚀问题，又取得良好的保温效果。

（5）为提高水的循环利用率，改用外排污水溶解消石灰、硫酸亚铁。

（6）为提高外排污水达标率，增加了污水返回处理系统，使已超标或可能超标的污水不继续外排。

（7）集合水槽污水来自全厂各处，成分复杂，铜砷浓度高（砷含量最高达到1000 mg/L以上），直接进行中和处理，较难达标排放。为此，将集合水槽分成两部分，并增加相应的输送及控制系统，将含砷较高的污水送入1#水池，经硫化脱砷后再进入中和工序处理；将含砷较低的污水送入2#水池，直接进入中和工序处理。如污水砷含量超过1000 mg/L，则先送往硫化工序处理。

（8）由于硫化砷浆液沉降非常缓慢，进入砷压滤机的浓密机底流液浓度低，造成压滤机效率降低、砷滤饼含水量高。为提高砷浆液的沉降速度，在砷反应槽出口流槽添加凝聚剂，从而使压滤机效率得到明显提高、滤饼含水量降低。

（9）硫化除砷反应消耗的硫酸原设计由98%（质量）成品酸稀释到10%（质量）后供给，但管线长且危险性较大，现改为废酸原液直接加入，原浓硫酸稀释系统改造后，准备用于调节排放污水的pH值。

6）运行效果

投产以来，废酸排水处理系统与生产系统同步、正常、稳定运行，主要技术指标（见表6-20）均达到或超过了设计标准，外排污水综合达标率在99.5%以上。

表 6 - 20   2000 年 1 ~ 5 月废酸排水系统分析统计数据

月份	pH 值	成分/(mg·L^{-1})								
		SS	Cu	Pb	Zn	Cd	As	Cr	Hg	F
1 月	10.2	48	0.07	0.03	0.06	<0.01	0.17	0.03	<0.05	14.63
2 月	10.7	42	0.03	0.03	0.05	<0.01	0.26	0.02	<0.05	15.22
3 月	10.6	46	0.02	0.03	0.11	0.01	0.31	0.04	<0.05	11.57
4 月	10.4	48	0.12	0.02	0.05	0.01	0.07	0.04	<0.05	11.38
5 月	9.9	47	0.02	0.03	0.08	<0.01	0.06	0.03	<0.05	11.88

注：废酸排水系统的排放水经厂内其他外排水稀释后，在总排放口其 pH 值 7 ~ 8.5，$c(\mathrm{F}) < 10$ mg/L。

该厂几年来生产实践表明，废酸排水处理系统设计合理，设备可靠，技术经济指标达到或超过设计指标，硫化法除铜砷效率高达 99.5% 以上，实施分步硫化工艺，铜回收率可达 95%，这对处理原液中，铜砷量较高的废酸处理系统有一定的借鉴意见。

6.4.2   含砷污水处理实例

1) 含砷污水处理工艺

含砷污水处理方法较多，常见的有石灰法、铁盐法、硫化法、软锰矿法等。其中石灰法和铁盐法使用较普遍。处理工艺见图 6 - 19 至图 6 - 22。

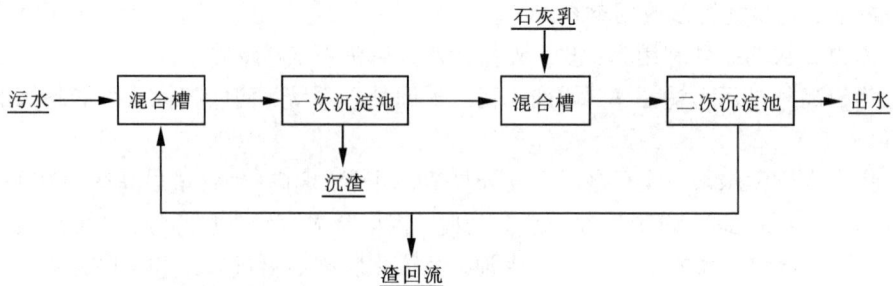

图 6 - 19   石灰法二级处理流程

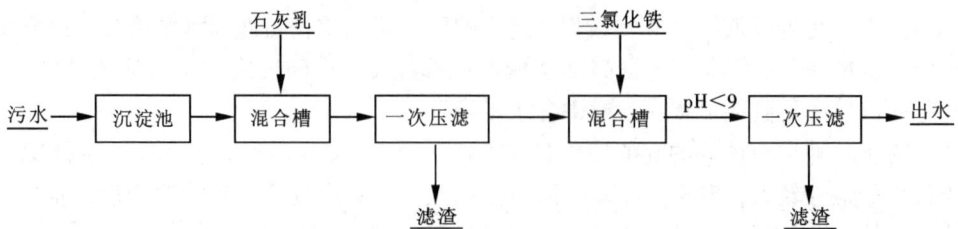

图 6 - 20   石灰 - 铁盐法处理流程

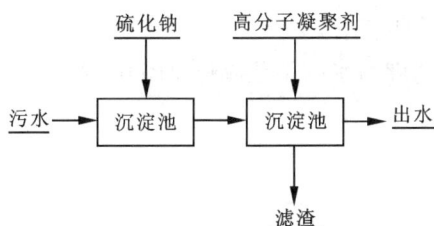

图 6 - 21 硫化法处理流程

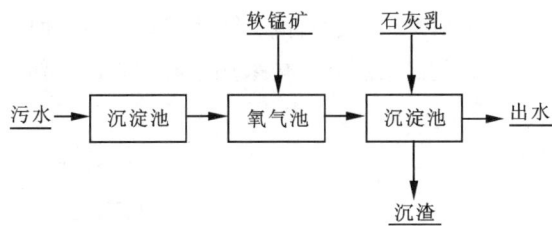

图 6 - 22 软锰矿法处理流程

2) 锡厂高砷污水处理实例

炼锡厂在生产过程中产出有害污水以高砷污水最为突出,它产出量大,含有害成分多,含砷较高,若不加以处理任其排放,必然严重污染环境。

我国炼锡厂均以火法生产为主,澳斯麦特炉和烟化炉在熔炼和吹炼过程中必然产出大量的烟气,为了净化这些烟气,将烟气中所含的烟尘有效收回,化害为利,就必须对这些烟尘进行收尘处理。若采用电收尘器,烟气在进入电收尘器之前,需先通过淋洗塔,进行喷雾、降温、增湿处理,从而提高烟尘粒子的表面导电度,提高收尘效率。

在淋洗塔中,通过喷雾化的水仅有 45% ~75% 蒸发,而未蒸发的水在和烟气的接触中会将烟气中的砷、铅等有害杂质溶解,成为泥浆,一般采用沉淀法来处理,溢流水除含有砷、氟、铅外,还含有部分粒度极细的烟尘,这些烟尘以固体悬浮物形态存在于污水中,这就是高砷污水。

我国某炼锡厂淋洗塔产出的高砷污水成分和国家允许排放的工业污水排放标准见表6 –21。

表 6 –21　高砷污水成分和国家允许排放标准

成　分	As	F	Pb	Zn	Cd	Cu	Sn	Fe	SO_4^{2-}	Cl^-	pH
高砷污水量 /(mg·L^{-1})	90 ~ 788	150 ~ 550	20.4 ~ 25.8	141 ~ 744	1 ~10	0.4 ~ 2.38	1.8 ~ 80	4 ~18	600 ~ 700	160 ~ 200	2 ~4
国家允许标准 /(mg·L^{-1})	0.5	10	1	5	0.1	1	—	—	—	—	6 ~9

从上表可知,高砷污水所含的有害元素及重金属杂质的量大大超过了国家的标准。其中一类有害毒物超过 80 ~375 倍,二类有毒物氟超过 15 ~45 倍。铜、铅、锌、镉等重金属超标几十倍。若不认真处理,随便排放,必将严重污染环境。这就提出了高砷高氟污水的处理问题。该厂的高砷高氟污水具有含量波动范围大、产量大、成分复杂、呈酸性等特点,从而给处理带来一定困难。

对于工业污水的处理一般采用化学、物理、微生物方法,如过滤、沉淀、混凝沉淀、浮选、吸附、蒸发、萃取、pH 调整、化学氧化、生物过滤、加活性污泥等。实践证明,对于上述高砷污水,采取混凝沉淀 pH 调整的方法取得了较满意的效果,所加入的化学混凝剂为石灰乳和聚丙烯酰胺(俗称三号混凝剂,含量为 8%,分子式为 $\pm CH_2—CH_2—CONH_2 \mp_n$),根据污水量,以 10 ~15mg/kg 加入量,计算出每班用量,投入溶解槽,加入清水,并用压缩空气搅拌，这样，不仅能使高砷水中固体悬浮物沉淀下来，而且还能使重金属盐类沉淀下来，从而达到净化高砷污水的目的，经处理后的污水便能返回循环使用。

云锡股份冶炼分公司采用中和–絮凝共沉法处理高砷污水的工艺流程见图6–23所示。

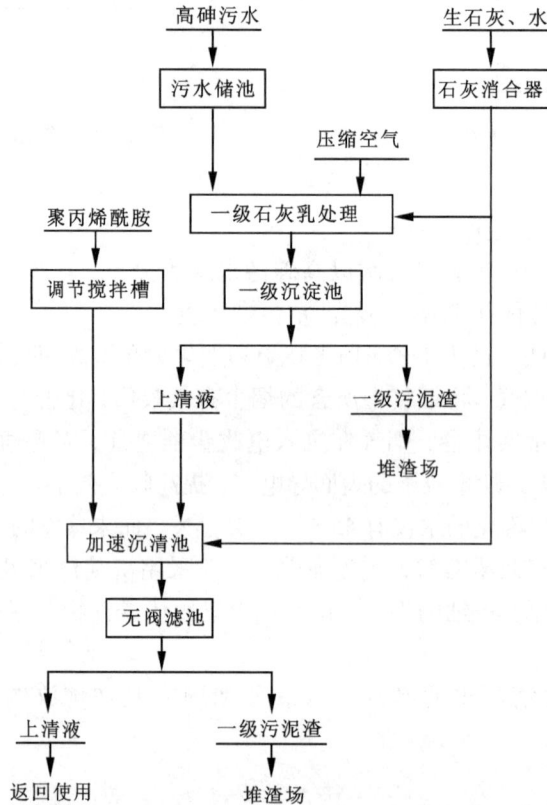

图6–23　中和–絮凝共沉淀法处理高砷污水流程

砷在污水中主要以三价的亚砷酸(H_3AsO_3)、偏砷酸($HAsO_2$)和五价的砷酸(H_3AsO_4)状态存在，而氟则在污水中呈负离子状态存在。

一级石灰中和主要是采用石灰乳来调整酸碱度。石灰乳主要由氢氧化钙[$Ca(OH)_2$]组成，反应如下：

$$2H_3AsO_3 + 3Ca(OH)_2 \longrightarrow Ca_3(AsO_3)_2 \downarrow + 6H_2O$$
$$2H_3AsO_4 + 3Ca(OH)_2 \longrightarrow Ca_3(AsO_4)_2 \downarrow + 6H_2O$$

生成的亚砷酸钙 $Ca_3(AsO_3)_2$ 和砷酸钙 $Ca_3(AsO_4)_2$ 都不溶于水，从污水中沉淀下来，从而达到除砷的目的，除砷率可达80%～90%。

负一价的氟离子与正二价的钙离子反应如下：

$$2F^- + Ca^{2+} \longrightarrow CaF_2 \downarrow$$

生成的 CaF_2 同样不溶于水而从污水中沉淀下来，氟的脱除率可达70%～80%。

污水中重金属杂质，如铅、锌、铜等，都呈阳离子状态存在，它们与溶液中的氢氧根离子 OH^- 起反应生成重金属氢氧化物沉淀而被除去，除去率可达90%～95%。反应如下：

$$M^{2+} + 2(OH^-) \longrightarrow M(OH)_2 \downarrow (\text{式中 M 代表 Pb, Zn, Cd, Cu})$$

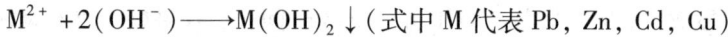

经过一级石灰乳处理后的污水,大部分有害元素均以悬浮物胶体的形式存在于污水中。由于这些悬浮物在水中难以凝集成大的颗粒物而快速下沉,所以接下来需加入混凝剂聚丙烯酰胺,它是一种人工合成的高分子混凝剂,其聚合度达 20000 ~ 90000,相应的分子量高达 150 万 ~ 600 万,它的混凝效果在于具有强烈的吸附作用,在胶体之间形成桥,可使绝大部分悬浮物被吸附形成大的絮花而快速沉淀。

高砷污水经过石灰乳 – 聚丙烯酰胺两级处理后,有害杂质绝大部分进入沉淀泥渣,虽然上清液中的砷、氟、镉含量超过国家排放标准,但由于是采用闭路循环不外排(pH 值为 6.5 ~ 8.5,浊度 < 10 范围),在不堵塞管道、不腐蚀设备、不影响生产的前提下,仍可继续使用,这样既可节约生产用水,又不污染环境。泥渣和上清液成分分别见表 6 – 22 和表 6 – 23。

表 6 – 22 泥渣成分(%)

成分	As	F	Sn	Pb	Zn	Cd	Cu	FeO	CaO
一级渣	4.24	4.24	1.66	0.75	9.30	0.19	1.24	2.09	20.56
二级渣	1.81	1.83	0.71	0.25	1.28	0.013	0.11	1.23	8.56

表 6 – 23 高砷污水处理前后比较(含量: mg/L)

元 素	As	F	Pb	Zn	Cd	Cu	浊度(度)	pH 值
国家排放标准	0.5	10	1	5	0.1		1	6 ~ 9
处理前	763.16	458.85	21.18	667	73.79	1.91	12	3.15
处理后上清液	72.5	18.4	0.36	< 10	0.76	0.1	< 10	7.5
杂质脱除率/%	90.5	95.99	98.30	98.5	98.97	94.75		

6.4.3 电石渣 – 铁屑法处理硫酸废水实例

国内已有多家硫酸厂采用电石渣处理硫酸废水,单一使用电石渣中和的除砷、脱氟效率并不高。对于含砷、氟相当低的废水(As 2 ~ 10mg/L; F 10 ~ 30mg/L)经电石渣一级中和处理是可行的,可以达标排放。虽然生石灰有效 CaO 80% ~ 90%,电石渣有效 CaO 40% ~ 50%,但电石渣价格比生石灰要低得多,经济效益明显,环保效应也相当好,铁屑投入硫酸废水中,它会与其中 SO_2 和 H_2SO_4 发生如下反应:

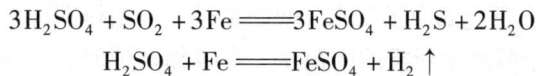

$$3H_2SO_4 + SO_2 + 3Fe \Longrightarrow 3FeSO_4 + H_2S + 2H_2O$$
$$H_2SO_4 + Fe \Longrightarrow FeSO_4 + H_2 \uparrow$$

在 Fe、SO_2、H_2SO_4 体系中,铁还原 SO_2 的反应是主导反应,反应速度快,操作也简单,可用控制铁屑加入量和反应时间来控制 Fe^{2+} 浓度。影响电石渣 – 铁屑法除砷脱氟效果的主要因素有:pH 值、铁砷比、曝气方式、沉降时间等。当控制 pH 为 8 ~ 9,且当 pH 大于 8 时沉淀颗粒粗大,沉降迅速,沉降 30 min 就获好的除砷脱氟效果。为了提高除砷效果,如要求砷浓度降至 0.5 mg/L 国家排放标准以下,需控制铁砷比在 13 以上。但铁砷比增加对脱氟影响不明显。五价砷的盐类更稳定,溶解度更小。所以鼓风曝气不仅起搅拌作用又能将砷氧化。

曝气对除砷有明显效果，但对脱氟影响不大。沉降时间长，效果好，加入聚丙烯酰胺大大加快沉降速度，沉降 30 ~ 60 min 可获得好效果。电石渣 – 铁屑法对脱除 Pb、Zn、Hg、Cu、Cd 等都有效。

6.4.4 含汞、酚离子的污水处理工艺

1）含汞污水处理

汞由于其性质特殊，与其他重金属差异较大，通常应考虑单独处理。污水中的汞分为无机汞和有机汞两类。有机汞通常先氧化为无机汞，然后按无机汞的处理方法进行处理。

从污水中除去无机汞的方法有：硫化物沉淀法、化学凝聚法、活性炭吸附法、金属还原法、离子交换法等。一般偏碱性的含汞污水用硫化物沉淀法或化学凝聚处理；偏酸性的含汞污水用金属还原法处理；低浓度的含汞污水用活性炭吸附法或化学凝聚法处理。

目前国内常用的硫化物沉淀法，处理流程见图 6 – 24。

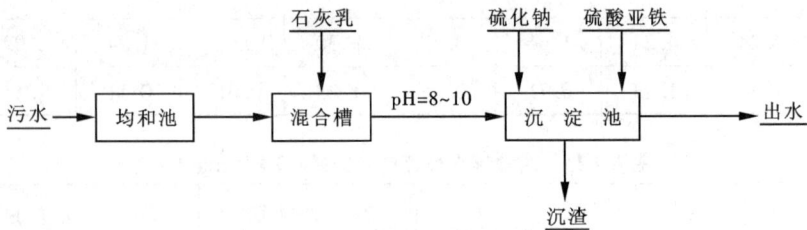

图 6 – 24　硫化物法处理流程

2）含酚污水处理

煤气发生站排出的含酚污水成分随采用的燃料种类不同而变化。当采用无烟煤、焦炭作气化燃料时，污水中含酚量要低得多。目前国内大多以焦炭作为气化燃料，产出的污水一般经处理后循环使用。处理方法一般为生物化学法或与生活污水合并处理。目前国内新建铅锌冶炼厂煤气发生站排出的含酚污水经沉淀池沉淀后可循环使用。

6.5 污泥的利用与堆存

6.5.1 污泥量的计算

有色冶炼厂排出的含重金属离子污水一般呈酸性，首先须进行中和处理，其次根据试验报告，加入除去各种重金属离子所需的药剂量。在投加药剂时，会产生大量的渣，其中主要的是中和剂产生的渣量。目前国内所采用的中和剂大都为碳酸钙或氧化钙，其价廉，易就地取材，易脱水，但产生的渣量大。

1）投药量计算（在没有试验数据的情况下）

$$G_z = G_s \, ak/\alpha \times 100$$

式中：G_z——总耗药剂量，kg/h；

　　　G_s——中和剂比耗量，kg；见表 6 – 24；

a——中和剂的过量系数;

α——中和剂纯度(%)(如无资料,可参考下列数据:生石灰含 60% ~80% 有效 CaO, 熟石灰含 90% ~95% $CaCO_3$,白云石含 45% ~50% $CaCO_3$);

k——反应不均匀系数,一般采用 1.1 ~1.2,但以石灰乳中和硫酸时可用 1.1,中和盐酸、硝酸时可用 1.05,干投时可用 1.4 ~1.5。

表 6 –24 中和剂的消耗量

酸或酸式盐	相对分子质量	中和 1 kg 酸或盐所需中和剂的用量/kg						
		CaO	Ca(OH)$_2$	CaCO$_3$	NaCO$_3$	NaOH	HCO$_3^-$	CaCO$_3$ · MgCO$_3$
		56	74	100	106	40	61	184.4
H$_2$SO$_4$	98	0.57	0.755	1.02	1.08	0.816	1.25	0.94
H$_2$SO$_3$	82	0.68	0.9	1.22	1.292	0.975	4.49	1.122
HNO$_3$	63	0.445	0.59	0.795	0.84	0.635	0.96	0.732
HCl	36.5	0.77	1.01	1.37	1.45	1.1	1.69	1.29
CO$_2$	44	1.27	1.68	2.27	2.41	1.82	—	2.09
H$_3$PO$_4$	98	0.86	1.13	1.53	1.62	1.22	—	1.41
CH$_3$COOH	60	0.466	0.616	0.83	0.88	0.666	1.01	1.53
H$_2$SiF$_6$	144	0.38	0.51	0.69	0.73	0.556	0.85	0.63
FeSO$_4$	152	0.37	0.487	0.658	0.7	0.526	0.8	0.605
CuSO$_4$	159.5	0.376	0.463	0.626	0.664	0.551	0.764	0.567
FeCl$_2$	127	0.44	0.58	0.79	0.835	0.63	0.96	0.725

中和反应中各物质的分子量比如下:

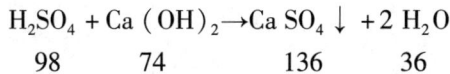

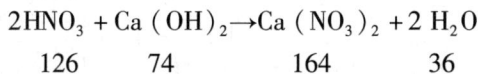

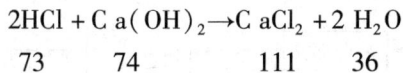

$$H_2SO_4 + Ca(OH)_2 \rightarrow CaSO_4 \downarrow + 2H_2O$$
$$98 \qquad 74 \qquad 136 \qquad 36$$
$$2HNO_3 + Ca(OH)_2 \rightarrow Ca(NO_3)_2 + 2H_2O$$
$$126 \qquad 74 \qquad 164 \qquad 36$$
$$2HCl + Ca(OH)_2 \rightarrow CaCl_2 + 2H_2O$$
$$73 \qquad 74 \qquad 111 \qquad 36$$

2)中和沉渣量计算

$$G = G_z(B + e) + Q(s - c - d)$$

式中:G——中和沉渣总量,kg/h;

G_z——总耗药剂量,kg/h;

Q——污水量,m^3/h

B——消耗单位药剂所产盐量(见表 6 –25);

e——单位药剂中杂质含量;

s——中和前污水中悬浮物含量,kg/m^3;

c——中和后溶于污水中的盐量,kg/m^3;

d——中和后出水挟走的悬浮物含量,kg/m^3。

表 6 - 25　化学药剂中和产生的盐量

酸或盐	药 剂	中和 1 kg 酸量所产生的盐量/kg											
		$CaSO_4$	Na_2SO_4	$MgSO_4$	$NaNO_3$	$Ca(NO_3)_2$	$CaCl_2$	$NaCl$	$MgCl_2$	$Mg(NO_3)_2$	CO_2	$Fe(OH)_2$	$FeCl_2$
H_2SO_4	$Ca(OH)_2$	1.39	—	—	—	—	—	—	—	—	—	—	—
	$CaCO_3$	1.39	—	—	—	—	—	—	—	—	0.45	—	—
	$NaOH$	—	1.45	—	—	—	—	—	—	—	—	—	—
	$NaHCO_3$	—	1.45	—	—	—	—	—	—	—	0.90	—	—
	$CaMg(CO_3)_2$	0.695	—	0.612	—	—	—	—	—	—	0.44	—	—
HNO_3	$Ca(OH)_2$	—	—	—	—	1.30	—	—	—	—	—	—	—
	$CaCO_3$	—	—	—	—	1.30	—	—	—	—	0.35	—	—
	$NaOH$	—	—	—	1.35	—	—	—	—	—	—	—	—
	$NaHCO_3$	—	—	—	1.35	—	—	—	—	—	0.70	—	—
	$CaMg(CO_3)_2$	—	—	—	—	0.65	—	—	—	0.588	0.35	—	—
HCl	$Ca(OH)_2$	—	—	—	—	—	1.53	—	—	—	—	—	—
	$CaCO_3$	—	—	—	—	—	1.53	—	—	—	0.61	—	—
	$NaOH$	—	—	—	—	—	—	1.61	—	—	—	—	—
	$NaHCO_3$	—	—	—	—	—	—	1.61	—	—	1.21	—	—
	$CaMg(CO_3)_2$	—	—	—	—	—	0.773	—	0.662	—	0.62	—	—
$FeSO_4$	$Ca(OH)_2$	1.36	—	—	—	—	—	—	—	—	—	0.90	—
$FeCl_2$	$Ca(OH)_2$	—	—	—	—	—	0.94	—	—	—	—	0.71	—

以上计算所得系干基重量。根据沉淀后排泥的含水量,可推算出沉淀池排泥重量(及体积);若需机械脱水或干化,可根据脱水后含水量(试验或经验)推算出脱水沉渣重量,并根据其容量算出其体积。

6.5.2　脱水设备选择

脱水工艺见图 6 - 25。

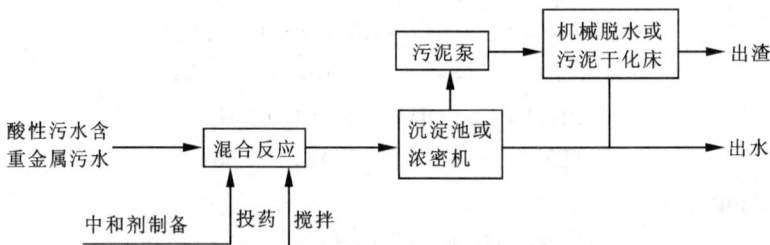

图 6 - 25　投药中和处理脱水工艺流程

例如采用沉淀池来沉淀以石灰中和含硫酸的混合酸性重金属污水,一般沉淀时间为 1 ~ 2 h(设计一般大于 2 h),污泥体积约为处理污水体积的 10% ~ 15%,污泥含水率约为 90%;为提高脱水效率,减少脱水设备的面积,设计在进行二次沉淀或浓缩,使污泥含水率在 85% ~ 90% 进行脱水。

如中和后产生少量沉渣时,沉渣池及机械脱水或污泥干化床即可不设。如热电站和余热锅炉水处理离子交换设备反冲洗排出的酸碱污水,经中和后产生极少量沉渣,可将中和池设为二格,定期人工清理即可。

污泥干化床(亦称自然脱水)：占地面积大，且受气候影响较为严重，不利于环保，目前很少使用。

机械脱水：以无机物为主的泥渣，经浓缩后一般可直接送机械脱水设备进行脱水。机械脱水效率高，占地面积少，一般比较常用，但投资和管理费用高。机械脱水方法常用的有离心法、压滤法和真空吸滤法三种。

(1)离心法脱水

用于离心脱水的离心机种类较多，其中以筒式离心机应用较普遍，它的优点是结构紧凑，附属设备少，适用于分离含固体粒径大于5 μm的悬浮液，更适用于分离对滤布再生有困难的物料以及浓度、颗粒变化范围较大的悬浮液。含水率可由90%～95%降至25%～30%，在有色冶炼厂一般用于烟气洗涤过程中排出的污酸经碳酸钙中和后的泥渣脱水。

(2)压滤法脱水

加压过滤一般为间歇操作，其设备投资较高，脱水效率较低，但脱水效果较好。常用设备为板框压滤机，该压滤机适用于各种性质的泥渣脱水，并且全自动、半自动、人工操作均可。在有色冶炼厂一般用于脱酸后的重金属污水的泥渣脱水。板框压滤机每小时每平方米的过滤能力一般为2～10 kg(按干污泥计，下同)；重金属污水的泥渣脱水可采用2～4 kg。过滤周期一般为1.5～4 h，过滤压力一般为0.4～0.6 MPa。目前国内外框压滤机每台的过滤面积为20～120 m²，其滤饼含水率可降至为70%～75%。

(3)真空吸滤法脱水。

真空过滤机是使用较为广泛的一种泥渣脱水机械，但由于脱水后的泥饼含水率较高(一般为80%左右)以及辅助设备较多，目前在冶炼厂使用较少。真空过滤机可分为外滤面和内滤面两大类。外滤面真空过滤机常用的有转鼓式、圆盘式和折带式；内滤面真空过滤机常用的有转鼓式。过滤机的选择应根据泥渣的特性、粒度、密度和脱水后泥渣含水率等因素确定。一般地说，外滤面真空过滤机适用于粒度小、密度小、沉速慢的泥渣；内滤面真空过滤机适用于粒度大、密度大、沉速快的泥渣。

6.5.3　污泥的利用与堆存

在重金属冶炼污水处理中，生产的污泥与加入的中和剂有关。生产的污泥一般有两种：一种是硫酸钙($CaSO_4$)，一种是金属氢氧化物和金属硫化物。

当用消石灰作中和剂时，产出硫酸钙污泥，即

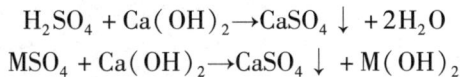

$$H_2SO_4 + Ca(OH)_2 \rightarrow CaSO_4 \downarrow + 2H_2O$$

$$MSO_4 + Ca(OH)_2 \rightarrow CaSO_4 \downarrow + M(OH)_2$$

当用硫化钠作中和剂时，产出硫化物污泥，即

$$M^{2+} + S^{2-} = MS \downarrow$$

式中 M^{2+} 代表 Pb^{2+}、Cd^{2+}、Hg^{2+}、As^{2+} 等重金属离子。

(1)硫酸钙的利用

烟气制酸洗涤过程中排出的污酸(含酸为5%～15%)与碳酸钙($CaSO_4$)或氧化钙(CaO)中和(pH控制为2～3)后，产生大量的硫酸钙($CaSO_4$)渣，俗称石膏。这些渣比较纯，不带有害金属，可用于生产水泥和其他建筑材料。

(2)金属氢氧化物和金属硫化物的利用

当大量的酸被中和掉后，在一定的金属离子溶度积或 pH 值下，重金属离子与氢氧化钙或硫化钠作用形成较难溶的金属氢氧化物或金属硫化物渣，这种渣量少，含金属量高，在有条件回收的情况下应尽量回收，一般经干燥后可返回工序继续冶炼，提高回收率。

（3）污泥的堆存

在确认以上两种泥（渣）没有利用价值或无法利用时，必须找地方堆存，堆存方式有固化堆存和非固化堆存。

（4）固化堆存

即进行不溶化处理，将污泥中容易溶出重金属的废物与一些重金属固定剂混合，在一定条件下使废物中的重金属转变成具有一定规则形状的、耐压强度大和重金属浸出率很低的固体。一般采用有水泥固化、烧结固化、沥青固化等。由于此方法成本高、工艺复杂，目前使用较少。

（5）非固化堆存

将污泥（渣）直接送入指定的库存内。一般与冶炼渣库存一起堆存（俗称尾矿库存），但库存内必须有防渗措施，避免地下水系的污染和雨季地表水系的污染。此种堆存办法在我国铅锌冶炼厂中使用较为普遍。

被处理后的酸性污水和含重金属离子污水一般 pH 值在 8~9 之间，偏碱性，含 Ca^{2+} 离子高，易结垢，可用于冶炼厂中的冲渣补充用水和污水处理站自身用水以及湿法废渣调浆用水，如作为其他用水，还需进一步处理。

撰稿人：叶绍成

审稿人：彭容秋　任鸿九　彭　兵

主要参考文献

[1] 北京有色冶金设计研究总院等编.重有色金属冶炼设计手册：冶炼烟气收尘通用工程常用数据卷.北京：冶金工业出版社，1996

[2]《有色冶金炉设计手册》编委会编.有色冶金炉设计手册.北京：冶金工业出版社，2000

[3] 中国冶金百科全书.安全环保卷.北京：冶金工业出版社，1992

[4] 林世英主编.有色冶金环境工程学.长沙：中南工业大学出版社，1991

[5] 汪大翚，徐新华编.化工环境保护概论.北京：化学工业出版社，1999

[6] 陈湘筑主编.环境工程基础.武汉：武汉理工大学出版社，2003

[7] 方德明，陈冰冰主编.大气污染控制技术及设备.北京：化学工业出版社，2005

[8] 张殿印，张学义编著.除尘技术手册.北京：冶金工业出版社，2002

[9] 向晓东著.现代除尘理论与技术.北京：冶金工业出版社，2002

[10] 吴忠标编著.大气污染控制技术.北京：化学工业出版社，2002

[11] 李广超主编.大气污染控制技术.北京：化学工业出版社，2001

[12] 刘少武，齐焉，赵树起，丁汝斌等编著.硫酸生产技术.南京：东南大学出版社，1999

[13] 汤桂华，赵增泰，郑冲等编著.硫酸.北京：化学工业出版社，1999

[14] 刘少武，齐焉，刘东，刘冀鹏等编著.硫酸工作手册.南京：东南大学出版社，2001

[15] 徐邦学主编.硫酸生产工艺流程与设备安装施工技术及质量检验检测标准实用手册.广西电子音像出版社，2004

[16] 朱世勇主编.环境与工业气体净化技术.北京：化学工业出版社，2001

[17] 屠海令，赵国权，郭青蔚.有色金属冶金、材料、再生与环保.北京：化学工业出版社，2003

[18] 南京化学工业公司研究院硫酸工业编辑部.低浓度二氧化硫烟气脱硫.上海科学技术出版社，1981

[19] 彭容秋主编.锡冶金.长沙：中南大学出版社，2005

[20] 冶炼制酸编写组.冶炼烟气制酸.北京：冶金工业出版社，1977

[21] 张志凌.我国有色冶炼低浓度二氧化硫烟气治理现状及对策.硫酸工业，2003(5)：4～8

[22] 郭乐民，孟山都动力波洗涤技术在有色金属冶炼厂烟气制酸净化工序的应用.有色冶炼.2001(4)：40～43

[23] 张昕红，吴玉林.动力波洗涤系统治理冶炼制酸尾气.有色金属(冶炼部分)，2003(3)：22～24

[24] 梁海卫.尾气脱硫装置在金隆铜业有限公司的应用.硫酸工业，2003(6)：19～22

[25] 常全忠.用冶炼烟气生产亚硫酸钠.硫酸工业，2002(1)：42～45

[26] 陈南洋.氧化锌法处理低浓度 SO_2 烟气的试验研究和生产实践.硫酸工业，2004(4)：9～14

［27］彭建国. WSA 制酸系统在株冶的应用及改进. 硫酸工业, 2004(5):46~48

［28］黄祥华. 采用 WSA 工艺处理低浓度二氧化硫烟气. 有色冶炼, 2001(4):28~31

［29］彭海良, 窦传龙. 株冶低浓度烟气制酸技术及生产实践. 硫酸工业, 2004(3):18~22

［30］李若贵. 株洲冶炼厂铅烧结烟气治理. 有色冶炼, 1999(4):32~34

［31］铅锌冶金学编委会编. 铅锌冶金学. 北京: 科学出版社, 2003

［32］魏先勋主编. 环境工程设计手册. 长沙: 湖南科学技术出版社, 2002

［33］张景来, 王剑波等编著. 冶金工业污水处理技术及工程实例. 北京: 化学工业出版社, 2003